岩体爆破累积损伤效应与动力失稳机制研究

闫长斌　王贵军　王泉伟　徐国元　著

黄 河 水 利 出 版 社

·郑州·

内容提要

本书在调研国内外相关文献资料的基础上，采用现场试验、理论分析与数值模拟相结合的方法，从细观和宏观两个层面出发，对爆破作用下岩体累积损伤效应及其稳定性问题进行了深入系统的应用基础研究。结合工程实践，对厂坝铅锌矿复杂群采空区动力失稳机制进行了探索。本书不仅为研究爆破动载荷作用诱发的岩体累积损伤及其稳定性分析等应用理论问题开辟了新的途径，而且为预防爆破引起的岩体损伤与失稳破坏提供了科学指导。

本书可供水利、土木、矿山、铁道、人防、国防等系统的广大科技工作者、工程技术人员以及该专业领域高等院校的教师、高年级本科生和研究生参考使用。

图书在版编目(CIP)数据

岩体爆破累积损伤效应与动力失稳机制研究/闫长斌等著.—郑州：黄河水利出版社，2011.2
ISBN 978-7-80734-921-1

Ⅰ.①岩…　Ⅱ.①闫…　Ⅲ.①凿岩爆破–研究
Ⅳ.①TD 235.1

中国版本图书馆 CIP 数据核字(2010)第 201773 号

组稿编辑：王路平　电话：0371-66022212　E-mail：hhslwlp@126.com

出 版 社：黄河水利出版社

地址：河南省郑州市顺河路黄委会综合楼 14 层　　邮政编码：450003

发行单位：黄河水利出版社

发行部电话：0371-66026940、66020550、66028024、66022620(传真)

E-mail：hhslcbs@126.com

承印单位：河南省瑞光印务股份有限公司

开本：787 mm × 1 092 mm　1/16

印张：11

字数：250 千字　　印数：1—1 000

版次：2011 年 2 月第 1 版　　印次：2011 年 2 月第 1 次印刷

定价：28.00 元

序

岩体爆破损伤与动力稳定性问题，一直是爆破工程和岩石力学界关心的中心问题之一。爆破动载荷导致岩体损伤乃至宏观失效的过程，并不是某一次爆破作业造成的，而是多次爆破共同作用的结果。作者敏锐地抓住了这一研究方向，认识到岩体爆破累积损伤效应所指的“累积效应”不同于“累计总和”，并非简单的几何或算术累加。在这一认识的基础上，本书在以下几个方面取得了可喜的研究成绩：①在巷道围岩中设计并实施了 10 次小药量模拟爆破，利用声波测试技术系统研究了多次爆破作用下岩体损伤累积增长规律。基于实测数据，获得了爆破作用下岩体损伤、岩体声波速度与爆破作用次数之间存在的统计规律。②运用傅里叶变换与小波(包)分析方法，找出了岩体爆破累积损伤程度与声波测试信号波形、主频、能量等频谱参数变化规律之间的内在联系，从另一个侧面揭示了岩体爆破损伤累积增长规律及其失稳破坏机制。③基于爆破作业对岩体质量的损伤弱化效应，对 Hoek-Brown 经验公式做了进一步改进和完善，并运用改进方法研究得到了厂坝铅锌矿岩体力学参数。④系统分析了多次爆破作用诱发地下工程岩体失稳破坏的临界微扰机制，建立了爆破扰动作用下岩体失稳的突变模型，分析了其失稳过程的非线性演化规律，讨论了顶板临界安全厚度及矩形矿柱动力失稳的主要影响因素。⑤同时考虑开挖(采)过程和爆破震动作用对采空区稳定性的影响，利用 FLAC^{3D} 对复杂地下采空区稳定性问题进行了系统的三维数值模拟研究。通过对比开挖过程、单次爆破震动作用和两次爆破震动联合作用三种情况对采空区稳定性的影响程度，揭示了复杂地下采空区失稳破坏机制以及爆破累积损伤效应对采空区稳定性的影响特征。

作者在参阅大量国内外相关文献资料和汲取前人最新研究成果的基础上，以爆炸动力学、岩体力学、损伤力学、断裂力学、非线性动力学等理论为依据，采用先进的现场声波测试、数学与力学理论分析以及 FLAC^{3D} 数值模拟相结合的方法，结合工程问题，对岩体爆破累积损伤效应与动力失稳机制问题进行了深入、系统的研究。本书内容丰富、逻辑性强、重点突出，具有较高的学术价值和实用性。该书的付梓问世，我相信一定会引起同行们的广泛兴趣，并有力推动岩体动力学领域的学术进步。我期待着该书早日出版，并乐意为之作序！

中国工程院院士

2010 年 9 月

前　言

随着国家经济建设的迅猛发展，各类大型地下岩体工程日渐增多。例如，已经建成的长江三峡工程、黄河小浪底水利枢纽、雅砻江二滩水电站、秦岭铁路与公路隧道等。我国岩石力学与工程的科研与实践，取得了举世瞩目的伟大成就，同时也面临着空前的机遇和挑战。对于岩体工程开挖，无论采用何种爆破方式，都不可避免地对预留岩体造成一定程度的损伤和破坏，从而威胁工程稳定性。爆破引起的围岩损伤问题，一直是爆破工程和岩石力学界关心的中心问题之一。爆破动载荷作用引起的各类岩体工程损伤、动力失稳破坏现象屡见不鲜，主要表现在：①爆破震动作用诱发的岩土边坡滑动。②邻近爆破对地下工程(隧道、厂房和采空区等)围岩、矿柱造成的损伤与失稳破坏。③爆破作业造成的地下工程围岩与支护结构大变形、塌陷等破坏。④爆破应力波作用造成的岩基损伤以及岩体完整性、稳定性的削弱。⑤爆破动载荷作用诱发的岩爆、突水以及瓦斯突出等灾害事故。

纵观岩体爆破损伤与动力失稳研究不难发现：绝大多数研究成果是建立在单次爆破前提之下的。多次爆破作用下，岩体损伤累积特性及其失稳破坏规律研究明显不足。事实上，爆破动载荷导致地下工程岩体宏观失效的过程并不是某一次爆破作业造成的，而是多次爆破共同作用的结果。例如，隧道开挖掘进循环爆破作业和矿山生产频繁重复爆破作业等。也就是说，岩体爆破累积损伤效应是客观存在的。所谓累积损伤，是相对首超破坏而言的。累积损伤概念通常用在材料疲劳断裂破坏方面，是指损伤随载荷作用次数递增的过程。因此，岩体爆破累积损伤效应是多次爆破作用下损伤状态的动态叠加过程，同时关联其他指标(岩体物理力学参数、岩体完整程度、岩体稳定状态等)的互动变化，是岩体爆破动力响应的动态体现。因此，岩体爆破累积损伤效应所指的“累积效应”不同于“累计总和”，并非简单的几何或算术累加。爆破作用下岩体累积损伤效应直接关系着岩体的稳定程度。开展爆破作用下岩体累积损伤效应研究，对于揭示岩体动力失稳机制，具有重要的理论意义和工程价值。目前，爆破作用下岩体累积损伤效应与动力失稳机制缺乏系统研究，在理论与试验方面均有待进一步探索。现有的岩体力学参数取值方法没有充分考虑开挖爆破造成的损伤弱化作用，存在明显不足。针对上述问题，本书综合运用爆炸动力学、岩体力学、非线性动力学等理论，以爆破损伤弱化岩体力学参数确定方法研究为纽带，将岩体爆破累积损伤效应与岩体稳定性分析有机统一起来，对岩体爆破累积损伤效应与动力失稳机制进行深入、系统、全面的研究，并将有关研究成果应用于具体工程实践中，为预防地下工程岩体动力失稳灾害提供科学指导。

本书第 1 章绪论部分主要指出了上述研究对象的重要意义和国内外研究现状。第 2 章主要介绍了岩体爆破累积损伤效应的现场模拟试验与声波测试技术。第 3 章利用快速傅里叶变换(FFT)和小波(包)分析方法，探寻了声波信号主频、能量及其频带分布随爆破次数增加的变化规律。第 4 章基于现场声波测试数据，建立了岩体爆破疲劳损伤非线性累积预测模型和岩体爆破累积损伤扩展模型。第 5 章对 Hoek-Brown 公式进行了修正和完善，提出一种新的爆破扰动与弱化作用下岩体力学参数研究方法——BDRMP(Blasting Damaged Rock Mechanical Parameters)法。在验证 BDRMP 法正确性与合理性的基础上，运用 BDRMP 法研究得到了厂坝铅锌矿岩体力学参数。第 6 章探寻了频繁爆破作用诱发地下工程岩体失稳破坏的临界微扰机制，建立了爆破扰动作用下地下硐室顶板、矩形矿柱失稳的双尖点突变模型，分析了其失稳过程的非线性演化规律。第 7 章则综合考虑开挖过程和爆破震动作用对采空区稳定性的双重影响，利用 $FLAC^{3D}$ 对厂坝铅锌矿复杂地下采空区稳定问题进行了系统的数值模拟研究。通过对比开挖过程、单次爆破震动作用和两次爆破震动联合作用三种情况对采空区稳定性的影响程度，揭示了爆破动载荷作用下采空区失稳破坏机制以及爆破累积损伤效应对采空区稳定性的影响特征。第 8 章对研究成果进行了系统的总结，并提出了进一步研究展望。

本书的研究内容是在国家“十五”科技攻关项目(No. 2003BA612A-10-2)、国家自然科学基金项目(No. 50490272、50490274、50874020)、黄河勘测规划设计有限公司自主研发项目(No. 2009-ky01)以及中南大学博士学位论文创新工程项目(No. 040109)的联合资助下完成并出版的，特表示衷心的感谢！

试验期间，中南大学唐礼忠教授、史秀志副教授提供了仪器便利；白银有色集团公司厂坝铅锌矿袁积余矿长、陈黎明副矿长、王晓鹏科长、技术组全体人员给予了大力支持和帮助，在此表示深深的感谢。此外，研究过程中还得到了古德生院士、李夕兵教授、黄仁东教授、刘敦文教授、周科平教授、马建军教授、左宇军博士等的帮助，特此一并致谢！

承蒙作者十分敬重的岩土工程与地下工程专家、中国工程院院士、中国人民解放军后勤工程学院博士生导师郑颖人教授在百忙之中为本书作序，在此表示由衷的感谢！

由于本书的部分内容属于开创性研究，有些观点和结论尚不成熟，但愿能起到抛砖引玉的作用。由于水平有限，书中不妥之处，恳请读者批评指正！

作　者

2010 年 9 月

目　录

第 1 章　绪　论

1.1　引　言

近几十年来，随着国家经济建设的迅猛发展，各类大型地下岩体工程日渐增多。例如，已经建成的黄河小浪底水利枢纽、雅砻江二滩水电站、长江三峡工程等大型水利水电工程，大瑶山、秦岭铁路与公路隧道、青藏铁路等。我国岩石力学的科学研究与工程实践，取得了举世瞩目的伟大成就，同时也面临着空前的机遇和挑战[1]。在矿山开采、隧道开挖、铁路与公路路堑成形、水利水电设施建设等各类岩体工程中，钻孔爆破技术得到广泛应用，同时带来了巨大的经济效益和社会效益[2]。可以预见，在未来几十年内，工程爆破技术仍将在地下岩体工程施工方法中发挥优势，并占据主导地位[3]。

爆破是利用炸药爆炸时所释放的能量来破坏某种介质或使介质变形从而达到一定工程或工艺目的的技术。药包在岩体中爆炸时，一部分能量用来破坏介质，达到工程岩体开挖等目的，而大部分能量却以热能、振动波、空气冲击波形式传递给周围岩体，造成周围岩体或结构的振动和损伤，甚至严重破坏[4, 5]。对于岩体工程开挖，无论采用何种爆破方式，都不可避免地对预留岩体造成一定程度的损伤和破坏，从而威胁工程稳定性[6]。爆破引起的围岩损伤问题，一直是爆破工程和岩石力学界关心的中心问题之一[7]。爆破动载荷作用引起的各类岩体工程损伤、失稳破坏现象屡见不鲜，主要表现在：①爆破动载荷作用诱发的边坡崩塌、滑移等工程灾害[8, 9]。②邻近爆破对地下岩体工程(隧道、厂房、采空区等)围岩、矿柱造成的损伤与失稳破坏[10-12]。③爆破作业造成的地下巷道与支护结构大变形、塌陷等破坏[13, 14]。④爆破施工过程中，应力波作用造成的坝基与岩基损伤以及岩体完整性、稳定性的削弱[15-17]。⑤爆破动载荷作用诱发的岩爆、突水以及瓦斯突出等事故[18-20]。因此，探索爆破作用下岩体产生的损伤机制，分析岩体动力失稳破坏机制，对促进我国经济建设和国防事业发展具有重要的理论和现实意义，对岩石动力学理论与爆破安全控制具有推动与完善作用，已成为爆破工程和岩石力学界亟待解决的重要研究课题之一。

迄今为止，国内外学者在爆破动载荷作用下岩体损伤及其稳定性方面开展了大量的研究，取得了一系列的丰硕成果。主要体现在以下两个方面：

其一，在爆破理论模型研究方面，岩石爆破损伤模型代表了爆破理论模型的最新研究水平和发展方向[21]，并在逐步完善中。

其二，在爆破地震效应研究方面，测试技术、信号分析、危害机制以及安全判据等研究均取得了长足进展[22-25]。例如，爆破地震安全判据中已经考虑频率和振动持续时间的影响。

然而，由于岩体爆破损伤及其失稳破坏受到多种因素的影响，例如地质因素(岩体结构、地下水、地应力等)、工程因素(结构类型、布置形式、尺寸规模、埋深程度以及用途等)、生产因素(爆破开挖方式、炸药类型、药量、爆心距、爆破作业次数等)和时间因素等。这些因素错综复杂，互相交织，使得岩体爆破损伤及其失稳破坏具有复杂性、随机性和不确定性，造成理论和试验研究明显落后于生产实际需要的局面，其研究工作依然任重道远。

纵观岩体爆破损伤与失稳研究成果不难发现，其主要结论基本上是在单次爆破前提条件下建立的。多次爆破作用下，岩体损伤累积特性及其失稳破坏规律研究明显不足。事实上，爆破动载荷导致地下工程岩体宏观失效的过程并不是某一次爆破作业造成的，而是多次爆破共同作用的结果。例如，隧道开挖掘进循环爆破作业和矿山生产频繁重复爆破作业等。也就是说，岩体爆破损伤效应是客观存在的。Фрейберг Э А[26]在研究地下工程允许质点振速时，提出了考虑多次爆破作用产生的变形累积值，并指出介质在各段爆破作用下产生的残余变形累积可能危及结构安全。Otuonye F O[27]在研究爆破作用下地下硐室顶板锚杆动力响应时，考虑了重复爆破作用。Napier[28]在研究多极膨胀技术时，提出了地震循环效应(Seismic recurrence effects)的概念。加拿大 Karami A[29]等研究了爆破振动反复加载下岩体的疲劳寿命问题，为预报围岩稳定性、选择适当支护方法提供了帮助。阳生权[30]结合爆破地震效应现场测试，初步研究了爆破地震累积效应。马建军[31]研究了软岩巷道在周边爆破反复作用下的疲劳损伤破坏，探讨了围岩松动圈扩展量和损伤累积计算方法。鉴于岩体爆破累积损伤效应的复杂性，前人的研究工作只是对爆破累积损伤效应进行了前提性的初步探讨，并没有建立合理的理论模型，也没有提出切实可行的试验方法。

所谓累积损伤，是相对首超破坏而言的。累积损伤概念通常用在材料疲劳断裂破坏方面，是指损伤随载荷作用次数递增的过程[32]。因此，岩体爆破累积损伤效应是多次爆破作用下损伤状态的动态叠加过程，同时关联其他性质与状态指标(岩体物理力学参数、岩体完整性、岩体稳定状态等)的互动变化，是岩体爆破动力响应的动态体现。由此可见，岩体爆破累积损伤效应所指的“累积效应”不同于“累计总和”，并非简单的几何或算术累加。爆破作用下，岩体累积损伤效应直接关系着岩体的稳定程度。开展爆破作用下岩体累积损伤效应研究，对于揭示岩体动力失稳机制，具有重要的理论意义和工程价值。

多次爆破动载荷作用下，岩体累积损伤扩展规律及其失稳过程研究是岩石动力学领域的难点之一。国内外学者已经开展了一些前期研究工作，认识到了岩体爆破损伤累积效应的存在以及爆破动载荷对岩体工程稳定性的影响，在岩体爆破理论模型、地震效应测试与分析等方面取得了可喜的进步，积累了丰富的实践经验。然而，随着爆破技术与地下工程的迅速发展以及研究工作的不断深入，人们发现多次爆破动载荷作用下岩体累积损伤效应及其失稳破坏是一个相当复杂的过程，其内在机制与演化规律异常复杂，许多问题尚有待深入探索和进一步研究。例如，如何定量描述爆破动载荷作用下岩体累积损伤扩展规律？如何建立反映岩体爆破损伤累积效应内在机制的理论扩展模型？如何建立岩体爆破累积损伤过程、损伤状态与岩体失稳破坏之间的关系？如何反映爆破损伤对岩体力学参数的弱化效应？如何解释多次爆破动载荷作用诱发的地下工程岩体失稳破坏现象？因此，爆破作用下岩体累积损伤效应及其稳定性问题迫切需要综合运用数学、物理、力学、地学等学科的最新理论、最新成果协同攻关。根据所研究问题的特点，从多因素、多角度、多层面开展研究，系统地揭示爆破作用下岩体损伤累积扩展过程与发展规律，寻求有效的、合理的指标以建立爆破累积损伤、岩体力学参数弱化与岩体失稳破坏之间的内在联系，以先进的理论和方法研究爆破作用下地下工程岩体稳定性与失稳破坏机理，为地下岩体工程建设和动力失稳灾害防治提供理论支持与技术参考。

为此，本书在查阅大量国内外相关文献资料和汲取前人最新研究成果的基础上，以爆炸动力学、岩体力学、损伤力学、断裂力学、非线性动力学等理论为依据，采用现场试验、理论推导与数值模拟相结合的方法，从细观和宏观两个层面出发，以爆破损伤弱化岩体力学参数确定方法研究为纽带，将岩体爆破累积损伤效应与岩体稳定性分析有机统一起来，对爆破作用下岩体累积损伤效应及其稳定性问题进行深入、系统、全面的研究，并将有关研究成果应用于具体工程实践中，为预防地下工程岩体动力失稳灾害提供科学指导。

1.2　研究课题来源与意义

本选题瞄准科技前沿，紧密结合工程实践，力争在取得理论创新的同时，为灾害防治提供技术支持与参考。研究课题来源于以下两个研究项目：

(1) 国家“十五”重点科技攻关项目的专题“复杂多空区下强制与诱导耦合大规模落矿采矿综合技术研究”(编号：2003BA612A-10-2)；

(2) 中南大学博士学位论文创新工程项目“复杂关联空区动力失稳机制及预测预报模型研究”(编号：040109)。

以上两个研究课题的总体目标是：以白银有色集团公司厂坝铅锌矿下部复杂多空区下受破坏矿体的开采为研究对象，研究强制与诱导耦合大规模崩矿的采矿技术工艺，开发预防复杂关联空区动力失稳、有压充水空区涌水危害及开采地压预测预报等技术；建立安全生产的作业保障体系，避免出现重大灾害事故。本书结合上述研究项目，围绕爆破动载荷作用下复杂地下采空区动力失稳机制及灾害预防这一中心任务，根据现场频繁爆破作业对地下采空区顶板、矿柱等岩体的累积损伤削弱、扰动失稳破坏作用，开展爆破作用下岩体累积损伤效应及其稳定性研究，为圆满完成国家科技攻关课题的研究任务，以及预防试验矿山发生灾害性的井下事故，提供科学指导与技术支持。本研究课题的应用范围涉及矿山工程、隧道工程、水利水电工程、土木工程和环境保护等多个领域，可为频繁爆破作业条件下矿山采场与巷道动力失稳灾害预防、隧道掘进爆破对围岩造成的损伤及其对邻近隧道围岩稳定性影响的评价、大型地下硐室群等在爆破开挖施工过程中的稳定性和失稳机制分析等提供技术参考。因此，本研究课题具有重要的理论意义和工程实用价值。

1.3　国内外研究现状与述评

1.3.1　岩体爆破损伤理论与评价方法研究现状

1.3.1.1　岩体爆破损伤理论模型研究现状与进展

岩体爆破损伤(Blasting Induced Damage，BID)历来是国内外学者关注的热点和难点问题之一。对于地下岩体工程而言，岩体爆破损伤直接或间接影响工程安全性、支护与加固成本的高低等。在过去的几十年间，经过各国学者的不懈努力，岩体爆破损伤在理论模型、评价技术等方面取得了很大进展。

岩石爆破理论模型是岩石爆破理论与技术发展的关键问题。有关岩石爆破理论的研究可以追溯到20世纪60年代，回顾岩石爆破理论模型研究的发展历程，可将其分为弹性阶段、断裂阶段和损伤阶段三个部分[2]。损伤理论的引入为岩石爆破理论研究提供了新的思维方法，岩石爆破损伤模型代表了爆破理论模型的最新研究水平和发展方向。美国Sandia国家实验室从20世纪80年代初就开展了岩石爆破损伤模型的研究。研究工作包括两个部分：①用动载程序PRONTO计算应力波传播和构造岩石动载作用下破坏的损伤模型；②研究爆生气体作用下的破碎块度运动问题[21]。最早将动力损伤机制引入爆破破岩过程的是Grady和Kipp[33]，他们提出了岩石爆破各向同性损伤模型，即GK模型。由于该模型依赖于某些岩石参数，例如裂纹分布等，其发展和应用受到一定限制。Taylor、Chen和Kuszmaul[34]引入O’connell、Budianshy[35]推导的有效体积模量、泊松比与裂纹密度的关系表达式及Grady给出的碎块尺寸表达式，建立了损伤变量与裂纹密度之间的关系式，提出了著名的TCK模型。该模型克服了GK模型的不足，可以预报岩石在体积拉伸载荷下的动态响应。Kuszmaul[36]在以上两模型的基础上提出了KUS模型，该模型考虑了高密度微裂纹的荫屏效应，在模拟岩石性质方面更加接近实际。然而，TCK模型的模拟结果中药包附近岩体的粉碎区以及由药包附近起裂的径向裂纹并不存在，因此仍然存在不足之处。为此，Thorne [37]、卢文波[38]等又对TCK模型进行了进一步修正和改进。Yang[39]、Liu[40]等对以上模型在损伤变量定义等方面进行了修正。Song[41]等基于牛顿第二定律建立了动态离散元模型，将地质材料的非均质性嵌入数值模拟中。杨军[42]等根据KUS模型和Thorne等的研究，提出了分形损伤模型。

尽管岩体爆破损伤理论模型研究取得了一系列成果，并被认为代表了爆破理论模型的最新研究水平和发展方向，但仍存在以下几个问题：①没有考虑爆生气体对岩石的损伤和破坏作用；②忽视了岩体初始损伤在损伤演化过程中的作用；③对岩体各向异性的考虑不足；④如何以损伤系数D值来评价岩石爆破损伤和破坏的程度，缺乏统一标准和实验依据；⑤缺乏对岩体爆破损伤累积效应的描述；⑥现有理论模型需要有效的实验来验证和发展。

1.3.1.2 岩体爆破损伤评价方法研究现状与进展

对于保证地下工程安全、降低支护成本而言，岩体爆破损伤评价是十分必要的。岩体爆破损伤评价具有改善施工人员的人身安全，提高顶板、矿柱与围岩的稳定性，提高开挖速度，减少超挖比例，通过地面震动观测预防结构物破坏，降低建设与维护费用等诸多优点。McKown[43]、Ricketts[44]、Forsyth[45]、Persson 等[46]学者曾经详细论述了岩体爆破损伤评价的必要性和重要意义。迄今为止，国内外已发展了大约20种评价方法[47]。一般地，可将岩体爆破损伤评价方法分为如下 5 类：①直观检测、超挖测量与激光检测；②爆破前后裂纹密度评价；③传统损伤指标分析，例如半孔率等；④地震与声波速度测量；⑤振动分析。图 1-1 概括了不同种类岩体爆破损伤评价方法。图 1-1 中有关符号说明，参见本书参考文献[48]。

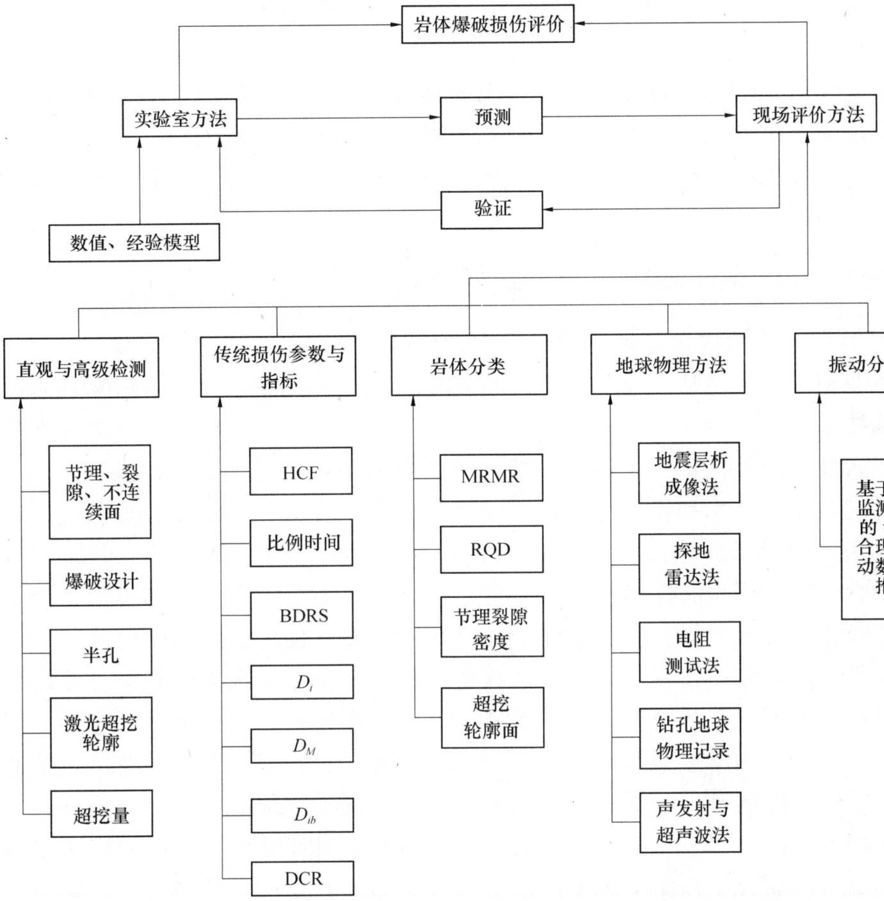

图 1-1 岩体爆破损伤评价方法概念图

在实验室模型评价方法中，杨小林等[49]在大理岩中进行了模拟爆破试验，得到了不同爆心距和爆破条件下，爆破对岩石损伤破坏作用的一些规律。杨军等[2]通过岩石冲击损伤实验并对回收样品进行超声波测试，得出应力波衰减系数与损伤变量以及冲击损伤耗散能具有线性关系的规律，在此基础上构造以应力波衰减系数为主要参量的岩石损伤模型。赫建明等[50]采用预制水泥砂浆试块模型爆炸加载的方式进行试验，取芯后对爆破损伤岩体进行了抗压强度检测以及超声波检测，研究了爆炸冲击载荷对预留岩体的不同位置造成的损伤程度。在震动观测与分析方面，Singh 等[51]在印度 7 个煤矿中进行监测，得到了顶板和矿柱对邻近露天爆破振动的响应，并指出顶板比同等爆破条件下矿柱的响应要大。Anders Ansell[52]对 Kiirunavra 地下铁矿中新浇混凝土在爆破振动下的损伤进行了现场观测，得到了抗压强度、黏聚力和质点振动速度、加速度等指标值，认为新浇混凝土具有较高的抗爆能力。国内在岩体爆破损伤评价与振动分析方面，也进行了大量的现场观测，取得了许多重要的研究成果，例如三峡工程基岩爆破[16]、小浪底隧洞爆破开挖[53]等。在地球物理检测方法中，应用最多的是声发射与超声波法[54-56]、地震层析成像法[57]等。

各国学者提出了多种岩体爆破损伤评价方法，在理论研究和工程实践方面取得了重大进展。例如，修正后的爆破损伤指标 D_{ib}[58, 59]与现场实测结果比较吻合。然而，由于岩体爆破损伤的影响因素较多，其分布规律具有明显的随机性和不确定性，因此评价方法中的理论研究进展缓慢，而现场实测方法得到快速发展，应用广泛。特别是对于爆破作用下岩体爆破累积损伤效应，国内外均少有研究，如何评价岩体爆破累积损伤扩展规律值得深入研究。

1.3.2 岩体声波测试及其频谱分析研究现状

1.3.2.1 岩体声波测试技术及其在爆破损伤评价中的应用

岩体声波测试技术包括声速测量、衰减测量和声发射测量，介于地球物理勘探和工程振动测试技术之间。目前，岩体声波测试技术已发展成为应用声学的一个独立分支。研究岩石或岩体中声波的产生、传播、接收及其各种效应，已形成一门新的学科——岩石声学[60]，它是声学技术和岩石力学与工程相互渗透的结果。20 世纪 50 年代初，国外开发了声波法；60 年代，美、日、欧等国家和地区已经广泛应用。60 年代末 70 年代初，我国开始研究应用声波探测技术[61]。经过几十年的努力，声波探测技术无论是硬件还是软件都取得了长足发展，其应用范围也进一步拓宽，已广泛应用于岩体力学与工程的许多领域[62,63]。岩体声波测试技术以其具备的优势和特点，在以下几个方面得到成功和广泛应用：①地下硐室开挖松动圈范围测定[64]；②围岩与矿柱稳定性测定[65]；③声波测井[66]；④岩体物理力学参数测定[67,68]；⑤桩基检测[69]；⑥工程岩体分级[70]；⑦地下溶洞与采空区等层位探测[71]；⑧注浆加固效果评定[72]；⑨工程地质勘察[73]。另外，在裂纹扩展和岩体损伤方面，Meglis[74]等基于超声速度和振幅对裂纹的敏感性，应用超声层析成像现场测试方法研究了加拿大原子能地下实验室隧道开挖诱发的围岩损伤问题，得到了围岩损伤程度和损伤分布规律。Sayers[75]等研究了脆性岩石压缩微裂纹与弹性波速之间的关系，指出微裂纹扩展、张开会导致弹性波速降低，可利用弹性波速监测岩体损伤发展。同时，由于微裂纹分布的随机性将导致弹性波传播的各向异性，Otto Schulze[76]应用超声波监测技术研究了某地下储库岩盐变形过程中损伤的发展演化规律。

随着爆破技术在岩体工程中的广泛应用，岩体爆破开挖效应(边坡、围岩以及基岩爆破损伤程度、影响深度范围等)、邻近爆破产生的扰动破坏效应(顶板、矿柱以及地下硐室群、相邻隧道的失稳破坏等)已经成为岩体爆破研究领域的关键问题之一，引起了国内外学者的极大关注[77]。特别是核废料地下永久储存仓库的钻爆开挖过程中，爆破对围岩造成的损伤破坏程度更是关乎工程成败的重要指标之一，直接影响工程能否达到设计和使用目标。对于岩体爆破损伤程度和范围的确定，目前理论研究远远落后于工程实践的需要，一般采取事后测试或过程监测的方法，例如声波测试技术、声波折射剖面法以及层析 X 射线成像技术[78]。理论和实践证明，应用声波测试技术进行岩体爆破损伤评价是简单、有效的实用方法之一[79]。目前，岩体声波测试技术已经广泛应用于爆破开挖效应和扰动破坏效应的许多方面。例如，程爱宝[80]等应用 RSM–SY5 智能声波测试系统，在现场完成了爆破震动对铜绿山矿 6301 采场顶板稳定状况影响的探测研究，探讨了爆破振动质点峰值速度、平均速度与持续时间对岩体声波速度的影响。卢文波[38]、Raina 等[47]、

Rubin 等[81]、Krautkrammer 等[82]应用岩体声波测试技术研究了爆破开挖引起的围岩松动破碎范围或爆破损伤影响深度。He[83]在室内应用声波测试方法研究得到了冲击损伤岩石的微裂纹特征。张志呈等[84]通过爆破前后声波对比检测试验研究了3种不同装药爆破对边坡保留岩体的损伤作用，结果表明：护壁光面爆破对边坡保留岩体的损伤作用最小。朱传云等[79]依据弹性波理论，在假定爆破前后岩体密度、泊松比近似相等的条件下，建立了声波降低率(η)、岩体完整性系数(K)以及岩体损伤度(D)三者之间的关系，探讨了岩体爆破损伤的判别标准。胡建敏等[85]基于岩体声波测试技术，研究了大孔径梯段爆破开挖对底部基岩的扰动影响，根据检测资料的分析结果给出了大孔径开挖底部基岩预留保护层厚度。曹孝君等[86]以顺层岩质路堑开挖爆破为背景，在6次层裂爆破试验基础上，测量得到了边坡不同位置处的质点振速和爆破前后的岩体声波速度，并对振速测量结果和声速测量结果进行了耦合分析，结果表明：爆破作用下边坡岩体产生层裂后，声波速度显著降低，岩体波速降低率随着质点振速的增大而增大。李建军等[87]利用超声波探测法对节理裂隙岩体进行了声波测试，通过对节理裂隙岩体进行爆破漏斗试验，分析了节理裂隙对岩体中爆炸应力波传播、岩石破碎及爆破漏斗形成的影响，得出了一些有益的结论。

综上所述，岩体声波测试技术日趋成熟，在岩体工程领域的应用范围也在不断拓宽，并取得了一系列的研究成果。由于岩体爆破损伤评价方面的迫切需要，以及声学参数对爆破损伤具有较好的敏感性，岩体声波测试技术在爆破开挖效应评价中具有其他方法无法相比的优势，其应用正日渐增多。然而，岩体爆破损伤声波测试方法也存在一些缺陷和需要完善的地方。例如：①声波测试方法属于事后评价法，需要针对具体的爆破设计参数确定其相应的爆破损伤范围，现场爆破试验的工程量很大。②没有考虑到爆破损伤及岩体开挖卸荷损伤之间的耦合效应，因此不能完全客观地反映爆破损伤的真实情况[88]。③没有充分考虑裂隙岩体冲水状况对岩体声波速度的影响[38]。④关于爆破作用下岩体累积损伤扩展与岩体声速降低之间的关系报道较少，有待进一步深入研究。

1.3.2.2 岩体声波衰减测量与频谱分析方法研究现状

人们对岩体声学特性的研究和应用，总的来说可以分为两个方面：①岩体声波速度研究；②岩体声波衰减理论研究。这两个课题的研究后来就形成了两种声波测试技术，即波速测量法和衰减测量法[62]。根据上述分析可知，岩体声速测试研究与应用取得了丰硕的成果，积累了大量的实践经验。岩体声波衰减测量法是通过测定声波在岩体中传播时的能量耗散来反映岩体的内部结构和损伤特性的。由于对衰减理论研究不足，以及测量仪器的限制，岩体声波衰减测量技术进展缓慢，其研究成果远不如波速测量法丰硕。尽管如此，国内外学者与专家对岩体声波衰减理论与测试方法仍然孜孜以求，付出了艰辛的劳动，在理论研究、仪器改进和实践方面取得了一些可喜的成绩。李锡润[89]对岩体声波衰减测量方法进行了研究，利用采样系统和能量法原理，得到了岩体声波衰减指标；Hovem[90]研究了声波在层状介质中传播时，声波频率与声波散射衰减之间的关系。Couvreur [91]研究了多孔石灰石试样在多级循环加、卸载应力条件下，超声波速度、最大振幅和能量的衰减规律，研究发现：利用超声衰减指标描述循环载荷实验中的裂纹扩展是一种有效的新方法。由于声波沿加载方向传播，声速变化不明显，而声波能量衰减特性却很好地揭示了试样的变形行为。秦四清[92]建立了一种岩石声波衰减的复合Q模型，并探讨了Q值与声波频率、含水量及压力之间的关系，合理解释了一些实验现象。Butt[93]以声波衰减作为跟踪指标，监测了加拿大 Brunswick 矿山掘进巷道的顶板稳定性。结果显示，采掘活动引起的波形变化情况可以反映巷道顶板稳定状态。

鉴于波形、频率、能量等声学参数对岩体结构与损伤特性的敏感性，随着信号处理技术的发展，20 世纪 80 年代以来，学者们开始密切关注岩体声波测试信号的频谱特性，并进行了大量的理论与应用研究[94]。陈达力[95]利用自行研制的声波测试系统对岩石声谱特性进行了研究，认为声谱技术在岩石力学与工程领域具有广阔的应用前景。Valdeon[96]运用超声脉冲技术，对石灰石和砂岩两种岩石质量进行了声速和声谱分析，并指出声波主频变化分析优于单纯的声波速度分析，风化过程中岩石声波主频变化规律有待深入研究。傅里叶变换方法较早地应用于岩石声波测试信号的频谱分析，其研究成果颇为丰富[2,97,98]。20 世纪 90 年代以来，鉴于小波变换独特的时频局部化功能和高分辨率等特点、声波信号的非平稳随机性以及傅里叶变换方法的局限性，岩体声波测试信号频谱特性分析开始引入小波分析方法，并取得了一些研究成果[99-101]。

综上所述，岩体声波衰减理论与测量方法、岩体声波测试信号频谱特性分析方法均取得了很大进展。然而，与岩体波速测试分析相比，岩体声波衰减测量与频谱特性分析在岩体爆破损伤评价方面的应用较少。尤其是，多次爆破作用下岩体爆破累积损伤扩展过程与声波测试信号频谱变化特性之间的内在联系，更是无人问津。因此，在现场声波测试的基础上，开展岩体爆破累积损伤效应声波频谱特性分析，是一个值得研究的、具有重要价值的有益课题。

1.3.3 岩体力学参数取值方法研究现状

随着岩体力学与工程问题计算仿真技术的发展，岩体力学参数取值愈加显得重要。如何获取有效的宏观岩体力学参数，已成为岩石力学与工程研究领域最基本、最困难的课题之一[102]。为了获得可靠的岩体力学参数，满足工程设计与数值分析的需要，国内外学者开展了大量的研究工作，提出了许多岩体力学参数取值方法，归纳起来主要有以下几种。

1.3.3.1 原位试验法

毋庸置疑，获得岩体力学参数最准确的方法是进行现场原位试验。从 20 世纪 40 年代开始，国内外先后进行了大量的大型现场原位试验[103]。第一个大型现场抗压试验是由美国的 Greenwald 于 1937 年在 Pittsburgh-Seam 煤矿完成的，所用试件尺寸为 0.8 ~ 1.6 m，宽高比 0.5 ~ 1.0。随着大型水利水电工程的兴建，我国在几个大型岩体工程中开展了现场原位试验。例如，葛洲坝水电工程曾进行过大型岩体力学试验，历时一年左右。由于这种试验需要的时间长，费用高，不是每一个工程都能进行或必须进行的，其发展受到一定限制。另外，现场原位试验还存在一些技术上尚未解决的问题，例如，Rocka 和 Dasilv (1970)、Shroedev (1974)、Bieniawski (1979) 等在进行现场原位试验时发现原位试验结果具有很大的分散性[104]，不同试验方法得到的试验结果之间相差很大。

1.3.3.2 经验折减法

经验折减法是目前工程应用最多的一种岩体力学参数取值方法。就其主要特点和工程应用情况而言，经验折减法大致可以分为简易强度折减法、岩体分级法、经验公式法等 3 种方法。由于简易强度折减法没有考虑地下水的影响和工程岩体所处的应力状态，不考虑岩体中结构面的性质，人为因素的主观影响比较大，故存在的问题较多。目前，应用最多、最广泛的是工程岩体分级法和经验公式法。国内外最常用的岩体质量分级方法主要有中国国家标准《工程岩体分级标准》[105]、地质力学指标 RMR 分类法[106,107]和 Q 分类法[108]。前两种方法提供了不同级别岩体所对应的岩体力学参数范围。根据岩体分级方法判定岩体质量级别后，即可估算出岩体力学参数值。另外，工程实践证明，根据岩石室内试验结果，结合现场具体工程条件，参考某些经验计算公式也可以得到比较可靠而实用的岩体力学参数[103]。这些经验公式中，比较著名的有 Hoek-Brown 公式[102]、格吉公式[109]和费辛柯公式。Helgstedt[110]和 Sheorey[111]总结了现有的经验公式法，认为基于岩体破坏非线性的 Hoek-Brown 经验准则比较全面地反映了岩体结构等特征对岩体强度的影响，是发展最完善的方法。

1.3.3.3 位移反分析方法

岩土工程位移反分析的基本思想是由 Karanagh[112]在 1971 年提出来的，其基本方法是利用现场实测得到的位移数据，运用有限元等方法计算岩体力学参数等原始数据。实践证明，位移反分析法不但能够克服其他方法得到的岩体力学参数的片面性，而且可以达到较高的精度，因此在边坡、地下工程等岩土工程参数辨识中得到广泛应用。在国外，1974 年 Sakurai 根据围岩的蠕变位移，采用解析方法计算了岩体的黏滞性系数[113]；1976 年 Kirstem[114]运用有限元法和解析法得到了岩体弹性模量；1980 年意大利的 Gioda[115]开始研究弹塑性位移反分析，利用实测位移计算得到了岩体的黏聚力、内摩擦角等参数；1979 年 Sakurai 提出了一种实用的有限元反分析方法[116]。随着商业软件的发展，基于数值计算方法进行位移反分析法的研究日趋增多[117,119]。在国内，1981年杨志法教授提出了位移图谱反分析方法，利用事先建立的图谱反演地应力分量与弹性模量[120]；随后，学者们将人工智能技术引入位移反分析中，取得了一系列的研究成果[121,123]。近年来，智能化位移反分析方法发展迅速，主要有：①基于人工神经网络的位移反分析法；②基于遗传算法的位移反分析法；③基于支持向量机方法的位移反分析法。

1.3.3.4 不确定性分析方法

由于岩体工程是一个高度复杂的不确定性系统，无论采用何种方法，确定的岩体力学参数始终存在一定的模糊性和随机性。为此，许多学者运用各种不确定性理论开展了岩体力学参数取值研究。由于岩体力学参数的统计特征和随机性显著，徐建平等[124]、王如路等[125]在统计分析理论和随机过程理论的基础上开展了岩体力学参数研究。另外，岩体力学参数的样本存在离散性，其本身就是一个模糊随机变量，应符合随机模糊概率分布。黄志全等[126]、李胡生等[127]基于可靠性理论对岩体力学参数的模糊概率分布特征开展了一系列的研究。此外，基于可拓学原理的岩体力学参数研究也取得了一些进展。例如，原国红等[128]引入模糊理论隶属度的概念，综合可拓评判方法，提出了一种定量指标权重的确定方法。

现有的岩体力学参数取值方法种类较多，其中应用 Hoek-Brown 经验公式对岩石力学参数进行折减，从而获得工程所需岩体力学参数，是目前岩石力学与工程界应用最多的方法。

然而，该方法也存在一些不足，特别是无法确定介于扰动和未扰动之间岩体的力学参数[129]。实际上，开挖和爆破作业对岩体力学参数具有劣化效应，如何反映开挖和爆破损伤作用对岩体力学参数的影响，特别是多次爆破作用下岩体累积损伤效应与岩体力学参数弱化程度之间的关系，对于岩体动力稳定分析至关重要，必将成为另一个研究的热点和难点。

1.3.4　突变理论在岩体工程失稳机制研究中的应用现状

失稳和稳定是两个具有同等科学价值的不同研究领域，岩体工程失稳研究也是岩石力学与工程研究中的热点和难点之一。由于岩体工程失稳是一个相当复杂的过程，通常伴随着变形的非均匀性、非线性和大位移等特点，是一个高度非线性科学问题，因此岩体工程失稳机制研究要取得突破性进展迫切需要引进非线性科学研究的原理与方法[130]。20 世纪 70 年代前后发展起来的非线性科学理论的主要代表有：耗散结构理论、协同学理论、分叉与突变理论、分形理论、浑沌和神经网络等理论。这些非线性理论已成为解决非线性复杂大系统问题的有力工具，也为岩石非线性系统理论研究奠定了数理基础。

法国数学家 Thom R 在 1972 年出版的专著《稳定性结构与形态发生学》中系统阐述了突变理论的概念和原理，标志着突变理论的正式诞生[131]。以后几十年来，经过英国数学家 Zeeman E C[132]等的改进和完善，突变理论从理论到应用取得了全面进展，被大不列颠百科全书誉为“牛顿、莱布尼兹创立微积分以来，数学界又一次伟大的革命”，引起了各国学术界的广泛关注。在我们所处的四维时空中，Thom R 的分别性定理指出，最多只有 7 种基本突变形式[131]，而日常应用较多的是尖点(CUSP)突变、折迭突变和燕尾突变。突变理论在其开创初期就是旨在应用的。初等突变理论的应用方式可粗分为两大类[133]，一类是定量描述，主要适用于数理化等“硬”科学；另一类是定性分析，主要适用于生物与社会等“软”科学。自突变理论问世以来，短短 30 多年时间里，已广泛应用于生物学、物理学、医学、社会学以及经济学中，成功解决了许多其他手段无法解决的问题。在国外，Salkm A(1989)引入蝴蝶突变模型，较好地解决了影响电力系统暂态稳定性的各种因素之间的关系；哥本哈根大学 Kuijper (1993)[134]利用突变理论深入分析高斯度量空间中图像的深层结构，并成功地应用于医学图像分析；加拿大学者 HallF. L(1993)研究交通运输事故时，应用突变理论很好地回答了车流量、路面车辆占有率与车辆运行速度之间的关系，为高速公路运营管理提供了科学依据。然而，突变理论在地球科学及其相关领域中的应用并不多见，Henley(1976)[135]最早应用突变理论分析研究了火山爆发、相变、浊流和断层运动的定性模型；Cubit 和 Shaw(1976)[136]应用突变理论解释了大陆架的沉积过程。在国内，对突变理论的研究和应用起步较晚，最早介绍突变理论的是凌复华的中译本《突变理论入门》[131]。经过我国科技人员的努力，突变理论在地球科学、社会科学、哲学、医学、生物学等研究领域有了较为广泛的应用。

近 10 年来，在各国学者的共同努力下，突变理论在岩石力学与工程研究领域的应用突飞猛进[137]，取得了大量的研究成果，呈现出如下特点：

(1) 突变理论在岩体工程失稳破坏机制分析中应用广泛，取得了一系列可喜的成就。例如，在岩体工程失稳准则研究方面，蔡美峰等[138]利用能量原理，借助突变理论方法导出了岩体工程开挖系统失稳破坏的能量破坏准则；在岩石试件失稳破坏方面，唐春安[139]、费鸿禄等[140]、潘岳[141]分别应用尖点突变模型和折迭突变模型研究了岩石或混凝土试件在准静态条件下的失稳破坏过程；在边坡失稳分析方面，黄润秋[133]、秦四清等[142,143]、刘军等[144]、龙辉等[145]应用尖点突变模型研究了顺层斜坡、层状岩体和斜坡平面在准静态条件下的变形特性与失稳破坏机制；在岩体断裂失稳机制研究方面，康仲远[146]、Germanovich[147]等应用尖点突变模型从静态和准静态的角度定性或定量分析了岩体失稳破坏的断裂过程；在地震[148-150]、岩爆[151-156]、瓦斯突出[157]、突水[158-160]等广义失稳灾害研究方面，学者们应用突变理论对其失稳破坏机制进行了研究，并对相应的地质灾害进行了预测预报；在顶底板失稳[161]、矿柱失稳[162，163]、采空区坍陷等研究方面，应用突变理论分析了失稳破坏机理，探讨了失稳条件；在隧道失稳研究方面，高波[164]、刘学增等[165]、闫长斌等[166]利用突变理论建立了隧道与围岩失稳的尖点突变模型，导出了隧道围岩失稳判据。

(2) 随着研究的不断深入，应用范围不断拓宽，克服了以往只应用初等突变理论中尖点突变模型的单一性。费鸿禄等[140]、潘岳等[155]应用折迭突变模型研究了岩石受压构件断裂破坏、矿井断层冲击地压等问题，殷有泉等[148]应用燕尾突变模型研究了地震发生过程，使突变理论得以更全面揭示岩体失稳破坏的复杂本质。

(3) 在研究过程中，突变理论逐渐与其他新理论结合，丰富了突变理论的理论内涵与应用模式。李造鼎等[167]将灰色理论和突变理论相结合，提出了灰色能量突变模型，为岩体结构的数学力学分析提供了一种有效的途径；周辉等[168]将胞映射理论和突变理论结合，提出了矿震系统的胞映射—突变预测模型；潘岳等[169]提出了岩体动力失稳的功、能增量——突变理论研究方法，使岩体动力(破碎)失稳问题与弹性体几何形状失稳问题的界限更加清晰，消除了目前采用突变理论研究岩体动力失稳问题中存在的误区。

(4) 突破了纯粹将突变理论应用于静态条件下岩石破裂机制与岩体工程静力稳定性分析，从静态或准静态研究转向动态方面的研究以及岩体工程在动载荷作用下的稳定性分析。以前主要研究静态或准静态条件下岩体的失稳破坏，至于动力作用下岩体失稳破坏的研究则较少。许强等(2002)[170]从突变理论的角度定性地探讨了扰动(即地震、暴雨、人类工程活动等外载荷)诱发地质灾害的机制；许强等(1997)[171]分析了振动载荷作用下岩体的变形失稳机制，马少鹏等[154]分析了围岩振动诱发冲击地压的机制，主要是采用非线性振动方程，应用突变理论定量地描述振动诱发岩体或结构发生失稳破坏的规律；左宇军[172]根据突变理论，分析了岩石在动静组合加载下的断裂过程；Yan[173]应用突变理论，分析了爆破震动诱发交叠型地下硐室群失稳的动力机制。由此可见，将突变理论应用于爆破震动诱发岩体失稳灾害机理分析的研究成果较少，有待进一步深入研究。

1.3.5　FLAC/FLAC^{3D}在岩土工程稳定性分析中的应用现状

随着计算机的日益普及和计算仿真技术的不断发展，数值模拟方法已被广泛应用于各类岩石力学与工程实践中[174]。FLAC/FLAC^{3D}是由离散单元法发明者 Peter Cundall 博士于 20 世纪 70 年代中期开始开发的通用有限差分法软件系统，是美国 Itasca 公司的核心产品之一[175]。目前，FLAC/FLAC^{3D}已在全球 70 多个国家得到广泛应用，在土木工程学术界和工程界赢得了广泛赞誉[176]。20 世纪 90 年代中期以来，我国开始引进 FLAC/FLAC^{3D}，在土木、采矿、交通、水利等工程设计、稳定性分析科研工作中发挥了巨大作用，已成为我国岩土工程界发展最快、影响最大、最有应用前景的数值模拟软件系统之一。

稳定性研究是岩土工程领域的中心问题和研究热点之一，包括静力稳定性和动力稳定性。FLAC/FLAC^{3}D 是专门针对岩土工程开发的，目前已在岩土工程的许多方面得到广泛应用。实际上，FLAC/FLAC^{3D} 在岩土工程中的突出表现在于稳定性分析，它解决了许多工程技术难题。FLAC/FLAC^{3D} 在岩土工程开挖过程与静力稳定性分析方面的应用非常广泛，也非常成功。例如：①在边坡稳定性研究方面，Dawson 等[177]应用 FLAC 程序模拟了边坡稳定性；寇晓东等[178]应用 FLAC^{3D} 对三峡船闸高边坡的锚固稳定性及其作用机制进行了研究；乔国文等[179]通过 FLAC^{3D} 模拟开挖过程，验证了西南某大型水电站引水发电洞进水口边坡顶部在开挖过程中出现带状裂缝的问题，并预测了采取加固措施后边坡内部的变形趋势。②在水工地下厂房等地下硐室(群)稳定性研究方面，杨为民等[180]应用 FLAC^{3D} 对龙滩巨型地下硐室群分层开挖和支护过程进行实时数值模拟，分析了该洞室围岩的变形特征和围岩稳定程度；陈帅宇等[181]采用FLAC^{3D}对清江水布垭水利枢纽地下厂房施工开挖过程进行了数值模拟，研究了复杂地质条件下硐室群围岩的开挖变形形态和应力状态，分析了围岩塑性区分布与洞室群的稳定性；朱维申等[182]以小浪底等大型水电站地下硐室群为背景，用 FLAC^{3D} 数值模拟方法计算了上百个算例，研究了 4 类岩体、4 种埋深在不同侧向地应力条件下洞壁位移量的变化规律，并拟合出了用多项式表达的公式。③在隧道开挖过程与稳定性分析方面，Carranza-Torres 等[183]运用 FLAC^{3D} 研究了在满足 Hoek-Brown 破坏准则的岩体中进行隧道等地下空间开挖时，围岩的弹塑性响应问题；Asef 等[184]运用 FLAC 研究了隧道围岩与支护系统的相互作用问题；Bonini 等[185]应用 FLAC 研究了隧道掘进时围岩膨胀破坏问题；杨新安等[186]采用 FLAC 研究了锚杆与注浆复合支护加固隧道围岩的机理，结果表明：锚注支护对巷道围岩变形的控制明显优于单纯锚杆支护。④在矿山开采沉陷预测、采掘过程分析、巷道与采空区稳定性等方面，谢和平等[187]应用 FLAC/FLAC^{3D} 对河南省鹤壁矿务局 4 矿开采沉陷进行了预测，通过与经典方法得到的结果进行对比分析，发现 FLAC 能真实地模拟现场地质条件，弥补经典方法不能考虑断层影响的不足；宋卫东等[188]采用 FLAC^{3D} 对淹井前后、加固前后采场溜井的稳定状况进行了数值模拟，验证了所采取的加固措施的可靠性和合理性；陆士良等[189]在工业试验的基础上，应用 FLAC 对锚注支护巷道围岩的应力和位移进行了模拟分析，揭示了锚注支护与巷道围岩的作用机理；Singh 等[190]通过建立二维和三维 FLAC 计算模型，研究了煤柱间顶板稳定性，以印度某煤田的 4 个失稳和 4 个稳定情况为实例，计算结果与预测公式结果基本吻合；Yasitli 等[191]采用 FLAC^{3D} 研究了土耳其 Omerler 地下矿山 M3 长壁工作面综放顶煤开采机理。

尽管 FLAC/ FLAC^{3D} 具备比较完善的动力计算分析功能，然而其在岩土工程动力响应和动力稳定性分析中的应用较少，其应用主要集中在以下几个方面：①在天然地震、爆破震动以及交通荷载等动荷载作用下边坡动力响应与稳定性分析方面，祁生文、刘春玲等[192,193]应用 FLAC^{3D} 对天然地震作用下边坡动力响应规律以及边坡地震稳定性进行了模拟研究，得到了一些有意义的结论；陈占军等[194]尝试运用 FLAC^{3D} 动力分析模块进行岩石边坡爆破动力响应分析，建立了能够反映主要地质构造的三维岩石边坡数值模型；张友葩等[195]针对公路和铁路两种不同性质的动载形式，结合有关实例，利用 FLAC 比较系统地模拟分析了两种不同动载荷作用下边坡的扰动失稳破坏情况。②在天然地震等动载荷作用下隧道、地下硐室(群)动力响应与稳定性分析方面，Kirzhner 等[196]利用 FLAC 分析了地震过程中隧道围岩的动力响应；李海波等[197]运用 FLAC^{3D} 分析了地震载荷作用下地震波振幅、频率和持续时间对地下岩体硐室位移特征的影响；闫长斌等[198]应用 FLAC^{3D} 系统研究了动载荷振幅、频率和工程因素对竖向排列地下硐室群稳定性的影响，并结合实例分析了爆破地震波对硐室群稳定性的影响。③在爆破地震波传播与动力破坏效应研究方面，国胜兵等[199]依据试验变形和破坏特征，利用自编制程序以及 FLAC，研究了爆炸载荷作用下饱和砂土中波传播特性；姜耀东等[200]结合实际生产情况，利用有限差分软件 FLAC，对比分析了无支护和两种不同柔性支护条件下巷道受放炮震动影响后的变形破坏情况；闫长斌等[12]针对频繁爆破作业诱发厂坝铅锌矿复杂群采空区产生失稳破坏的情况，运用 FLAC^{3D} 对爆破震动作用下采空区的稳定性进行了数值模拟分析。

综上所述，FLAC/FLAC^{3D} 在地下岩体工程开挖过程分析方面具有独特的优势，在岩土工程静力稳定性分析中得到广泛应用并作出了巨大贡献。然而，其在岩土工程动力响应和稳定性分析中的应用较少，特别是在爆破震动作用下地下岩土工程动力稳定性分析方面的应用更少。因此，应用 FLAC^{3D} 开展爆破动载荷对采空区等地下岩土工程稳定性的影响研究，具有显著的工程意义。

1.4 本书主要研究内容与技术路线

基于以上分析，结合国家“十五”科技攻关项目“复杂多空区下强制与诱导耦合大规模落矿采矿综合技术研究”(2003BA612A-10-2)和中南大学博士学位论文创新工程项目“复杂关联空区动力失稳机制及预测预报模型研究”(040109)，本书从现场试验、理论分析与数值模拟三个方面开展研究工作，理论与应用研究相结合，主要研究内容和研究方法如下：

(1) 运用声波测试技术对岩体爆破累积损伤效应进行现场试验研究。在厂坝铅锌矿某地下巷道围岩中进行 10 次小药量模拟爆破损伤试验，应用 RSM–SY5 智能声波测试系统研究多次爆破作用下岩体损伤累积增长规律，探寻岩体累积损伤程度、岩体声波速度与爆破作用次数之间存在的统计关系，为进一步开展爆破动载荷作用下岩体疲劳损伤非线性累积规律与岩体力学参数损伤弱化效应等研究奠定数据基础和试验依据。

(2) 以现场声波测试数据为基础，基于岩体声波衰减理论，研究多次爆破作用下，岩体累积损伤与岩体声波波形、主频、能量等频谱参数随爆破次数增加的变化规律之间的内在联系。综合运用快速傅里叶变换(FFT)和小波(包)分析方法，找出声波信号主频、能量及其频带分布随爆破次数增加的变化规律，进一步揭示频繁爆破作用下岩体失稳破坏机制。

(3) 基于现场声波测试数据，建立岩体爆破疲劳损伤非线性累积预测模型和岩体爆破累积损伤扩展模型。应用损伤力学、断裂动力学理论，系统研究多次爆破作用下中远区岩体损伤断裂破坏机制；基于疲劳累积损伤理论，探寻多次爆破作用下岩体损伤非线性累积特性及疲劳裂纹扩展规律。

(4) 基于爆破作业对岩体质量的损伤弱化效应，在前人研究的基础上，对 Hoek-Brown 公式进行修正和完善，提出一种新的爆破扰动作用下岩体力学参数研究方法——BDRMP(Blasting Damaged Rock Mechanical Parameters)法。在验证 BDRMP 法正确性与合理性的基础上，运用 BDRMP 法研究得到厂坝铅锌矿岩体力学参数，为进一步深入开展爆破动载荷作用下厂坝铅锌矿复杂采空区稳定性数值模拟研究和地下工程岩体失稳机制的突变理论分析奠定有力的基础。

(5) 探寻频繁爆破作用诱发地下工程岩体失稳破坏的临界微扰机制，建立爆破扰动作用下地下硐室顶板、矩形矿柱失稳的突变模型，分析其失稳过程的非线性演化规律，导出其失稳的充分和必要力学条件判据。根据失稳条件确定地下洞室顶板的临界安全厚度，分析临界安全厚度及矩形矿柱动力失稳的主要影响因素，揭示爆破动载荷诱发地下工程岩体失稳破坏的非线性动力学机制。

(6) 复杂多空区条件下，同时考虑开挖(采)过程和爆破震动作用对采空区稳定性的影响，利用 FLAC^{3D} 对厂坝铅锌矿复杂地下采空区稳定性问题进行系统的数值模拟研究。通过对比开挖过程、单次爆破震动作用和两次爆破震动联合作用三种情况对采空区稳定性的影响程度，揭示爆破动载荷作用下采空区失稳破坏机制以及爆破累积损伤效应对采空区稳定性的影响特征。

针对以上研究内容，本书所采用的技术路线如图 1-2 所示。

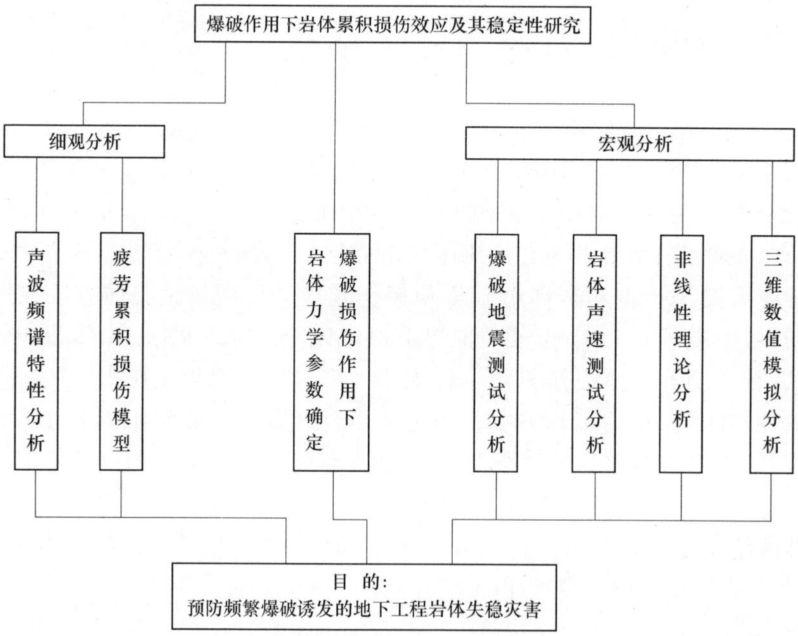

图 1-2　本书采用的技术路线

第 2 章　多次爆破作用下岩体声波速度与累积损伤效应

2.1　引　言

在地下岩体工程中，普遍存在爆破开挖岩体和保护围岩这一互相矛盾而且必须解决的问题。结合现场观测，许多学者采用爆炸力学、断裂力学、损伤力学方法在理论、数值计算和试验等方面，对爆破引起的岩体损伤问题开展了大量的研究工作。研究表明[17，201，202]：岩体爆破损伤破坏作用机理是，爆炸载荷作用下岩石内部大量微裂纹形成、扩大和贯穿，从而导致岩石宏观力学性能劣化乃至最终失效或破坏，这是一个连续损伤演化的累积过程。实际上，损伤累积导致工程岩体宏观失效的过程是多次重复爆破造成的，例如隧道开挖掘进循环爆破作业和矿山生产频繁重复爆破作业等。特别是对于爆破中远区，应力波作用虽然无法使岩体产生直接破坏和连续变形，但可以造成岩体局部损伤，使得岩体中存在的大量节理裂隙、微孔洞等弱面结构张开、扩展延伸，在岩体中形成"爆破内伤"。在持续或反复的爆破动载荷作用下，由于损伤的不可逆性，损伤程度和范围不断累积增长、扩大。当岩体爆破损伤程度累积至其阈值时，产生动力失稳破坏。例如大冶铁矿[31]和厂坝铅锌矿[12]等矿山均存在频繁生产爆破导致邻近巷道垮塌的现象。因此，仅仅针对某一次爆破作业，分析岩体的损伤和破坏情况，无法全面揭示爆破动载荷作用下岩体损伤和失稳的作用机理。开展多次爆破作用下岩体累积损伤效应研究，对于合理安排工程爆破设计、地下工程安全防护以及预测动载荷作用下围岩长期稳定性具有重要的意义。

如何判别爆破引起的岩体损伤，合理表征损伤参量，是爆破损伤及其累积效应研究的重要内容之一。目前，岩石损伤的检测方法分为两类，一是直接检测法，用金相学方法直接测量岩石中各种损伤缺陷的数目、形状大小、分布形态、方位取向、裂纹特性及其所占的比例。二是间接检测法，通过一定的物理假设去建立岩石的宏观物理量与损伤变量之间的关系。间接检测法中，利用超声波测试手段研究岩体爆破损伤特性，以波速变化定义损伤参量进而建立相关模型，是最有效、最便于推广的方法[81，83，203]。这种研究方法避开了烦琐的裂纹密度测量，而直接以波速变化反映岩体损伤特性以及模量的变化，已成为岩体爆破损伤理论模型研究与评价损伤参数的发展方向[2]。

岩体声波测试技术是近 40 年来发展起来的一种新技术[60]，它具有简便、快捷、可靠、经济与无损等特点，目前已广泛应用于岩土体动弹性参数测定、岩体内缺陷(如断层、溶洞和软弱夹层)探测、地基和岩体加固效果检测、地下洞室松动圈探测和爆破损伤破坏范围的测定等方面[60，87]。实践证明，应用声波探测技术研究爆破引起的损伤程度和范围是切实可行的方法。然而，应用声波测试技术研究多次爆破作用下岩体爆破累积损伤效应的成果较少。林大能等[204]利用超声波测试技术研究了岩石循环冲击损伤围压效应，并指出岩石循环冲击损伤演化过程中存在围压效应，围压越高，岩石抗冲击损伤的能力越强。张敏霞等[205]研究了循环载荷作用下水泥土疲劳损伤过程中速度、振幅和波形等主要声学参量的变化特性。马建军等[31]在研究围岩松动圈扩展时，现场监测了回采爆破过程中围岩声波速度变化情况，并以此分析了岩体损伤演化规律。

爆破载荷造成的工程岩体损伤累积与失稳破坏主要体现在两方面：一是爆炸应力波作用使岩体力学性能劣化，降低岩体强度和弹性模量；二是岩体内产生随机分布的新裂纹以及原始裂纹进一步扩展等，从而影响岩体的完整性。以上两个方面，都可以通过岩体声波速度大小和分布的变化来反映。为此，本章以厂坝铅锌矿为工程背景，开展了爆破累积损伤效应的现场声波测试试验。通过试验，分析了多次爆破作用对岩体损伤和破坏的程度与范围，探寻岩体累积损伤程度、岩体声波速度与爆破次数之间存在的统计关系；分析了多次爆破作用下岩体损伤累积增长规律，为进一步开展爆破动载荷作用下岩体疲劳损伤非线性累积规律与岩体力学参数损伤弱化效应等研究奠定数据基础和试验依据。

2.2　岩体声波传播与岩体损伤

2.2.1　波动方程

声波是弹性波的一种，在岩土和混凝土等介质中的传播服从弹性波传播规律。在波动过程中，介质处于运动状态，由牛顿第二定律，可推导出用应力表示的单元六面体运动方程[60]

$$\left.\begin{aligned}\rho\frac{\partial^2 u}{\partial t^2}&=\frac{\partial\delta_{xx}}{\partial x}+\frac{\partial\delta_{yx}}{\partial y}+\frac{\partial\delta_{zx}}{\partial z}\\\rho\frac{\partial^2 v}{\partial t^2}&=\frac{\partial\delta_{xy}}{\partial x}+\frac{\partial\delta_{yy}}{\partial y}+\frac{\partial\delta_{zy}}{\partial z}\\\rho\frac{\partial^2 w}{\partial t^2}&=\frac{\partial\delta_{xz}}{\partial x}+\frac{\partial\delta_{yz}}{\partial y}+\frac{\partial\delta_{zz}}{\partial z}\end{aligned}\right\}\tag{2-1}$$

式中，ρ为单元体的密度；δ_{xx}、δ_{yx}、δ_{zx}、δ_{xy}、δ_{yy}、δ_{zy}、δ_{xz}、δ_{yz}、δ_{zz}为单元体的应力分量；u、v、w为单元体在x、y、z方向上的位移分量。

若用振动位移量u、v、w表示，波动方程为

$$\left.\begin{aligned}(\lambda+G)\frac{\partial e}{\partial x}+G\nabla^2 u-\rho\frac{\partial^2 u}{\partial t^2}=0\\(\lambda+G)\frac{\partial e}{\partial y}+G\nabla^2 v-\rho\frac{\partial^2 v}{\partial t^2}=0\\(\lambda+G)\frac{\partial e}{\partial z}+G\nabla^2 w-\rho\frac{\partial^2 w}{\partial t^2}=0\end{aligned}\right\}\tag{2-2}$$

式中，e为单元体的体积应变，$e=\varepsilon_x+\varepsilon_y+\varepsilon_z$；$\lambda$为拉梅系数；$G$为剪切模量；$\nabla^2$为拉普拉斯算子。

在无限大弹性体中，由式(2-2)可以导出纵波(P)与横波(S)的波动方程。

设 $u=u(x,t)$，$v=0$，$w=0$，式(2-2)可以写成

$$\frac{\partial^2 u}{\partial t^2}=v_{\mathrm{p}}^2\frac{\partial^2 u}{\partial x^2} \tag{2-3}$$

$$v_{\mathrm{p}}=\sqrt{\frac{\lambda+G}{\rho}}=\sqrt{\frac{E(1-\mu)}{\rho(1+\mu)(1-2\mu)}} \tag{2-4}$$

式(2-3)称为无限弹性介质中纵波的波动方程，v_{p} 为纵波的传播速度。

同理，式(2-2)可以导出另外一种形式

$$\frac{\partial^2 u}{\partial t^2}=v_{\mathrm{s}}^2\frac{\partial^2 u}{\partial x^2} \tag{2-5}$$

$$v_{\mathrm{s}}=\sqrt{\frac{G}{\rho}}=\sqrt{\frac{E}{2\rho(1+\mu)}} \tag{2-6}$$

式(2-5)称为无限弹性介质中横波的波动方程，v_{s} 为横波的传播速度。

由波速的表达式可知，弹性介质的性质及种类不同，弹性常数及密度也不同，因此弹性波在介质中的传播速度也不同。用波速来判别岩体的特性及状态(如坚硬或松软、裂隙与完整等)以及混凝土桩基的完整性和承载力等，就是工程上常用的“弹性波探测法”的理论依据[206]。

2.2.2　岩体损伤对声波传播速度的影响

工程实践证明，岩体中存在大量随机分布的初始损伤(如细观节理裂隙、微孔洞与宏观裂缝、断层、破碎带等)。在爆破载荷作用下，岩体中产生大量新裂纹，同时由于应力波作用，已经存在的节理、裂隙不断扩展、成核、贯通，形成尺寸较大的主裂缝。根据惠更斯原理，声波到达岩体结构面时产生反射、散射和绕射等作用。因此，这些微裂缝和宏观断裂延长了声波传播路径，降低了声波速度，而且声速降低程度与裂缝数量、宽度有着密切关系。随着爆破作用次数的增加，裂缝不断增加、扩展、张开，使得岩体中声波速度不断降低。根据声速的变化特征，可以判别岩体爆破损伤及其累积增长情况，这就是应用声波测试技术研究爆破作用下岩体累积损伤效应的理论依据。

2.2.3　岩体损伤判定标准

朱传云等[79]基于声波法建立了岩体损伤度(D)、岩体完整性系数(K)和声速降低率(η)之间的关系

$$D=1-\frac{E}{E_0}=1-\left(\frac{v}{v_0}\right)^2=1-K=1-(1-\eta)^2 \tag{2-7}$$

式中，E_0 为爆破前岩体的弹性模量；E 为爆破后岩体的等效弹性模量；v_0 为爆破前岩体的声波速度；v 为爆破后岩体的声波速度。

我国《水工建筑物岩石基础开挖工程施工技术规范》(SL 47—94)中规定，当 $\eta>10\%$

时，即判定岩体受到爆破损伤破坏。对应的岩体损伤阈值为

$$D_{cr} = 0.19 \tag{2-8}$$

2.3　多次爆破作用下岩体声波传播现场试验

岩体声波测试的全过程是声波发射、传播、接收显示及其后处理，相应的仪器设备主要有声波换能器(又称探头，分为发射和接收两种)、智能声波测试仪、便携式电脑以及其他辅助设备。测试系统构成如图 2-1 所示。

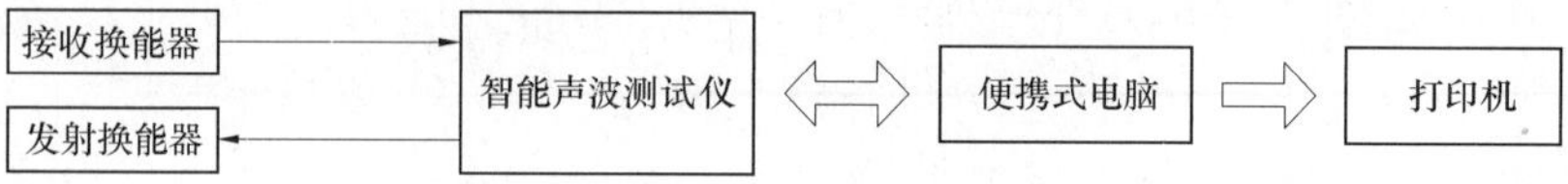

图 2-1　声波测试系统示意图

2.3.1　试验设备与测试原理

本测试研究采用中国科学院武汉岩土力学研究所生产的 RSM–SY5 智能型声波仪，其主要技术性能如下：双通道，最小采样间隔 0.1 μs，采样长度 0.5 K 至 16 K 可选，12 位 A/D 转换，多种触发方式和电平选择；高通/低通滤波器，定点或浮点增益范围 0.1~10 000 倍，可程控 1~500 kHz，发射电压 800 V/300 V 可选；配有标准的 RS–232 串行通信口；采用收发分开的双孔增压式换能器，其频率为 60 kHz。图 2-2 为声波测试仪器的实物照片。

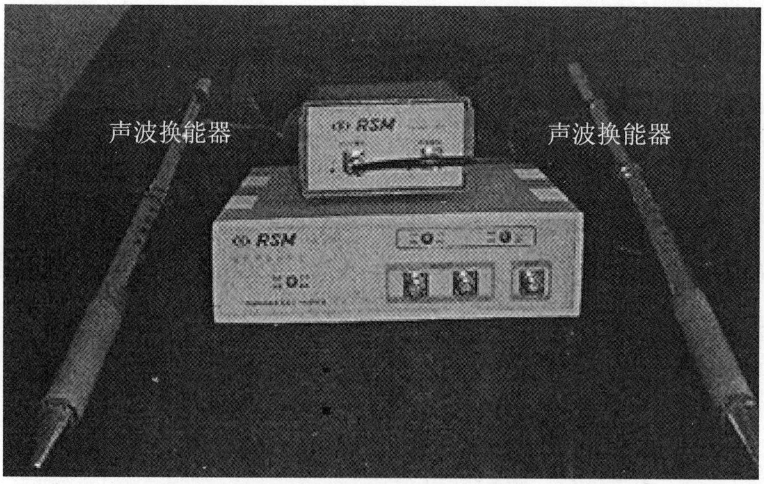

图 2-2　RSM–SY5 声波测试系统实物图

目前，岩体声波测试方法主要有透射法、折射法和反射法。现场声波测试常用钻孔法，该法又分为单孔测试和跨孔测试两种方式。单孔测试一般属于折射波测试法。跨孔测试属于透射波测试法，其测试原理如图 2-3 所示。

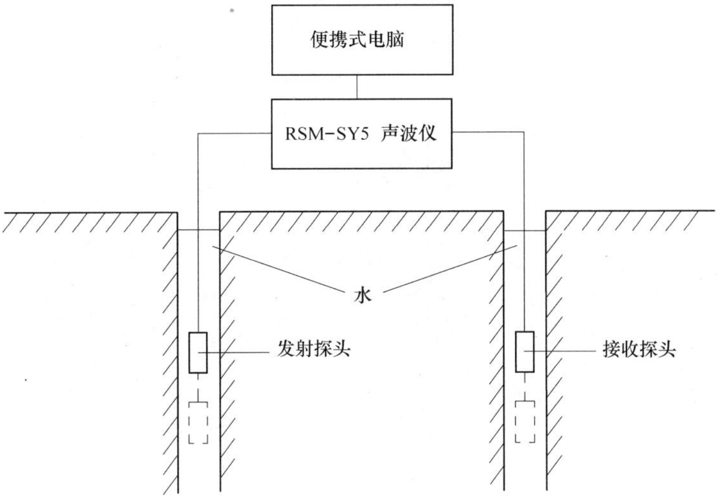

图 2-3　跨孔测试法测试原理

若发射探头与接收探头距离一定，设为 L，测试时从仪器显示的波形图上读出纵波在两个测点之间传播经历的时间Δt，即可得到纵波平均传播速度

$$v_p = L / \Delta t \tag{2-9}$$

2.3.2　现场试验布置

2.3.2.1　测试地点选择

测试地点选在厂坝铅锌矿李家沟矿区 1 202 m 水平 73–75 勘探线之间的某巷道，见图 2-4。该地点属于李家沟Ⅰ号矿体，矿石为铅锌矿石，上下盘围岩为结晶灰岩。李家沟矿区在勘探范围内共发现大小矿体 83 个，按其产出层位和岩性组合分为五个矿体群，其中Ⅳ、Ⅴ号矿体群尚未探明工业矿体。Ⅰ、Ⅱ、Ⅲ_2 号矿体为李家沟矿床的主矿体。其金属储量占提交总储量的93.7%，矿体勘探程度低。小矿体除少数几个外，均规模小、品位低、勘探程度低。主矿体的主要地质特征见表 2-1。李家沟矿床矿体赋存矿岩可分为大理岩含矿系统(Ⅰ、Ⅱ号矿体)和片岩含矿系统(Ⅲ_2 号矿体)，含矿岩石一般为矿体的顶底板围岩。大理岩及其黑云石英片岩的稳固性一般较好，地质勘探中坑道(1 240 m 以上)平均支护率为 2%，但矿床西部裂隙发育部分及Ⅲ_2 号矿体围岩稳固性稍差。矿体及围岩的结构面裂隙率分别为：Ⅰ号矿体 0.24%，Ⅱ号矿体 0.132%，Ⅲ_2 号矿体 0.274%，大理岩 0.226%~0.268%，黑云石英片岩 0.245%。另外，Ⅰ号矿体中 F12 断层对矿体稳定性有一定的影响，但 F12 断层的延深和深部特征尚未完全控制和查明。矿床内古采空区及岩溶不多，且主要分布于上部，但近十几年来“采富弃贫”式的群采对矿床的破坏十分严重，对其采空区的分布规模均不清楚，这将对今后的矿山开采有较大的影响。

本次试验在井下某巷道中采用小药量模拟爆破，由于厂坝铅锌矿长期遭受严重的民采破坏，矿体内存在大量未处理的采空区。为保证测试数据的准确和工作人员、测试仪

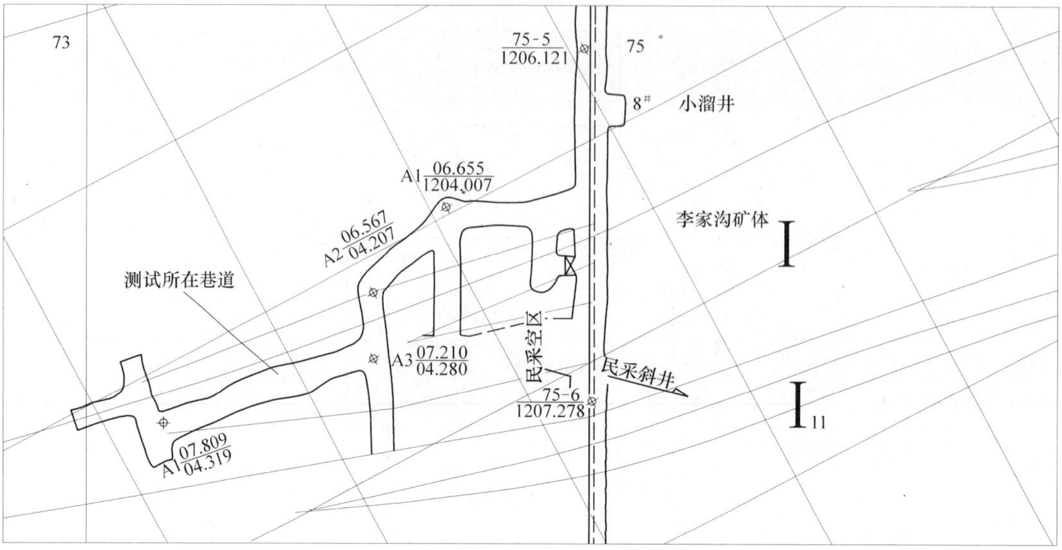

图 2-4　测试地点所在位置平面图

表 2-1　李家沟矿床主矿体地质特征表

地质特征	Ⅰ号矿体	Ⅱ号矿体	$Ⅲ_2$号矿体
产状	倾向：197° 倾角：75°～85°	倾向：197° 倾角：75°～85°	倾向：197° 倾角：80°～85°
规模	长 950 m，延深 700 m，平均厚度 9.13 m	长 750 m，延深 900 m，平均厚度 5.24 m	长 650 m，延深 750 m，平均厚度 4.33 m
形态	层状、似层状	似层状	似层状
矿石结构	粒状变晶、碎裂结构	粒状变晶、碎裂结构	粒状变晶、碎裂、胶结
矿石构造	条带状、块状构造	条带状、浸染状构造	块状、条带状构造
主要矿物	闪锌矿、方铅矿、黄铁矿	闪锌矿、方铅矿	闪锌矿、黄铁矿、方铅矿
围岩	大理岩、片岩	大理岩	片岩
伴生有益组分		Si、Ag、Cd 等	

器的安全，尽量避免邻近生产爆破作业给测试工作带来的不利影响，在选择测试地点时考虑到以下几个原则：

(1) 尽量选择模拟爆破声波测试期间不进行采掘生产作业的区域，以减少邻近生产爆破给现场声波测试带来的不利影响；

(2) 尽量选择围岩质量较好的巷道，要求顶底板以及两帮矿岩不发生自然坍塌，既有利于提高测试效果，又能保证工作人员和测试仪器的安全；

(3) 要求井下测试巷道中的水电使用方便，能够保证中深孔钻机进行钻孔施工和声波测试工作的顺利进行；

(4) 要求测试地点附近无大量民采空区、大断层和严重破碎带，保证钻孔施工机具、工作人员和测试仪器的安全；

(5) 测试地点距离主巷道出口不宜太远，同时要求测试地点尽量与主巷道出口在同一水平，方便工作人员和测试仪器进出。

2.3.2.2　测点布置

所有声波测试孔和爆破孔均布置在巷道一侧的边墙上。本次测试共有 9 个测试孔和 1 个爆破孔。为测试方便，所有钻孔均水平向下倾斜 5°，并保持平行，具体现场布置情况见图 2-5 和图 2-6。为满足钻孔深度要求，所有钻孔均采用 YGZ–90 型中深孔凿岩机施工，钻孔深度均为 4.90~5.00 m，钻孔孔径均为 60 mm。施工过程中，7 号测试孔和 2 号测试孔在孔底部贯通，二者之间存在局部破碎带。测试时，7 号测试孔和 2 号测试孔作废。

图 2-5　现场钻孔情况

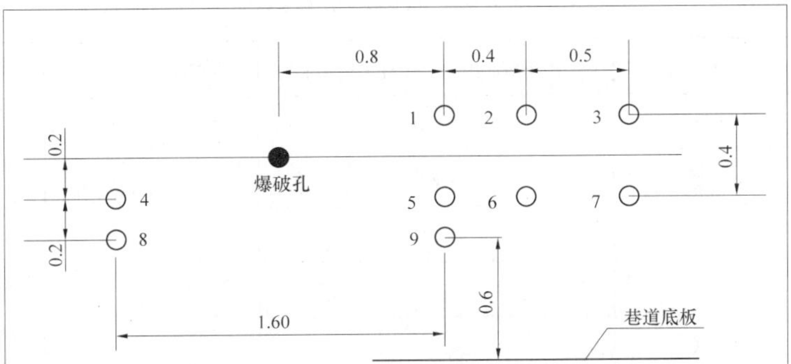

图 2-6　测试孔位布置示意图　（单位：m）

2.3.3　试验过程

本次现场试验研究采用小药量爆破模拟测试，共进行了 10 次爆破。10 次模拟爆破均在爆破孔中进行，因此在装药段爆破孔壁难免发生破碎和变形。为克服该问题对声波测试分析的不利影响，采用逐步改变装药位置的办法。用炮泥和碎渣将爆破孔壁破碎段填充捣实，装药位置逐步向孔口移动。每次爆破前，测量装药位置距离孔口的深度等具体参数见表 2-2。装药方式为集中装药，将炸药捣入孔底，并捣压密实使其紧贴孔壁。为提高和改善爆破效果，采用自制炮泥堵塞炮孔，堵塞长度为 20~30 cm。采用一发一收的跨孔测试方式，测试过程中发射探头始终与接收探头保持平行，见图 2-7。爆破前，首先对所有声波孔位进行测试，以查明爆破前围岩中声波速度的分布情况，确定既有爆破开挖对围岩损伤、扰动的程度与深度。根据测试结果估计原岩区域范围，为爆破累积损伤研究深度范围提供参考依据。测试剖面线共 5 条，编号分别为 4–5、8–9、1–5、1–6 和 3–6，见图 2-6。测试时，先用塑料软管把即将进行测试的两个钻孔注满水，然后把换能器插到孔底，完成测试参数设置。测试开始后，将两个声波换能器从测试孔底部开始逐渐同步向孔口移动，每次移动距离为 0.10 m。每次测试前，必须对声波测试参数进行仔细设置，包括测试剖面编号、增益、采样率、延迟时间、校零、孔口位置和孔距等。由于钻孔较深，测试时用焊接钢管接长探头杆件，并在测杆上标明测试步距。每移动一次探头，则选取稳定波形作为测试结果，保存记录，完成一次测试；逐步向孔口移动，重复上述测试工作，直至完成一个测试剖面的测试工作。其他剖面测试步骤与此相同。选择波列形式的文件进行存盘，文件后缀名为.RTX，即一个剖面所有测试数据均保存在一个文件中，有利于进行数据整理和分析。由此可见，一个剖面就要测试 40 多次。本次现场试验共有 5 个测试剖面，移动步距为 0.10 m，因此仅仅爆破前的声速分布调查测试，就要进行 200 多次。若进行 10 次模拟爆破，则试验过程中至少需要测试 2 200 次以上。所以，测试工作量非常大，数据获取极其不易。另外，测试工作不能影响矿山的正常生产，同时受到井下水电是否正常的影响，测试时还要不断向孔内注水，因此整个测试工作需要多部门、多人密切配合，持续时间 1 个半月。

表 2-2　岩体爆破参数

爆破序号	装药量(g)	装药位置距离孔口(m)	炸药类型	充填效果
1	70	4.90	乳化炸药	较好
2	75	4.85		
3	70	4.80		
4	72	4.75		
5	70	4.70		
6	75	4.65		
7	70	4.60		
8	72	4.55		
9	80	4.50		
10	120	4.50		

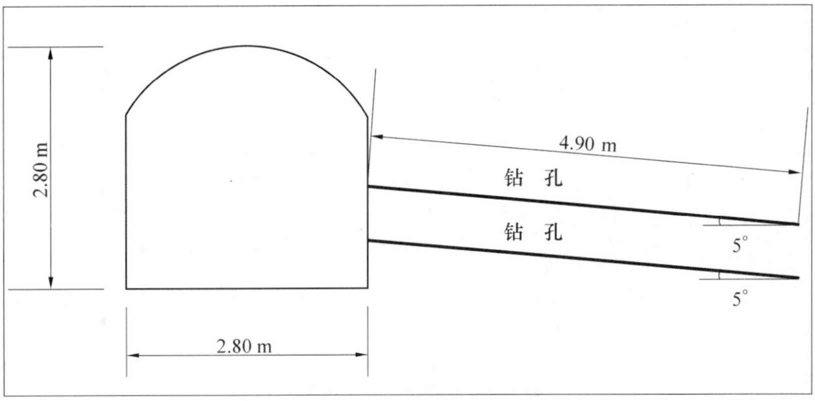

图 2-7　钻孔倾斜示意图

2.4　试验结果与数据分析

2.4.1　既有开挖爆破对围岩损伤和扰动情况

众所周知，巷道开挖后，由于应力重分布作用，在围岩范围内形成一定厚度的松动区(软化区)、承载区(弹性区)和原岩区，见图 2-8(a)。与上述三个分区对应的声速分布特征，见图 2-8(b)。进行小药量模拟爆破，研究累积损伤扩展规律，应避开松动区和承载区，选择原岩区。这样可以比较真实地测量爆破对岩体的损伤及其累积扩展过程，不受既有开挖爆破的影响。如何确定既有开挖爆破对围岩的影响深度，目前尚无准确的定量计算公式，最直接有效的方法就是现场实测。声波测试法可以根据测试得到的声速—孔深曲线，识别出既有开挖爆破影响深度。为此，在模拟爆破前对所有剖面进行了普查型测试，目的就是确定既有开挖爆破对围岩的影响深度，在整个钻孔深度范围内选择累积损伤试验测试区域。由于钻孔向下倾斜，孔口附近无法将水灌满，因此小于 0.5 m 的孔深范围，无法获得有效数据。0.5~4.8 m 范围深度内，爆破前 5 个剖面的声速测试数据见表 2-3。由于数据量太大，选取具有代表性的 3 条剖面线 4–5、1–5 和 1–6 进行测试数据分析，爆破前典型的岩体声速—孔深关系曲线见图 2-9。测试发现，由于围岩完整性好，强度较高，既有开挖爆破对围岩损伤程度较小。由测试数据和图 2-9 可知，剖面 4–5 既有开挖爆破影响深度为 1.6 m 左右，而剖面 1–5 和 1–6 的影响深度仅为 0.9 m 左右。与巷道轴线垂直和平行方向的影响深度之所以不同，原因是测试剖面不在同一轴线上，这也说明了岩体声速和结构的各向异性特性。另外，岩体声速并非完全是随着深度增加而递增的。例如在 4–5 剖面的 3.0~3.5 m 范围内出现声波速度突降，可能是岩体中存在局部破碎或小孔洞的缘故。各剖面测试分析结果见表 2-4。

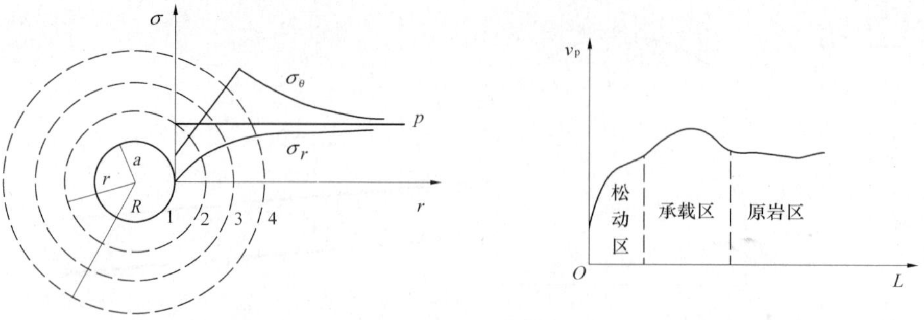

(a)围岩应力分区 (b)声速分布

1、2—塑性变形区；3、4—弹性变形区

1—松动区；2、3—承载区；4—原岩区

图 2-8 围岩应力分区与声速分布示意图

表 2-3 爆破前各剖面声速测试数据

孔深 (m)	声波速度(m/s)				
	4–5 剖面	8–9 剖面	1–5 剖面	1–6 剖面	3–6 剖面
0.5	3 508.77	3 501.09	3 465.35	3 680.98	3 571.43
0.6	3 539.82	3 571.43	3 684.21	3 797.47	3 571.43
0.7	3 493.45	3 587.44	3 846.15	3 821.66	3 664.92
0.8	3 720.93	3 782.51	4 069.80	4 000.00	3 723.40
0.9	3 703.70	3 738.32	4 605.30	4 137.93	3 846.15
1.0	3 883.50	3 791.47	4 929.60	4 166.67	4 191.62
1.1	4 123.71	3 892.94	4 861.11	4 195.80	4 142.01
1.2	4 255.32	4 000.00	4 794.50	4 109.59	4 142.01
1.3	4 301.08	4 102.56	4 729.73	4 166.67	4 142.01
1.4	4 494.38	4 050.63	4 487.20	4 000.00	4 216.87
1.5	4 519.77	4 092.07	4 375.00	4 081.63	4 242.42
1.6	4 733.73	4 210.53	4 487.18	4 166.67	4 216.87
1.7	4 761.90	4 359.67	4 375.00	4 137.93	4 117.65
1.8	4 819.28	4 432.13	4 375.00	4 109.59	4 191.62
1.9	4 848.48	4 494.38	4 430.40	4 195.80	4 216.87
2.0	4 819.28	4 481.79	4 375.00	4 195.80	4 191.62
2.1	4 938.27	4 407.71	4 487.18	4 109.59	4 142.01
2.2	4 907.98	4 519.77	4 430.38	4 255.32	4 294.48
2.3	4 938.27	4 494.38	4 545.45	4 347.83	4 458.60
2.4	5 000.00	4 571.43	4 545.45	4 316.55	4 458.60
2.5	4 790.42	4 558.40	4 487.18	4 379.56	4 402.52
2.6	5 031.45	4 532.58	4 320.99	4 379.56	4 545.45
2.7	4 968.94	4 532.58	4 268.29	4 444.44	4 516.13
2.8	5 194.81	4 610.95	4 320.99	4 347.83	4 575.16

续表 2-3

孔深 (m)	声波速度(m/s)				
	4–5 剖面	8–9 剖面	1–5 剖面	1–6 剖面	3–6 剖面
2.9	4 878.05	4 819.28	4 375.00	4 511.28	4 666.70
3.0	4 790.42	4 848.48	4 487.18	4 511.28	4 575.16
3.1	4 444.44	4 953.56	4 430.38	4 511.28	4 516.13
3.2	4 571.43	5 079.37	4 729.73	4 477.61	4 666.67
3.3	5 194.81	4 892.97	4 794.52	4 477.61	4 666.67
3.4	5 000.00	4 878.05	4 666.67	4 580.15	4 698.00
3.5	4 968.94	5 047.32	4 545.45	4 580.15	4 666.67
3.6	4 907.98	4 984.42	4 375.00	4 580.15	4 666.70
3.7	4 968.94	5 111.82	4 487.18	4 580.15	4 666.70
3.8	5 000.00	5 194.81	4 375.00	4 545.45	4 605.30
3.9	5 000.00	5 194.81	4 375.00	4 511.28	4 635.80
4.0	5 000.00	5 128.21	4 375.00	4 511.28	4 666.70
4.1	4 968.94	5 063.29	4 268.30	4 545.45	4 605.30
4.2	5 031.45	5 095.54	4 375.00	4 615.38	4 516.13
4.3	5 031.45	5 161.29	4 268.29	4 545.45	4 516.10
4.4	5 063.29	5 228.76	4 268.29	4 511.28	4 575.20
4.5	5 063.29	5 161.29	4 320.99	4 545.45	4 545.50
4.6	5 063.29	5 263.16	4 375.00	4 651.16	4 575.20
4.7	5 063.29	5 263.16	4 487.18	4 687.50	4 575.16
4.8	5 063.29	5 298.01	4 375.00	4 615.38	4 605.26

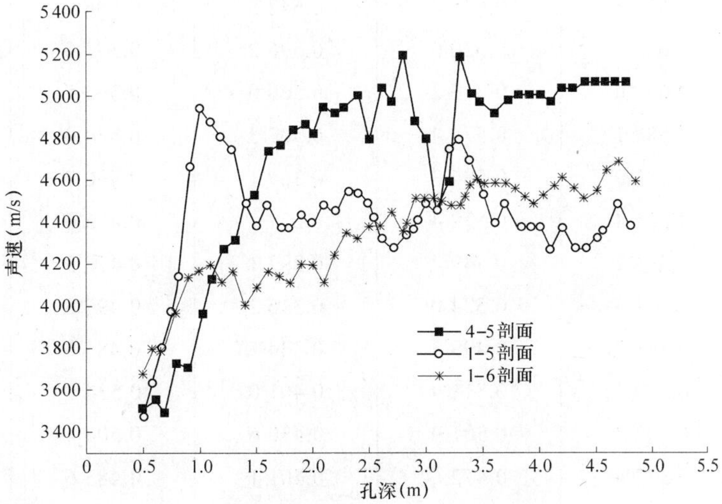

图 2-9　爆破前典型的声速—孔深关系曲线

表 2-4　爆破前测试分析情况

测试剖面	孔距 (m)	与爆源之间的距离 (m)	平均声速 (m/s)	损伤深度(m) (损伤阈值为 0.19 m)
4–5	1.60	0.20	4 968.24	1.60
8–9	1.60	0.40	4 978.55	1.40
1–5	0.40	0.80	4 432.36	0.90
1–6	0.57	1.00	4 533.72	0.90
3–6	0.64	1.45	4 451.48	1.00

2.4.2　巷道围岩初始损伤的确定

一般情况下，声波在岩体中的传播速度要低于在岩块中的传播速度，这主要与岩石的尺寸效应有关。因此，可以根据声波在岩石和岩体中的传播速度定义岩体的初始损伤 D_0

$$D_0 = 1 - \left(\frac{v_{\mathrm{m}}}{v_0}\right)^2 \tag{2-10}$$

式中，v_{m} 为岩体中的声波速度；v_0 为岩块中的声波速度。

结合国家“十五”科技攻关任务，课题组成员长沙矿山研究院尹贤刚等[207]从厂坝铅锌矿现场钻取岩芯，加工后，在室内应用 CE9201 型声波仪测定了岩块的声波传播速度，测试结果为：结晶灰岩、铅锌矿石和黑云母片岩三种矿岩的声波传播速度分别为 5798m/s、6393m/s 和 5855m/s。由此，可以得到爆破前钻孔深度范围内巷道围岩的初始损伤值，见表 2-5。

表 2-5　爆破前各剖面初始损伤

孔深 (m)	初始损伤				
	4–5 剖面	8–9 剖面	1–5 剖面	1–6 剖面	3–6 剖面
0.5	0.633 8	0.635 4	0.642 8	0.596 9	0.620 6
0.6	0.627 3	0.620 6	0.596 2	0.571 0	0.620 6
0.7	0.637 0	0.617 2	0.560 0	0.565 5	0.600 4
0.8	0.588 1	0.574 4	0.507 3	0.524 0	0.587 6
0.9	0.591 9	0.584 3	0.369 1	0.490 7	0.560 0
1.0	0.551 4	0.572 4	0.277 1	0.483 6	0.477 4
1.1	0.494 2	0.549 2	0.297 1	0.476 3	0.489 7
1.2	0.461 3	0.524 0	0.316 2	0.497 6	0.489 7
1.3	0.449 7	0.499 3	0.334 5	0.483 6	0.489 7
1.4	0.399 1	0.511 9	0.401 0	0.524 0	0.471 0
1.5	0.392 3	0.501 9	0.430 6	0.504 4	0.464 6
1.6	0.333 4	0.472 6	0.401 1	0.483 6	0.471 0
1.7	0.325 5	0.434 6	0.430 6	0.490 7	0.495 6
1.8	0.309 1	0.415 7	0.430 6	0.497 6	0.477 4

续表 2-5

孔深 (m)	初始损伤				
	4–5 剖面	8–9 剖面	1–5 剖面	1–6 剖面	3–6 剖面
1.9	0.300 7	0.399 1	0.416 1	0.476 3	0.471 0
2.0	0.309 1	0.402 5	0.430 6	0.476 3	0.477 4
2.1	0.274 6	0.422 1	0.401 1	0.497 6	0.489 7
2.2	0.283 4	0.392 3	0.416 1	0.461 3	0.451 4
2.3	0.274 6	0.399 1	0.385 4	0.437 7	0.408 7
2.4	0.256 3	0.378 3	0.385 4	0.445 7	0.408 7
2.5	0.317 4	0.381 9	0.401 1	0.429 4	0.423 4
2.6	0.246 9	0.388 9	0.444 6	0.429 4	0.385 4
2.7	0.265 5	0.388 9	0.458 1	0.412 4	0.393 3
2.8	0.197 2	0.367 6	0.444 6	0.437 7	0.377 3
2.9	0.292 2	0.309 1	0.430 6	0.394 6	0.352 2
3.0	0.317 4	0.300 7	0.401 1	0.394 6	0.377 3
3.1	0.412 4	0.270 1	0.416 1	0.394 6	0.393 3
3.2	0.378 3	0.232 5	0.334 5	0.403 6	0.352 2
3.3	0.197 2	0.287 8	0.316 2	0.403 6	0.352 2
3.4	0.256 3	0.292 2	0.352 2	0.376 0	0.343 4
3.5	0.265 5	0.242 2	0.385 4	0.376 0	0.352 2
3.6	0.283 4	0.261 0	0.430 6	0.376 0	0.352 2
3.7	0.265 5	0.222 7	0.401 1	0.376 0	0.352 2
3.8	0.256 3	0.197 2	0.430 6	0.385 4	0.369 1
3.9	0.256 3	0.197 2	0.430 6	0.394 6	0.360 7
4.0	0.256 3	0.217 7	0.430 6	0.394 6	0.352 2
4.1	0.265 5	0.237 4	0.458 1	0.385 4	0.369 1
4.2	0.246 9	0.227 6	0.430 6	0.366 3	0.393 3
4.3	0.246 9	0.207 6	0.458 1	0.385 4	0.393 3
4.4	0.237 4	0.186 7	0.458 1	0.394 6	0.377 3
4.5	0.237 4	0.207 6	0.444 6	0.385 4	0.385 4
4.6	0.237 4	0.176 0	0.430 6	0.356 5	0.377 3
4.7	0.237 4	0.176 0	0.401 1	0.346 4	0.377 3
4.8	0.237 4	0.165 0	0.430 6	0.366 3	0.369 1

2.4.3　岩体爆破累积损伤效应分析

2.4.3.1　声速随爆破次数的变化规律

根据上述测试分析结果可知，既有开挖爆破对巷道围岩的最大损伤影响深度不超过 2.0 m，但在 4–5 剖面的 3.0~3.5 m 范围内可能存在局部破碎带。为避开这些不利影响，选择 3.8~4.8 m 深度内的岩体作为爆破累积损伤效应的研究对象。从图 2-9 也可以发现，3.8~4.8 m 深度内岩体声速变化不大，适合开展爆破损伤累积过程研究。

由于爆破累积损伤效应的研究对象只是 3.8~4.8 m 范围内的岩体，另外考虑到测试数据量太大，因此这里只列出模拟爆破过程中 3.8~4.8 m 范围内的岩体声速测试数据，其他深度范围内的测试数据无法也不必一一列出。

表 2-6~表 2-10 为 3.8~4.8 m 深度内各剖面岩体声速测试结果，表 2-11~表 2-15 为

3.8~4.8 m 深度内各剖面岩体声速降低率。

表 2-6　爆破后 4–5 剖面 3.8~4.8 m 范围内声速测试数据

孔深	声速(m/s)									
(m)	第 1 次	第 2 次	第 3 次	第 4 次	第 5 次	第 6 次	第 7 次	第 8 次	第 9 次	第 10 次
3.8	4 928.3	4 853.0	4 778.1	4 702.1	4 675.9	4 659.8	4 643.7	4 619.4	4 568.4	4 507.8
3.9	4 912.7	4 832.1	4 760.2	4 687.7	4 657.7	4 642.1	4 618.4	4 601.3	4 545.9	4 484.3
4.0	4 909.8	4 803.2	4 720.4	4 656.1	4 634.5	4 621.0	4 602.7	4 591.7	4 527.7	4 452.6
4.1	4 851.8	4 759.3	4 683.7	4 605.9	4 578.4	4 565.5	4 551.4	4 515.5	4 452.6	4 394.4
4.2	4 868.0	4 768.3	4 670.4	4 581.9	4 549.0	4 544.5	4 537.8	4 517.8	4 471.1	4 391.8
4.3	4 833.6	4 734.8	4 656.1	4 575.9	4 539.9	4 528.7	4 508.6	4 474.3	4 406.7	4 335.6
4.4	4 844.4	4 733.2	4 647.8	4 564.7	4 545.5	4 506.5	4 494.4	4 435.5	4 379.8	4 321.8
4.5	4 854.4	4 763.2	4 661.9	4 579.0	4 551.2	4 527.7	4 498.5	4 464.7	4 412.6	4 349.8
4.6	4 873.1	4 773.2	4 684.8	4 611.2	4 589.7	4 578.4	4 558.2	4 501.4	4 438.4	4 382.1
4.7	4 883.6	4 793.2	4 709.3	4 615.9	4 598.4	4 582.1	4 564.7	4 538.4	4 491.4	4 417.7
4.8	4 938.3	4 843.0	4 754.8	4 676.1	4 654.3	4 637.7	4 621.0	4 597.7	4 534.5	4 486.4

表 2-7　爆破后 8–9 剖面 3.8~4.8 m 范围内声速测试数据

孔深	声速(m/s)									
(m)	第 1 次	第 2 次	第 3 次	第 4 次	第 5 次	第 6 次	第 7 次	第 8 次	第 9 次	第 10 次
3.8	5 131.5	5 014.4	4 934.4	4 878.1	4 832.1	4 805.9	4 775.9	4 759.8	4 748.9	4 705.9
3.9	5 084.4	4 990.4	4 923.1	4 863.2	4 822.3	4 787.8	4 769.4	4 754.7	4 738.0	4 697.7
4.0	5 079.4	4 954.4	4 878.0	4 813.8	4 771.4	4 719.8	4 704.5	4 691.4	4 673.5	4 632.6
4.1	5 018.9	4 903.0	4 807.8	4 751.2	4 704.7	4 671.4	4 632.6	4 609.8	4 566.8	4 519.9
4.2	5 008.0	4 892.7	4 813.7	4 747.7	4 721.4	4 679.8	4 647.0	4 616.8	4 579.9	4 517.8
4.3	5 084.4	4 924.8	4 837.7	4 771.4	4 714.4	4 694.4	4 667.8	4 654.4	4 615.6	4 583.6
4.4	5 145.6	4 993.2	4 892.0	4 798.4	4 754.5	4 719.8	4 696.8	4 689.3	4 665.6	4 592.1
4.5	5 053.6	4 928.6	4 829.8	4 775.9	4 724.7	4 687.7	4 664.4	4 653.6	4 609.9	4 526.8
4.6	5 134.4	5 004.4	4 906.9	4 847.8	4 819.8	4 805.2	4 787.7	4 759.8	4 694.4	4 594.4
4.7	5 131.5	5 011.4	4 901.3	4 834.8	4 806.1	4 781.9	4 774.7	4 737.7	4 678.4	4 632.6
4.8	5 163.3	5 048.7	4 948.5	4 903.8	4 880.4	4 856.1	4 835.9	4 811.1	4 757.7	4 665.5

表 2-8　爆破后 1–5 剖面 3.8~4.8 m 范围内声速测试数据

孔深	声速(m/s)									
(m)	第 1 次	第 2 次	第 3 次	第 4 次	第 5 次	第 6 次	第 7 次	第 8 次	第 9 次	第 10 次
3.8	4 321.0	4 311.0	4 301.0	4 285.0	4 278.3	4 271.0	4 261.0	4 246.9	4 221.0	4 198.3
3.9	4 325.0	4 301.0	4 278.3	4 271.0	4 256.9	4 236.9	4 226.9	4 208.3	4 188.3	4 168.3
4.0	4 321.0	4 298.3	4 268.3	4 258.3	4 246.9	4 226.7	4 217.7	4 186.7	4 157.7	4 127.7
4.1	4 208.3	4 168.3	4 136.7	4 128.3	4 116.9	4 106.7	4 087.7	4 079.8	4 059.8	4 019.8
4.2	4 321.0	4 261.0	4 226.9	4 206.7	4 196.7	4 187.6	4 169.8	4 163.0	4 137.3	4 077.3
4.3	4 236.3	4 196.7	4 156.7	4 139.8	4 109.8	4 097.6	4 083.0	4 063.0	4 020.0	3 957.3
4.4	4 231.0	4 196.9	4 156.7	4 137.7	4 109.8	4 089.8	4 083.0	4 053.0	4 012.0	3 932.6
4.5	4 298.9	4 258.3	4 206.9	4 166.7	4 136.7	4 117.6	4 099.8	4 079.8	4 043.0	3 977.3
4.6	4 321.0	4 281.0	4 238.3	4 216.9	4 186.7	4 167.6	4 149.8	4 129.8	4 089.8	4 023.0
4.7	4 398.6	4 351.0	4 308.3	4 286.9	4 266.7	4 246.7	4 217.7	4 197.7	4 153.0	4 069.8
4.8	4 315.0	4 275.0	4 231.0	4 198.3	4 186.9	4 156.7	4 146.7	4 127.7	4 067.7	3 989.8

表 2-9　爆破后 1–6 剖面 3.8~4.8 m 范围内声速测试数据

孔深	声速(m/s)									
(m)	第 1 次	第 2 次	第 3 次	第 4 次	第 5 次	第 6 次	第 7 次	第 8 次	第 9 次	第 10 次
3.8	4 546.5	4 545.5	4 545.4	4 544.2	4 543.5	4 539.6	4 537.6	4 527.6	4 501.8	4 445.5
3.9	4 511.3	4 510.6	4 509.3	4 508.4	4 507.4	4 503.5	4 501.4	4 490.2	4 465.5	4 415.4
4.0	4 510.3	4 509.3	4 508.5	4 507.6	4 506.8	4 501.5	4 496.6	4 485.6	4 457.5	4 407.8
4.1	4 544.5	4 543.5	4 542.6	4 541.5	4 539.6	4 534.4	4 521.8	4 515.4	4 481.3	4 431.3
4.2	4 613.4	4 612.6	4 611.8	4 610.2	4 608.2	4 603.2	4 585.4	4 575.5	4 547.6	4 467.8
4.3	4 541.4	4 539.2	4 538.5	4 536.6	4 535.5	4 530.5	4 510.3	4 491.3	4 461.3	4 377.6
4.4	4 505.5	4 504.2	4 503.5	4 501.4	4 498.4	4 492.6	4 471.6	4 445.5	4 425.4	4 331.3
4.5	4 530.2	4 527.4	4 525.6	4 524.5	4 523.6	4 521.5	4 498.5	4 475.5	4 450.6	4 357.6
4.6	4 633.2	4 631.5	4 629.5	4 625.8	4 621.8	4 615.4	4 587.5	4 561.2	4 541.2	4 415.4
4.7	4 662.4	4 659.4	4 655.5	4 651.3	4 648.4	4 631.8	4 611.3	4 591.3	4 557.6	4 445.5
4.8	4 605.2	4 601.5	4 598.4	4 596.2	4 591.3	4 580.2	4 565.4	4 540.2	4 515.4	4 401.2

表 2-10　爆破后 3–6 剖面 3.8~4.8 m 范围内声速测试数据

孔深	声速(m/s)									
(m)	第 1 次	第 2 次	第 3 次	第 4 次	第 5 次	第 6 次	第 7 次	第 8 次	第 9 次	第 10 次
3.8	4 605.8	4 605.2	4 605.6	4 605.1	4 604.8	4 604.2	4 603.2	4 601.2	4 593.2	4 575.5
3.9	4 636.8	4 636.7	4 635.3	4 635.5	4 635.2	4 634.2	4 633.1	4 628.2	4 621.5	4 605.2
4.0	4 665.8	4 667.2	4 666.8	4 666.2	4 665.2	4 664.5	4 663.5	4 658.5	4 649.5	4 635.3
4.1	4 606.1	4 606.1	4 605.5	4 604.7	4 603.1	4 602.5	4 601.2	4 596.3	4 585.2	4 565.5
4.2	4 516.1	4 518.5	4 516.6	4 515.4	4 513.5	4 512.6	4 511.2	4 505.3	4 495.2	4 467.2
4.3	4 515.5	4 515.5	4 515.9	4 515.1	4 512.1	4 511.6	4 509.6	4 503.5	4 491.2	4 465.5
4.4	4 574.9	4 576.1	4 574.8	4 574.5	4 570.8	4 569.8	4 567.5	4 561.2	4 545.5	4 516.1
4.5	4 545.4	4 545.2	4 544.5	4 543.5	4 541.1	4 539.1	4 536.6	4 525.6	4 505.5	4 475.2
4.6	4 575.5	4 574.8	4 573.5	4 572.1	4 568.5	4 564.1	4 558.5	4 545.5	4 526.1	4 501.5
4.7	4 575.2	4 574.5	4 573.1	4 571.5	4 569.1	4 565.3	4 556.1	4 541.5	4 519.5	4 496.1
4.8	4 606.7	4 605.2	4 604.5	4 603.2	4 601.5	4 598.5	4 595.6	4 585.2	4 565.2	4 536.1

表 2-11　爆破后 4–5 剖面声速降低率

孔深	声速降低率(%)									
(m)	第 1 次	第 2 次	第 3 次	第 4 次	第 5 次	第 6 次	第 7 次	第 8 次	第 9 次	第 10 次
3.8	1.434 0	2.940 0	4.438 0	5.958 0	6.482 0	6.804 0	7.126 0	7.612 0	8.632 0	9.844 0
3.9	1.746 0	3.358 0	4.796 0	6.246 0	6.846 0	7.158 0	7.632 0	7.974 0	9.082 0	10.314 0
4.0	1.804 0	3.936 0	5.592 0	6.878 0	7.310 0	7.580 0	7.946 0	8.166 0	9.446 0	10.948 0
4.1	2.357 4	4.219 0	5.740 5	7.306 2	7.859 6	8.119 2	8.403 0	9.125 5	10.391 4	11.562 6
4.2	3.248 6	5.230 1	7.175 9	8.934 8	9.588 7	9.678 1	9.811 3	10.208 8	11.136 9	12.713 0
4.3	3.932 3	5.895 9	7.460 1	9.054 1	9.769 5	9.992 1	10.391 6	11.073 3	12.416 9	13.830 0
4.4	4.323 1	6.519 3	8.205 9	9.847 2	10.226 4	10.996 6	11.235 6	12.398 9	13.498 9	14.644 4
4.5	4.125 6	5.926 8	7.927 5	9.564 7	10.113 8	10.577 9	11.154 6	11.822 2	12.851 1	14.091 4
4.6	3.756 3	5.729 3	7.475 2	8.928 8	9.353 4	9.576 6	9.975 5	11.097 3	12.341 6	13.453 5
4.7	3.548 9	5.334 3	6.991 3	8.836 0	9.181 6	9.503 5	9.847 2	10.366 6	11.294 8	12.750 4
4.8	2.468 6	4.350 7	6.092 7	7.647 0	8.077 6	8.405 4	8.735 2	9.195 4	10.443 6	11.393 6

表 2-12　爆破后 8–9 剖面声速降低率

孔深	声速降低率(%)									
(m)	第 1 次	第 2 次	第 3 次	第 4 次	第 5 次	第 6 次	第 7 次	第 8 次	第 9 次	第 10 次
3.8	1.218 7	3.472 9	5.012 9	6.096 7	6.982 2	7.486 5	8.064 0	8.373 9	8.583 8	9.411 5
3.9	2.125 4	3.934 9	5.230 4	6.383 5	7.170 8	7.834 9	8.189 1	8.472 1	8.793 6	9.569 4
4.0	0.951 8	3.389 3	4.879 1	6.131 0	6.957 8	7.964 0	8.262 3	8.517 8	8.866 8	9.664 4
4.1	0.876 7	3.165 7	5.045 9	6.163 8	7.082 2	7.739 8	8.506 1	8.956 4	9.805 7	10.732 0
4.2	1.718 0	3.980 7	5.531 1	6.826 4	7.342 5	8.158 9	8.802 6	9.395 3	10.119 4	11.338 2
4.3	1.489 7	4.582 0	6.269 6	7.554 1	8.658 5	9.046 0	9.561 4	9.821 0	10.572 7	11.192 7
4.4	1.590 4	4.505 1	6.440 5	8.230 6	9.070 2	9.733 9	10.173 7	10.317 2	10.770 4	12.176 1
4.5	2.086 5	4.508 4	6.422 6	7.466 9	8.458 9	9.175 8	9.627 2	9.836 5	10.683 2	12.293 2
4.6	2.446 4	4.916 4	6.768 9	7.891 8	8.423 8	8.701 2	9.033 7	9.563 8	10.806 4	12.706 4
4.7	2.501 5	4.783 4	6.875 3	8.138 8	8.684 1	9.143 9	9.280 7	9.983 7	11.110 4	11.980 6
4.8	2.542 7	4.705 7	6.597 0	7.440 7	7.882 4	8.341 1	8.722 3	9.190 4	10.198 4	11.938 6

表 2-13　爆破后 1–5 剖面声速降低率

孔深	声速降低率(%)									
(m)	第 1 次	第 2 次	第 3 次	第 4 次	第 5 次	第 6 次	第 7 次	第 8 次	第 9 次	第 10 次
3.8	1.234 3	1.462 9	1.691 4	2.057 1	2.210 3	2.377 1	2.605 7	2.928 0	3.520 0	4.038 9
3.9	1.142 9	1.691 4	2.210 3	2.377 1	2.699 4	3.156 6	3.385 1	3.810 3	4.267 4	4.724 6
4.0	1.234 3	1.753 1	2.438 9	2.667 4	2.928 0	3.389 7	3.595 4	4.304 0	4.966 9	5.652 6
4.1	1.405 7	2.342 9	3.083 2	3.280 0	3.547 1	3.786 1	4.231 2	4.416 3	4.884 8	5.822 0
4.2	1.234 3	2.605 7	3.385 1	3.846 9	4.075 4	4.283 4	4.690 3	4.845 7	5.433 1	6.804 6
4.3	0.749 5	1.677 3	2.614 4	3.010 3	3.713 2	3.999 0	4.341 1	4.809 7	5.817 1	7.286 1
4.4	0.873 7	1.672 6	2.614 4	3.059 5	3.713 2	4.181 8	4.341 1	5.043 9	6.004 5	7.864 7
4.5	0.511 2	1.450 8	2.640 4	3.570 7	4.265 0	4.707 0	5.119 0	5.581 8	6.433 5	7.954 0
4.6	1.234 3	2.148 6	3.124 6	3.613 7	4.304 0	4.740 6	5.147 4	5.604 6	6.518 9	8.045 7
4.7	1.974 1	3.034 9	3.986 5	4.463 4	4.913 6	5.359 3	6.005 6	6.451 3	7.447 4	9.301 6
4.8	1.371 4	2.285 7	3.291 4	4.038 9	4.299 4	4.989 7	5.218 3	5.652 6	7.024 0	8.804 6

表 2-14　爆破后 1–6 剖面声速降低率

孔深	声速降低率(%)									
(m)	第 1 次	第 2 次	第 3 次	第 4 次	第 5 次	第 6 次	第 7 次	第 8 次	第 9 次	第 10 次
3.8	−0.023 1	−0.001 1	0.001 1	0.027 5	0.042 9	0.128 7	0.172 7	0.392 7	0.960 3	2.198 9
3.9	−0.000 4	0.015 1	0.043 9	0.063 8	0.086 0	0.172 5	0.219 0	0.467 3	1.014 8	2.125 3
4.0	0.021 7	0.043 9	0.061 6	0.081 6	0.099 3	0.216 8	0.325 4	0.569 2	1.192 1	2.293 8
4.1	0.020 9	0.042 9	0.062 7	0.086 9	0.128 7	0.243 1	0.520 3	0.661 1	1.411 3	2.511 3
4.2	0.042 9	0.060 2	0.077 6	0.112 2	0.155 6	0.263 9	0.649 6	0.864 1	1.468 6	3.197 6
4.3	0.089 1	0.137 5	0.152 9	0.194 7	0.218 9	0.328 9	0.773 3	1.191 3	1.851 3	3.692 7
4.4	0.128 1	0.156 9	0.172 5	0.219 0	0.285 5	0.414 1	0.879 6	1.458 1	1.903 7	3.989 6
4.5	0.335 5	0.397 1	0.436 7	0.460 9	0.480 7	0.526 9	1.032 9	1.538 9	2.086 7	4.132 7
4.6	0.386 1	0.422 7	0.465 7	0.545 2	0.631 2	0.768 8	1.368 7	1.934 1	2.364 1	5.068 8
4.7	0.535 5	0.599 5	0.682 7	0.772 3	0.834 1	1.188 3	1.625 6	2.052 3	2.771 2	5.162 7
4.8	0.220 6	0.300 7	0.367 9	0.415 6	0.521 7	0.762 2	1.082 9	1.628 9	2.166 2	4.640 6

表 2-15　爆破后 3–6 剖面声速降低率

孔深(m)	声速降低率(%)									
	第 1 次	第 2 次	第 3 次	第 4 次	第 5 次	第 6 次	第 7 次	第 8 次	第 9 次	第 10 次
3.8	– 0.010 9	0.002 2	– 0.006 5	0.004 3	0.010 9	0.023 9	0.045 6	0.089 0	0.262 7	0.647 1
3.9	– 0.021 6	– 0.019 4	0.010 8	0.006 5	0.012 9	0.034 5	0.058 2	0.163 9	0.308 5	0.660 1
4.0	0.019 3	– 0.010 7	– 0.002 1	0.010 7	0.032 1	0.047 1	0.068 6	0.175 7	0.368 6	0.672 9
4.1	– 0.017 4	– 0.017 4	– 0.004 3	0.013 0	0.047 8	0.060 8	0.089 0	0.195 4	0.436 5	0.864 2
4.2	0.000 7	– 0.052 5	– 0.010 4	0.016 2	0.058 2	0.078 2	0.109 2	0.239 8	0.463 4	1.083 4
4.3	0.013 3	0.013 3	0.004 4	0.022 1	0.088 6	0.099 6	0.143 9	0.279 0	0.551 4	1.120 4
4.4	0.006 6	– 0.019 7	0.008 7	0.015 3	0.096 2	0.118 0	0.168 3	0.306 0	0.649 2	1.291 7
4.5	0.002 2	0.006 6	0.022 0	0.044 0	0.096 8	0.140 8	0.195 8	0.437 8	0.880 0	1.546 6
4.6	– 0.006 6	0.008 7	0.037 2	0.067 8	0.146 4	0.242 6	0.365 0	0.649 2	1.073 2	1.610 9
4.7	– 0.000 9	0.014 4	0.045 0	0.080 0	0.132 5	0.215 5	0.416 6	0.735 7	1.216 6	1.728 0
4.8	– 0.031 3	0.001 3	0.016 5	0.044 7	0.081 6	0.146 8	0.209 8	0.435 6	0.869 9	1.501 8

2.4.3.2　声速降低规律分析

为了进一步反映岩体声速随爆破次数增加的变化规律，对表 2-6~表 2-10 中的一部分数据进行作图分析。岩体声速与爆破次数之间的关系曲线，见图 2-10~图 2-14。从表 2-6~表 2-15 中数据和图 2-10~图 2-14 可以看出，随着爆破次数的增加，各测试剖面的声速逐渐降低，说明随着爆破次数的增加，岩体受爆破影响程度不断增大，岩体完整程度不断劣化。由于各个剖面与爆源之间的距离不同，因此随爆破次数增加声速降低程度各不相同。与爆源距离最近的 4-5 剖面，声速降低程度最大；距离爆源最远的 3-6 剖面，声速降低程度最小。由表 2-10 中的数据和图 2-14 可见，3-6 剖面几乎没有受到模拟爆破的影响。

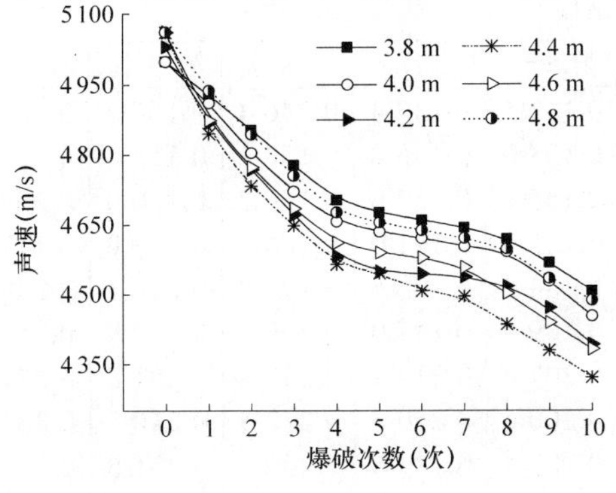

图 2-10　4–5 剖面声速变化曲线图

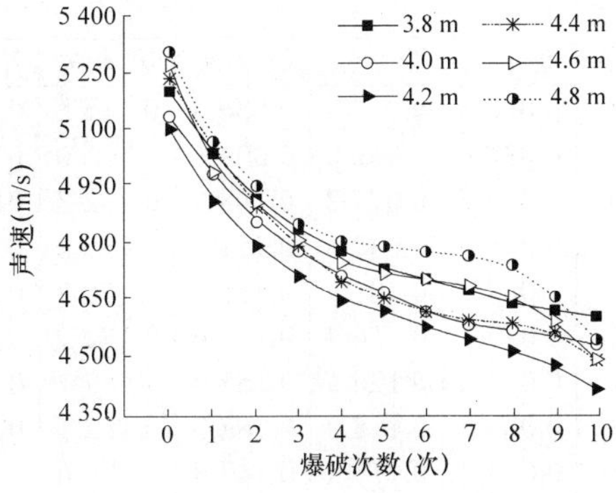

图 2-11　8–9 剖面声速变化曲线图

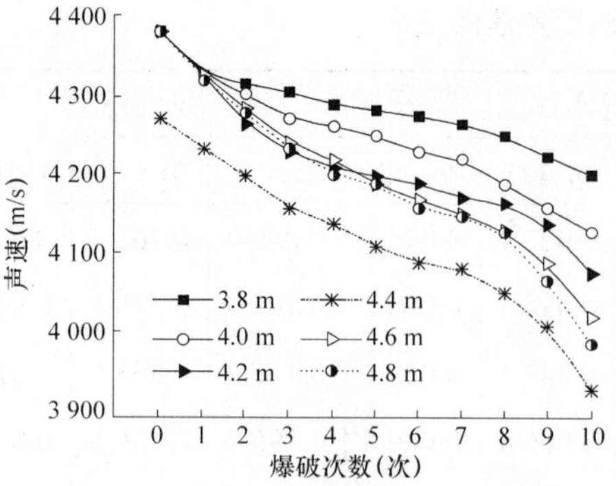

图 2-12　1–5 剖面声速变化曲线图

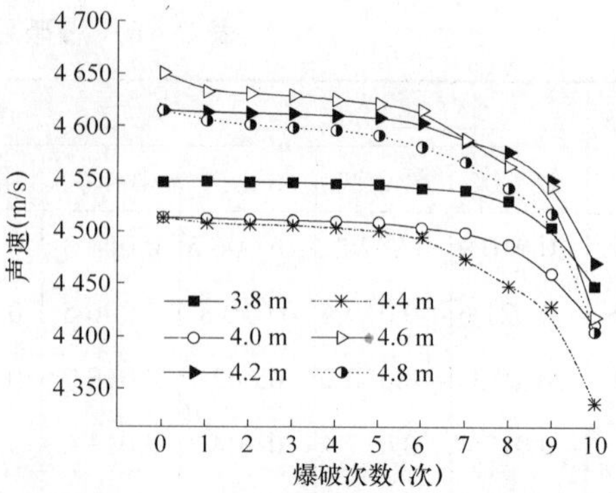

图 2-13　1–6 剖面声速变化曲线图

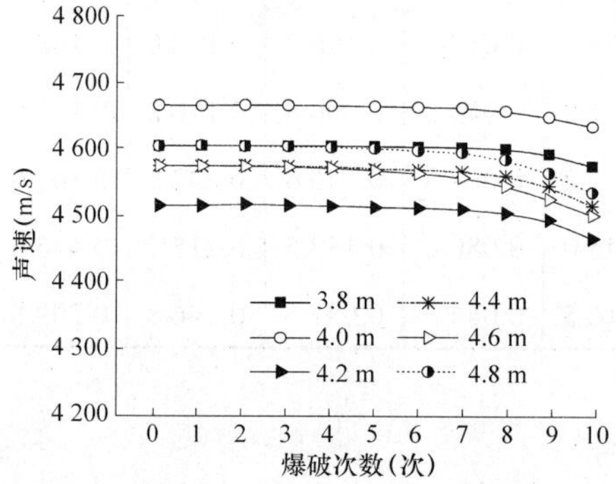

图 2-14　3–6 剖面声速变化曲线图

2.4.3.3　基于声速变化岩体爆破损伤累积增长规律

根据上述分析，岩体爆破损伤可由声速变化率来描述。以爆破前岩体声速为基准，根据式(2-7)，将各次爆破后的岩体声速与之比较，即可得到损伤程度及其累积扩展的量化规律，损伤累积增长量见表 2-16~表 2-20。再由表 2-3、表 2-5 和表 2-6~表 2-10，可得各次爆破后岩体损伤程度值，列于表 2-21~表 2-25。

表 2-16　爆破后 4–5 剖面损伤累积增量表

孔深(m)	损伤累积增量									
	第 1 次	第 2 次	第 3 次	第 4 次	第 5 次	第 6 次	第 7 次	第 8 次	第 9 次	第 10 次
3.8	0.028 5	0.057 9	0.086 8	0.115 6	0.125 4	0.131 5	0.137 4	0.146 4	0.165 2	0.187 2
3.9	0.034 6	0.066 0	0.093 6	0.121 0	0.132 2	0.138 0	0.146 8	0.153 1	0.173 4	0.195 6
4.0	0.035 8	0.077 2	0.108 7	0.132 8	0.140 9	0.145 9	0.152 6	0.156 7	0.180 0	0.207 0
4.1	0.046 6	0.082 6	0.111 5	0.140 8	0.151 0	0.155 8	0.161 0	0.174 2	0.197 0	0.217 9
4.2	0.063 9	0.101 9	0.138 4	0.170 7	0.182 6	0.184 2	0.186 6	0.193 8	0.210 3	0.238 1
4.3	0.077 1	0.114 4	0.143 6	0.172 9	0.185 8	0.189 9	0.197 0	0.209 2	0.232 9	0.257 5
4.4	0.084 6	0.126 1	0.157 4	0.187 2	0.194 1	0.207 8	0.212 1	0.232 6	0.251 8	0.271 4
4.5	0.080 8	0.115 0	0.152 3	0.182 1	0.192 0	0.200 4	0.210 6	0.222 5	0.240 5	0.262 0
4.6	0.073 7	0.111 3	0.143 9	0.170 6	0.178 3	0.182 4	0.189 6	0.209 6	0.231 6	0.251 0
4.7	0.069 7	0.103 8	0.134 9	0.168 9	0.175 2	0.181 0	0.187 2	0.196 6	0.213 1	0.238 8
4.8	0.048 8	0.085 1	0.118 1	0.147 1	0.155 0	0.161 0	0.167 1	0.175 5	0.198 0	0.214 9

表 2-17　爆破后 8–9 剖面损伤累积增量表

孔深 (m)	损伤累积增量									
	第 1 次	第 2 次	第 3 次	第 4 次	第 5 次	第 6 次	第 7 次	第 8 次	第 9 次	第 10 次
3.8	0.024 2	0.068 3	0.097 7	0.118 2	0.134 8	0.144 1	0.154 8	0.160 5	0.164 3	0.179 4
3.9	0.042 1	0.077 1	0.101 9	0.123 6	0.138 3	0.150 6	0.157 1	0.162 3	0.168 1	0.182 2
4.0	0.018 9	0.066 6	0.095 2	0.118 9	0.134 3	0.152 9	0.158 4	0.163 1	0.169 5	0.183 9
4.1	0.017 5	0.062 3	0.098 4	0.119 5	0.136 6	0.148 8	0.162 9	0.171 1	0.186 5	0.203 1
4.2	0.034 1	0.078 0	0.107 6	0.131 9	0.141 5	0.156 5	0.168 3	0.179 1	0.192 1	0.213 9
4.3	0.029 6	0.089 5	0.121 5	0.145 4	0.165 7	0.172 7	0.182 1	0.186 8	0.200 3	0.211 3
4.4	0.031 6	0.088 1	0.124 7	0.157 8	0.173 2	0.185 2	0.193 1	0.195 7	0.203 8	0.228 7
4.5	0.041 3	0.088 1	0.124 3	0.143 8	0.162 0	0.175 1	0.183 3	0.187 1	0.202 3	0.230 8
4.6	0.048 3	0.095 9	0.130 8	0.151 6	0.161 4	0.166 5	0.172 5	0.182 1	0.204 5	0.238 0
4.7	0.049 4	0.093 4	0.132 8	0.156 2	0.166 1	0.174 5	0.177 0	0.189 7	0.209 9	0.225 3
4.8	0.050 2	0.091 9	0.127 6	0.143 3	0.151 4	0.159 9	0.166 8	0.175 4	0.193 6	0.231 2

表 2-18　爆破后 1–5 剖面损伤累积增量表

孔深 (m)	损伤累积增量									
	第 1 次	第 2 次	第 3 次	第 4 次	第 5 次	第 6 次	第 7 次	第 8 次	第 9 次	第 10 次
3.8	0.024 5	0.029 0	0.033 5	0.040 7	0.043 7	0.047 0	0.051 4	0.057 7	0.069 2	0.079 1
3.9	0.022 7	0.033 5	0.043 7	0.047 0	0.053 3	0.062 1	0.066 6	0.074 8	0.083 5	0.092 3
4.0	0.024 5	0.034 8	0.048 2	0.052 6	0.057 7	0.066 6	0.070 6	0.084 2	0.096 9	0.109 9
4.1	0.027 9	0.046 3	0.060 7	0.064 5	0.069 7	0.074 3	0.082 8	0.086 4	0.095 3	0.113 1
4.2	0.024 5	0.051 4	0.066 6	0.075 5	0.079 8	0.083 8	0.091 6	0.094 6	0.105 7	0.131 5
4.3	0.014 9	0.033 3	0.051 6	0.059 3	0.072 9	0.078 4	0.084 9	0.093 9	0.113 0	0.140 4
4.4	0.017 4	0.033 2	0.051 6	0.060 3	0.072 9	0.081 9	0.084 9	0.098 3	0.116 5	0.151 1
4.5	0.010 2	0.028 8	0.052 1	0.070 1	0.083 5	0.091 9	0.099 8	0.108 5	0.124 5	0.152 8
4.6	0.024 5	0.042 5	0.061 5	0.071 0	0.084 2	0.092 6	0.100 3	0.109 0	0.126 1	0.154 4
4.7	0.039 1	0.059 8	0.078 1	0.087 3	0.095 9	0.104 3	0.116 5	0.124 9	0.143 4	0.177 4
4.8	0.027 2	0.045 2	0.064 7	0.079 1	0.084 1	0.097 3	0.101 6	0.109 9	0.135 5	0.168 3

表 2-19　爆破后 1–6 剖面损伤累积增量表

孔深 (m)	损伤累积增量									
	第 1 次	第 2 次	第 3 次	第 4 次	第 5 次	第 6 次	第 7 次	第 8 次	第 9 次	第 10 次
3.8	– 0.000 5	0.000 0	0.000 0	0.000 5	0.000 9	0.002 6	0.003 5	0.007 8	0.019 1	0.043 5
3.9	0.000 0	0.000 3	0.000 9	0.001 3	0.001 7	0.003 4	0.004 4	0.009 3	0.020 2	0.042 1
4.0	0.000 4	0.000 9	0.001 2	0.001 6	0.002 0	0.004 3	0.006 5	0.011 4	0.023 7	0.045 3
4.1	0.000 4	0.000 9	0.001 3	0.001 7	0.002 6	0.004 9	0.010 4	0.013 2	0.028 0	0.049 6
4.2	0.000 9	0.001 2	0.001 6	0.002 2	0.003 1	0.005 3	0.012 9	0.017 2	0.029 2	0.062 9
4.3	0.001 8	0.002 7	0.003 1	0.003 9	0.004 4	0.006 6	0.015 4	0.023 7	0.036 7	0.072 5
4.4	0.002 6	0.003 1	0.003 4	0.004 4	0.005 7	0.008 3	0.017 5	0.028 9	0.037 7	0.078 2
4.5	0.006 7	0.007 9	0.008 7	0.009 2	0.009 6	0.010 5	0.020 6	0.030 5	0.041 3	0.080 9
4.6	0.007 7	0.008 4	0.009 3	0.010 9	0.012 6	0.015 3	0.027 2	0.038 3	0.046 7	0.098 8
4.7	0.010 7	0.012 0	0.013 6	0.015 4	0.016 6	0.023 6	0.032 2	0.040 6	0.054 7	0.100 6
4.8	0.001 1	0.006 0	0.007 3	0.008 3	0.010 4	0.015 2	0.021 5	0.032 3	0.042 9	0.090 7

表 2-20　爆破后 3–6 剖面损伤累积增量表

孔深 (m)	损伤累积增量									
	第 1 次	第 2 次	第 3 次	第 4 次	第 5 次	第 6 次	第 7 次	第 8 次	第 9 次	第 10 次
3.8	– 0.000 2	0.000 0	– 0.000 1	0.000 1	0.000 2	0.000 5	0.000 9	0.001 8	0.005 2	0.012 9
3.9	– 0.000 4	– 0.000 4	0.000 2	0.000 1	0.000 3	0.000 7	0.001 2	0.003 3	0.006 2	0.013 2
4.0	0.000 4	– 0.000 2	0.000 0	0.000 2	0.000 6	0.000 9	0.001 4	0.003 5	0.007 4	0.013 4
4.1	– 0.000 3	– 0.000 3	– 0.000 1	0.000 3	0.001 0	0.001 2	0.001 8	0.003 9	0.008 7	0.017 2
4.2	0.000 0	– 0.001 0	– 0.000 2	0.000 3	0.001 2	0.001 6	0.002 2	0.004 8	0.009 2	0.021 6
4.3	0.000 3	0.000 3	0.000 1	0.000 4	0.001 8	0.002 0	0.002 9	0.005 6	0.011 0	0.022 3
4.4	0.000 1	– 0.000 4	0.000 2	0.000 3	0.001 9	0.002 4	0.003 4	0.006 1	0.012 9	0.025 7
4.5	0.000 0	0.000 1	0.000 4	0.000 9	0.001 9	0.002 8	0.003 9	0.008 7	0.017 5	0.030 7
4.6	– 0.000 1	0.000 2	0.000 7	0.001 4	0.002 9	0.004 8	0.007 3	0.012 9	0.021 3	0.032 0
4.7	0.000 0	0.000 3	0.000 9	0.001 6	0.004 4	0.006 9	0.008 3	0.014 7	0.024 2	0.034 3
4.8	– 0.000 6	0.000 0	0.000 3	0.000 9	0.001 6	0.002 9	0.004 2	0.008 7	0.017 3	0.029 8

表 2-21　各次爆破后 4–5 剖面岩体损伤程度

孔深 (m)	岩体损伤程度									
	第 1 次	第 2 次	第 3 次	第 4 次	第 5 次	第 6 次	第 7 次	第 8 次	第 9 次	第 10 次
3.8	0.284 8	0.314 2	0.343 1	0.371 9	0.381 7	0.387 8	0.393 7	0.402 7	0.421 5	0.443 5
3.9	0.290 9	0.322 3	0.349 9	0.377 3	0.388 5	0.394 3	0.403 1	0.409 4	0.429 7	0.451 9
4.0	0.292 1	0.333 5	0.365 0	0.389 1	0.397 2	0.402 2	0.408 9	0.413 0	0.436 3	0.463 3
4.1	0.312 1	0.348 1	0.377 0	0.406 3	0.416 5	0.421 3	0.426 5	0.439 7	0.462 5	0.483 4
4.2	0.310 8	0.348 8	0.385 3	0.417 6	0.429 5	0.431 1	0.433 5	0.440 7	0.457 2	0.485 0
4.3	0.324 0	0.361 3	0.390 5	0.419 8	0.432 7	0.436 8	0.443 9	0.456 1	0.479 8	0.504 4
4.4	0.322 0	0.363 5	0.394 8	0.424 6	0.431 5	0.445 2	0.449 5	0.470 0	0.489 2	0.508 8
4.5	0.318 2	0.352 4	0.389 7	0.419 5	0.429 4	0.437 8	0.448 0	0.459 9	0.477 9	0.499 4
4.6	0.311 1	0.348 7	0.381 3	0.408 0	0.415 7	0.419 8	0.427 0	0.447 0	0.469 0	0.488 4
4.7	0.307 1	0.341 2	0.372 3	0.406 3	0.412 6	0.418 4	0.424 6	0.434 0	0.450 5	0.476 2
4.8	0.286 2	0.322 5	0.355 5	0.384 5	0.392 4	0.398 4	0.404 5	0.412 9	0.435 4	0.452 3

表 2-22　各次爆破后 8–9 剖面岩体损伤程度

孔深 (m)	岩体损伤程度									
	第 1 次	第 2 次	第 3 次	第 4 次	第 5 次	第 6 次	第 7 次	第 8 次	第 9 次	第 10 次
3.8	0.221 4	0.265 5	0.294 9	0.315 4	0.332 0	0.341 3	0.352 0	0.357 7	0.361 5	0.376 6
3.9	0.239 3	0.274 3	0.299 1	0.320 8	0.335 5	0.347 8	0.354 3	0.359 5	0.365 3	0.379 4
4.0	0.236 6	0.284 3	0.312 9	0.336 6	0.352 0	0.370 6	0.376 1	0.380 8	0.387 2	0.401 6
4.1	0.254 9	0.299 7	0.335 8	0.356 9	0.374 0	0.386 2	0.400 3	0.408 5	0.423 9	0.440 5
4.2	0.261 7	0.305 6	0.335 2	0.359 5	0.369 1	0.384 1	0.395 9	0.406 7	0.419 7	0.441 5
4.3	0.237 2	0.297 1	0.329 1	0.353 0	0.373 3	0.380 3	0.389 7	0.394 4	0.407 9	0.418 9
4.4	0.218 3	0.274 8	0.311 4	0.344 5	0.359 9	0.371 9	0.379 8	0.382 4	0.390 5	0.415 4
4.5	0.248 9	0.295 7	0.331 9	0.351 4	0.369 6	0.382 7	0.390 9	0.394 7	0.409 9	0.438 4
4.6	0.224 3	0.271 9	0.306 8	0.327 6	0.337 4	0.342 5	0.348 5	0.358 1	0.380 5	0.414 0
4.7	0.225 4	0.269 4	0.308 8	0.332 2	0.342 1	0.350 5	0.353 0	0.365 7	0.385 9	0.401 3
4.8	0.215 2	0.256 9	0.292 6	0.308 3	0.316 4	0.324 9	0.331 8	0.340 4	0.358 6	0.396 2

表 2-23　各次爆破后 1–5 剖面岩体损伤程度

孔深	岩体损伤程度									
(m)	第 1 次	第 2 次	第 3 次	第 4 次	第 5 次	第 6 次	第 7 次	第 8 次	第 9 次	第 10 次
3.8	0.455 1	0.459 6	0.464 1	0.471 3	0.474 3	0.477 6	0.482 0	0.488 3	0.499 8	0.509 7
3.9	0.453 3	0.464 1	0.474 3	0.477 6	0.483 9	0.492 7	0.497 2	0.505 4	0.514 1	0.522 9
4.0	0.455 1	0.465 4	0.478 8	0.483 2	0.488 3	0.497 2	0.501 2	0.514 8	0.527 5	0.540 5
4.1	0.486 0	0.504 4	0.518 8	0.522 6	0.527 8	0.532 4	0.540 9	0.544 5	0.553 4	0.571 2
4.2	0.455 1	0.482 0	0.497 2	0.506 1	0.510 4	0.514 4	0.522 2	0.525 2	0.536 3	0.562 1
4.3	0.473 0	0.491 4	0.509 7	0.517 4	0.531 0	0.536 5	0.543 0	0.552 0	0.571 1	0.598 5
4.4	0.475 5	0.491 3	0.509 7	0.518 4	0.531 0	0.540 0	0.543 0	0.556 4	0.574 6	0.609 2
4.5	0.454 8	0.473 4	0.496 7	0.514 7	0.528 1	0.536 5	0.544 4	0.553 1	0.569 1	0.597 4
4.6	0.455 1	0.473 1	0.492 1	0.501 6	0.514 8	0.523 2	0.530 9	0.539 6	0.556 7	0.585 0
4.7	0.440 2	0.460 9	0.479 2	0.488 4	0.497 0	0.505 4	0.517 6	0.526 0	0.544 5	0.578 5
4.8	0.457 8	0.475 8	0.495 3	0.509 7	0.514 7	0.527 9	0.532 2	0.540 5	0.566 1	0.598 9

表 2-24　各次爆破后 1–6 剖面岩体损伤程度

孔深	岩体损伤程度									
(m)	第 1 次	第 2 次	第 3 次	第 4 次	第 5 次	第 6 次	第 7 次	第 8 次	第 9 次	第 10 次
3.8	0.384 9	0.385 4	0.385 4	0.385 9	0.386 3	0.388 0	0.388 9	0.393 2	0.404 5	0.428 9
3.9	0.394 6	0.394 9	0.395 5	0.395 9	0.396 3	0.398 0	0.399 0	0.403 9	0.414 8	0.436 7
4.0	0.395 0	0.395 5	0.395 8	0.396 2	0.396 6	0.398 9	0.401 1	0.406 0	0.418 3	0.439 9
4.1	0.385 8	0.386 3	0.386 7	0.387 1	0.388 0	0.390 3	0.395 8	0.398 6	0.413 4	0.435 0
4.2	0.367 2	0.367 5	0.367 9	0.368 5	0.369 4	0.371 6	0.379 2	0.383 5	0.395 5	0.429 2
4.3	0.387 2	0.388 1	0.388 5	0.389 3	0.389 8	0.392 0	0.400 8	0.409 1	0.422 1	0.457 9
4.4	0.397 2	0.397 7	0.398 0	0.399 0	0.400 3	0.402 9	0.412 1	0.423 5	0.432 3	0.472 8
4.5	0.392 1	0.393 3	0.394 1	0.394 6	0.395 0	0.395 9	0.406 0	0.415 9	0.426 7	0.466 3
4.6	0.364 2	0.364 9	0.365 8	0.367 4	0.369 1	0.371 8	0.383 7	0.394 8	0.403 2	0.455 3
4.7	0.357 1	0.358 4	0.360 0	0.361 8	0.363 0	0.370 0	0.378 6	0.387 0	0.401 1	0.447 0
4.8	0.370 7	0.372 3	0.373 6	0.374 6	0.376 7	0.381 5	0.387 8	0.398 6	0.409 2	0.457 0

表 2-25　各次爆破后 3–6 剖面岩体损伤程度

孔深	岩体损伤程度									
(m)	第 1 次	第 2 次	第 3 次	第 4 次	第 5 次	第 6 次	第 7 次	第 8 次	第 9 次	第 10 次
3.8	0.368 9	0.369 1	0.369 0	0.369 2	0.369 3	0.369 6	0.370 0	0.370 9	0.374 3	0.382 0
3.9	0.360 3	0.360 3	0.360 9	0.360 8	0.361 0	0.361 4	0.361 9	0.364 0	0.366 9	0.373 9
4.0	0.352 6	0.352 0	0.352 2	0.352 4	0.352 8	0.353 1	0.353 6	0.355 7	0.359 6	0.365 6
4.1	0.368 8	0.368 8	0.369 0	0.369 4	0.370 1	0.370 3	0.370 9	0.373 0	0.377 8	0.386 3
4.2	0.393 3	0.392 3	0.393 1	0.393 6	0.394 5	0.394 9	0.395 5	0.398 1	0.402 5	0.414 9
4.3	0.393 6	0.393 6	0.393 4	0.393 7	0.395 1	0.395 3	0.396 2	0.398 9	0.404 3	0.415 6
4.4	0.377 4	0.376 9	0.377 5	0.377 6	0.379 2	0.379 7	0.380 7	0.383 4	0.390 2	0.403 0
4.5	0.385 4	0.385 5	0.385 8	0.386 3	0.387 3	0.388 2	0.389 3	0.394 1	0.402 9	0.416 1
4.6	0.377 2	0.377 5	0.378 0	0.378 7	0.380 2	0.382 1	0.384 6	0.390 2	0.398 6	0.409 3
4.7	0.377 3	0.377 6	0.378 2	0.378 9	0.381 7	0.384 2	0.385 6	0.392 0	0.401 5	0.411 6
4.8	0.368 5	0.369 1	0.369 4	0.370 0	0.370 7	0.372 0	0.373 3	0.377 8	0.386 4	0.398 9

2.4.3.4 损伤累积增长规律分析

为了进一步揭示岩体损伤累积增长量随爆破次数增加的变化规律，对表 2-16~表 2-20 中的数据作图分析。岩体损伤累积增长曲线，见图 2-15~图 2-19。

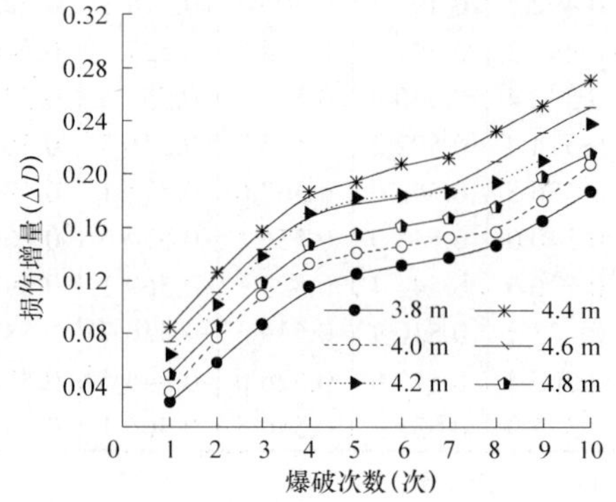

图 2-15　4–5 剖面损伤增量曲线

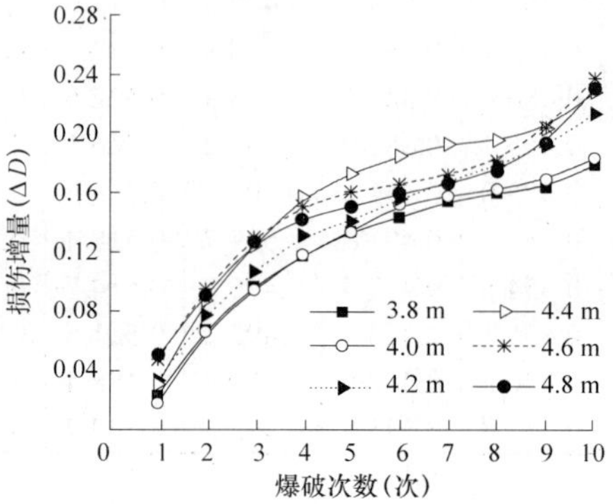

图 2-16　8–9 剖面损伤增量曲线

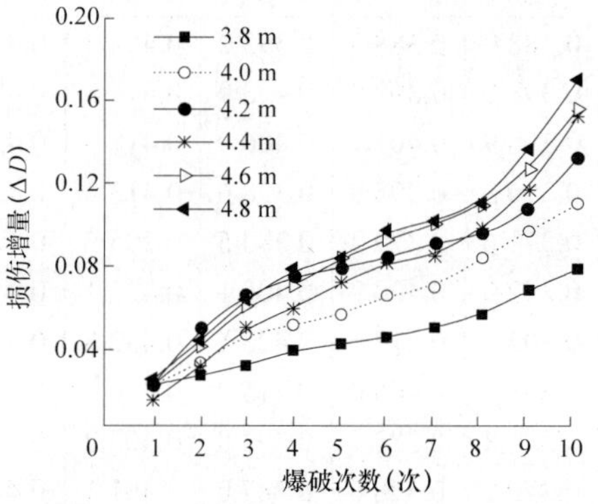

图 2-17　1–5 剖面损伤增量曲线

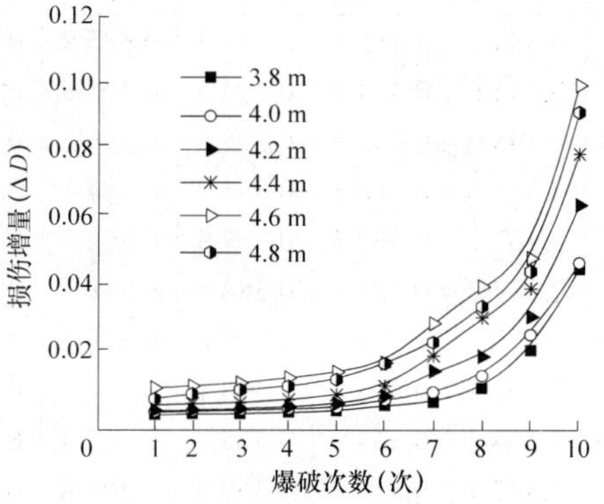

图 2-18　1–6 剖面损伤增量曲线

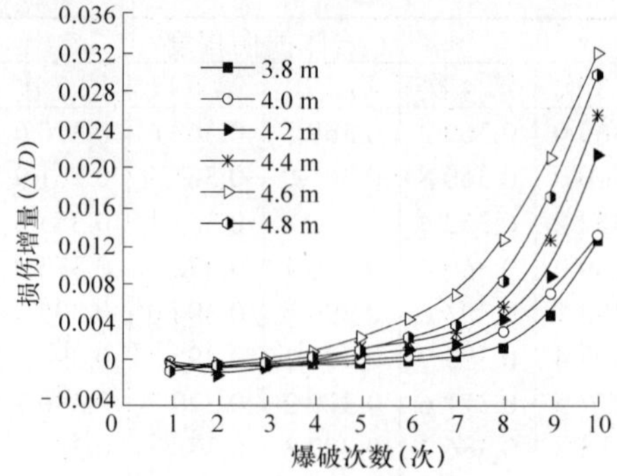

图 2-19　3–6 剖面损伤增量曲线

从表 2-16~表 2-20 和图 2-15~图 2-19 可以看出，各次爆破后岩体损伤增量(ΔD)随爆破次数的增加均呈现单调递增趋势。这说明爆破作用使得岩体完整性不断劣化，损伤加剧。另外，图 2-15~图 2-19 表明，岩体损伤增量(ΔD)与爆破次数之间是一种非线性递增关系，10 次爆破后岩体损伤增量(ΔD)总量并不是每一次爆破后岩体损伤增量(ΔD)的简单叠加，说明爆破累积损伤效应的累积过程具有明显的非线性特性。而且，各个剖面岩体损伤增量(ΔD)曲线形状也不相同，剖面 4–5 和 8–9 岩体损伤增量(ΔD)曲线存在两个拐点，可以说是“三段式”增长曲线，各段增长速率不同；1–5 剖面 4.2 m、4.4 m、4.6 m、4.8 m 等 4 条曲线是“三段式”增长曲线，3.8 m 和 4.0 m 两条曲线的拐点不明显，基本上是增长速率形式单一的曲线。而剖面 1–6 和 3–6 岩体损伤增量(ΔD)曲线不存在拐点，是增长速率形式单一的陡增曲线。各剖面岩体损伤增量(ΔD)曲线形状之所以不同，原因是各剖面与爆源的距离各不相同，距离爆源最近的剖面，岩体损伤程度最严重，损伤累积增长曲线的非线性特性也最明显；而距离爆源较远的剖面，受爆破影响程度较小，岩体爆破损伤程度较轻。从剖面 1–6 和 3–6 岩体损伤增量(ΔD)曲线可以看出，第 8 次~第 10 次爆破后，岩体损伤增量陡增，是因为第 8 次~第 10 次模拟爆破药量较大，即使距离爆源较远的岩体也受到爆破应力波的损伤作用。而第 8 次爆破以前，由于药量较小，模拟爆破几乎没有对剖面 1–6 和 3–6 的岩体造成明显影响和损伤破坏。

2.4.4　爆心距对损伤累积的影响

由前述可知，实施模拟爆破后，各剖面相同孔深处岩体声速降低率和损伤增量(ΔD)并不相同。爆心距对岩体损伤程度有较大影响。距离爆源越近，受爆破影响程度越大，损伤越严重，声速降低率和损伤增量越大；反之，受爆破影响程度越小，损伤破坏程度越轻，声速降低率和损伤增量越小。为反映爆心距对岩体损伤程度及其累积过程的影响，分别取 4.2 m、4.4 m、4.6 m 和 4.8 m 孔深处测试数据，分析各剖面岩体损伤增量随爆破次数增加的演化规律，见图 2-20~图 2-23。

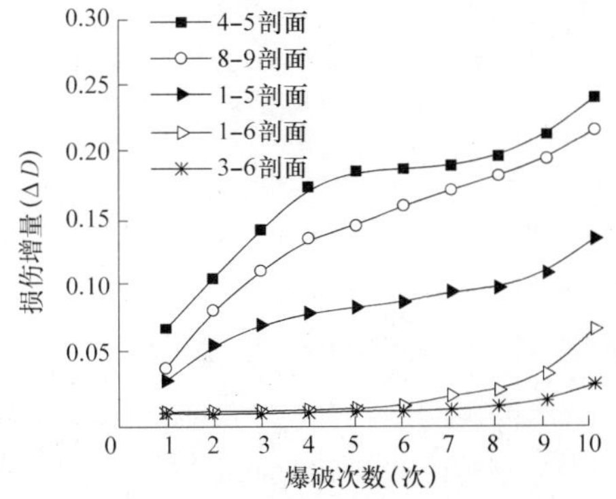

图 2-20　4.2 m 处各剖面损伤增量曲线

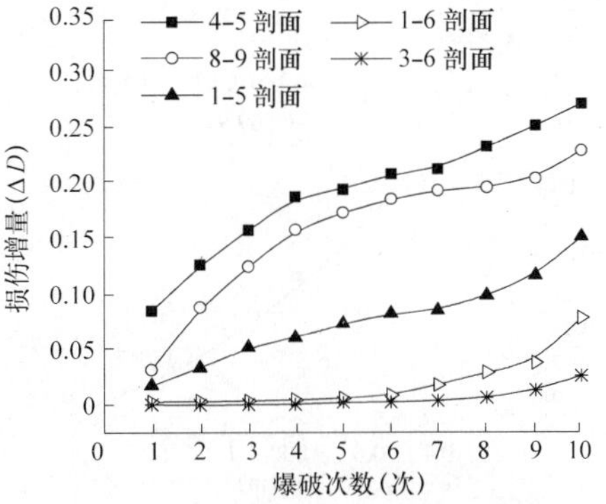

图 2-21　4.4 m 处各剖面损伤增量曲线

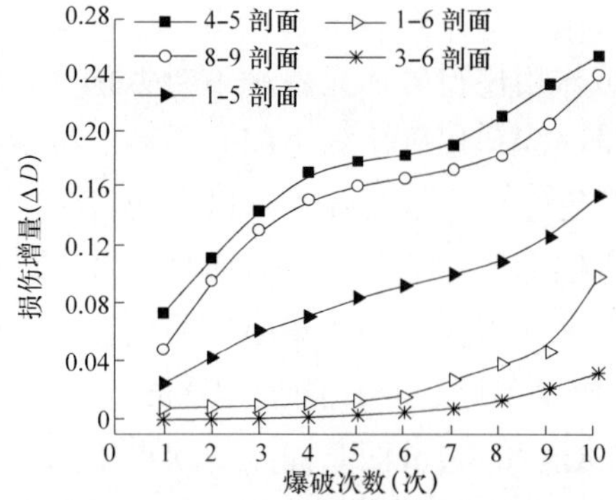

图 2-22　4.6 m 处各剖面损伤增量曲线

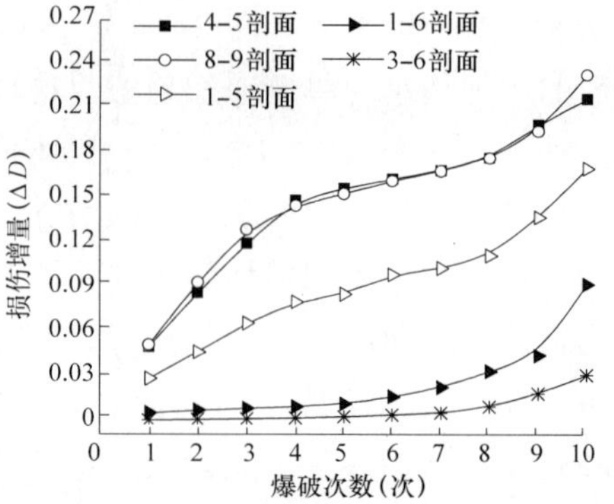

图 2-23　4.8 m 处各剖面损伤增量曲线

从图 2-20~图 2-23 可以看出，随着爆心距的增大，岩体爆破损伤程度逐渐降低。距离爆源最近的 4–5 剖面，爆破损伤程度最大；8–9 剖面、1–5 剖面和 1–6 剖面次之；3–6 剖面爆破损伤程度最小。另外，爆心距的大小亦对爆破损伤累积增长曲线有明显影响。各剖面的损伤增量(ΔD)曲线变化形状都不相同，说明爆心距对岩体爆破损伤累积效应影响较大。距离爆源越近，损伤增量(ΔD)曲线的非线性特性越明显，反之越不明显。

为进一步揭示爆心距对岩体爆破损伤累积的影响，再取 4.5 m 和 4.7 m 孔深处测试数据，分别分析第 3 次、第 5 次、第 7 次和第 9 次模拟爆破后岩体损伤增量(ΔD)随爆心距(L)的变化规律。图 2-24 和图 2-25 分别为 4.5 m、4.7 m 深度处岩体爆破损伤增量随爆心距的变化特点。从图中可以看出，岩体损伤增量(ΔD)随爆心距(L)的增加，呈现出非线性递减特性。经对比发现，岩体损伤增量(ΔD)与爆心距(L)之间的这种非线性递减关系，可以用指数关系式进行曲线回归拟合。拟合曲线如图 2-24、图 2-25 中所示，拟合关系如下

$$y = A_0 e^{k_0 x} + A_1 \tag{2-11}$$

式中，A_0、k_0 和 A_1 均为待定系数。

表 2-26 给出了曲线回归拟合系数 A_0、k_0 和 A_1 的具体值。从图 2-24 和图 2-25 以及表 2-26 可以看出，岩体损伤增量(ΔD)与爆心距(L)之间呈现出很好的指数递减关系(相关系数 $R^2 > 0.915\,8$)。

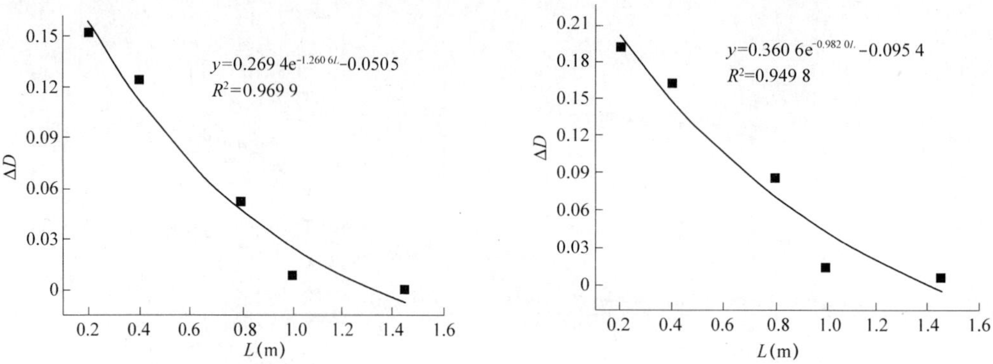

(a)第 3 次爆破　　(b)第 5 次爆破

图 2-24　4.5 m 处损伤增量随爆心距的变化规律

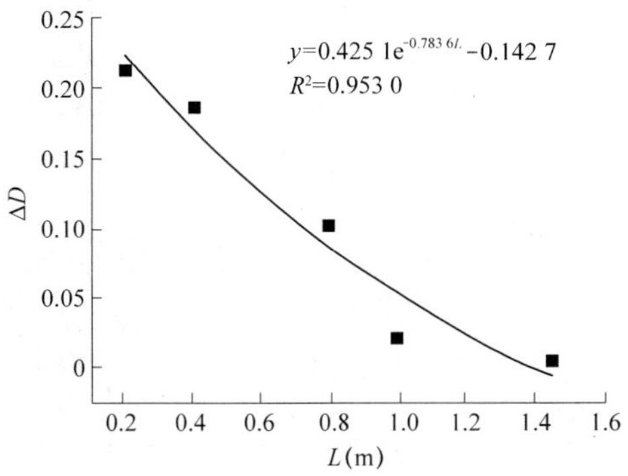

(c)第 7 次爆破

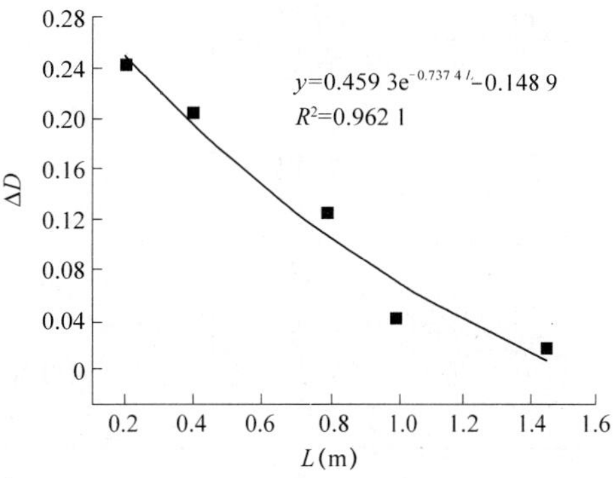

(d)第 9 次爆破

续图 2-24

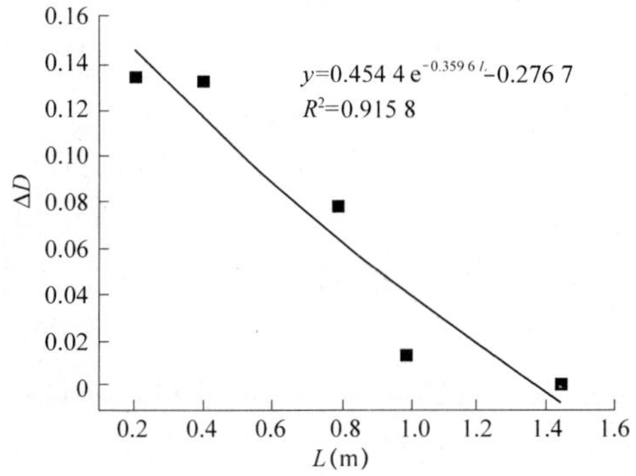

(a)第 3 次爆破

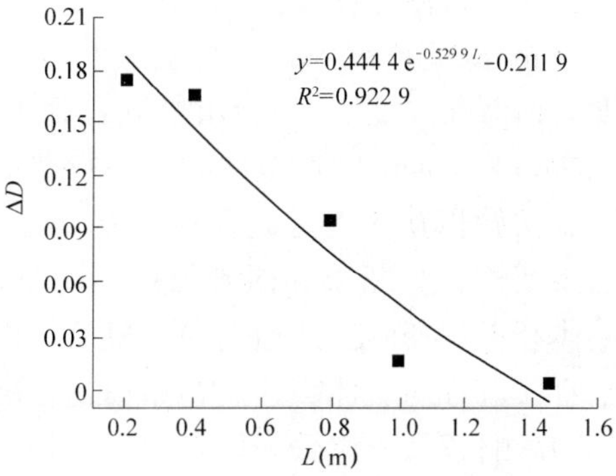

(b)第 5 次爆破

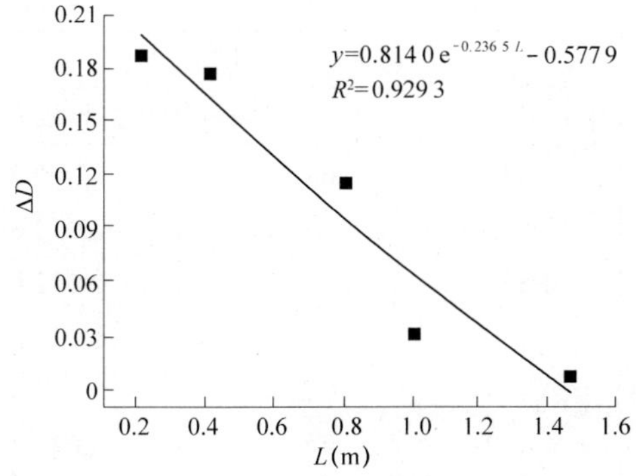

(c)第 7 次爆破

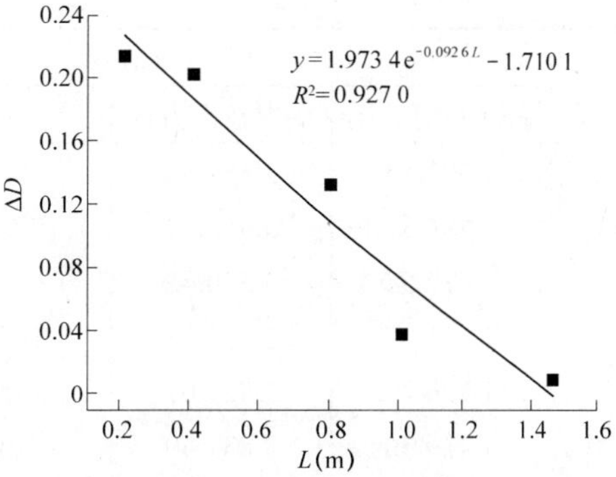

(d)第 9 次爆破

图 2-25　4.7 m 处损伤增量随爆心距的变化规律

表 2-26　曲线回归拟合系数

孔深(m)	爆破次数	A_0	K_0	A_1	R^2
4.5	第 3 次	0.269 4	– 1.260 6	– 0.050 5	0.969 9
	第 5 次	0.360 6	– 0.982 0	– 0.095 4	0.949 8
	第 7 次	0.425 1	– 0.783 6	– 0.142 7	0.953 0
	第 9 次	0.459 3	– 0.737 4	– 0.148 9	0.962 1
4.7	第 3 次	0.454 4	– 0.359 6	– 0.276 7	0.915 8
	第 5 次	0.444 4	– 0.529 9	– 0.211 9	0.922 9
	第 7 次	0.814 0	– 0.236 5	– 0.577 9	0.929 3
	第 9 次	1.973 4	– 0.092 6	– 1.710 1	0.927 0

2.4.5　岩体爆破损伤的各向异性特征

从表 2-3 明显可以看出，在爆破累积损伤研究范围内(3.8~4.8 m)，平行巷道方向(剖面 1–5、剖面 1–6 和剖面 3–6)岩体声速比垂直巷道方向(剖面 4–5 和剖面 8–9)岩体声速低，而在孔口附近(深度小于 0.8 m)，二者岩体声速基本接近。由表 2-5 可以发现，在 3.8~4.8 m 深度范围内，平行巷道方向岩体初始损伤程度比垂直巷道方向岩体初始损伤程度高，而在深度小于 0.8 m 的孔口附近，二者岩体初始损伤程度基本接近。

在 3.8~4.8 m 深度范围内，平行巷道方向岩体声速、初始损伤与垂直巷道方向岩体声速、初始损伤程度之间存在的差异，说明平行巷道方向与垂直巷道方向岩体结构(包括宏观结构，如断层、褶皱等；微观断裂，如节理、裂隙等)存在各向异性特性。这是地质体经历长期的构造运动而造成的。而在深度小于 0.8 m 的孔口附近，平行巷道方向与垂直巷道方向岩体声速、初始损伤程度均基本接近，说明既有开挖爆破对岩体造成的损伤和影响较大，以致岩体各向异性特性变得不明显。现将平行巷道方向声速、初始损伤平均值与垂直巷道方向声速、初始损伤平均值对比，列于表 2-27 中。

表 2-27　平行与垂直巷道方向岩体声速、初始损伤平均值对比表

孔深(m)	岩体声速(m/s)			岩体初始损伤 D_0		
	平行巷道方向	垂直巷道方向	二者差值	平行巷道方向	垂直巷道方向	二者差值
0.5	3 572.59	3 504.93	0.58	0.620 1	0.634 6	– 0.000 2
0.6	3 684.37	3 555.63	56.47	0.595 9	0.624 0	– 0.012 3
0.7	3 777.58	3 540.45	56.33	0.575 3	0.627 1	– 0.012 6
0.8	3 931.07	3 751.72	103.83	0.539 6	0.581 3	– 0.024 0
0.9	4 196.46	3 721.01	175.16	0.473 3	0.588 1	– 0.043 4
1.0	4 429.30	3 837.49	118.84	0.412 7	0.561 9	– 0.032 4
1.1	4 399.64	4 008.33	128.82	0.421 0	0.521 7	– 0.034 3
1.2	4 348.70	4 127.66	103.35	0.434 5	0.492 7	– 0.027 6
1.3	4 346.14	4 201.82	102.06	0.435 9	0.474 5	– 0.026 9
1.4	4 234.69	4 272.51	8.91	0.465 3	0.455 5	– 0.002 8

续表 2-27

孔深 (m)	岩体声速(m/s)			岩体初始损伤 D_0		
	平行巷道方向	垂直巷道方向	二者差值	平行巷道方向	垂直巷道方向	二者差值
1.5	4 233.02	4 305.92	– 4.70	0.466 5	0.447 1	0.001 0
1.6	4 290.24	4 472.13	36.69	0.451 9	0.403 0	– 0.009 6
1.7	4 210.19	4 560.79	46.27	0.472 3	0.380 1	– 0.011 7
1.8	4 225.40	4 625.71	16.89	0.468 5	0.362 4	– 0.004 4
1.9	4 281.02	4 671.43	32.08	0.454 5	0.349 9	– 0.008 3
2.0	4 254.14	4 650.54	31.26	0.461 4	0.355 8	– 0.008 0
2.1	4 246.26	4 672.99	52.13	0.462 8	0.348 4	– 0.013 5
2.2	4 326.73	4 713.88	16.12	0.442 9	0.337 9	– 0.004 2
2.3	4 450.63	4 716.33	– 3.99	0.410 6	0.336 9	0.001 0
2.4	4 440.20	4 785.72	– 9.20	0.413 3	0.317 3	0.002 3
2.5	4 423.09	4 674.41	10.28	0.418 0	0.349 7	– 0.002 7
2.6	4 415.33	4 782.02	– 65.06	0.419 8	0.317 9	0.017 2
2.7	4 409.62	4 750.76	– 53.26	0.421 3	0.327 2	0.014 0
2.8	4 414.66	4 902.88	– 80.25	0.419 9	0.282 4	0.021 3
2.9	4 517.66	4 848.67	– 74.52	0.392 5	0.300 7	0.020 1
3.0	4 524.54	4 819.45	– 25.31	0.391 0	0.309 1	0.006 9
3.1	4 485.93	4 699.00	– 15.10	0.401 3	0.341 3	0.004 0
3.2	4 624.67	4 825.40	– 21.00	0.363 4	0.305 4	0.005 6
3.3	4 646.27	5 043.89	– 10.20	0.357 3	0.242 5	0.002 6
3.4	4 648.27	4 939.03	– 24.86	0.357 2	0.274 3	0.006 9
3.5	4 597.42	5 008.13	– 34.62	0.371 2	0.253 9	0.009 5
3.6	4 540.62	4 946.20	– 63.04	0.386 3	0.272 2	0.017 0
3.7	4 578.01	5 040.38	– 44.35	0.376 4	0.244 1	0.012 1
3.8	4 508.58	5 097.41	– 48.36	0.395 0	0.226 8	0.013 0
3.9	4 507.36	5 097.41	– 64.22	0.395 3	0.226 8	0.017 3
4.0	4 517.66	5 064.11	– 74.52	0.392 5	0.237 0	0.020 1
4.1	4 473.02	5 016.12	– 66.14	0.404 2	0.251 5	0.017 6
4.2	4 502.17	5 063.50	– 6.98	0.396 7	0.237 3	0.001 7
4.3	4 443.28	5 096.37	– 36.41	0.412 3	0.227 3	0.009 5
4.4	4 451.59	5 146.03	– 61.81	0.410 0	0.212 1	0.016 4
4.5	4 470.65	5 112.29	– 37.43	0.405 1	0.222 5	0.009 9
4.6	4 533.79	5 163.23	– 20.71	0.388 1	0.206 7	0.005 4
4.7	4 583.28	5 163.23	4.06	0.374 9	0.206 7	– 0.001 2
4.8	4 531.88	5 180.65	– 36.69	0.388 7	0.201 2	0.009 8

2.4.6　装药量和装药位置对爆破损伤的影响

由前述内容可知，模拟爆破的装药量和装药位置对岩体声速与爆破损伤及其累积过程的影响较大。明显地，装药量越大，爆破强度越高，爆破后岩体声速降低程度越大，爆破对岩体的损伤破坏程度越剧烈。以距离爆源最远的 3–6 剖面为例，由于前 8 次爆破装药量为 70~75 g，可以说药量相对较小，所以爆破后岩体声速降低程度较小，最大降低率仅为 0.735 7，说明爆破对岩体造成的损伤非常轻微。从表 2-20 中的数据也可以看出，前 8 次爆破造成的损伤增量最大仅为 0.014 7。而第 9 次和第 10 次模拟爆破的药量分别为 80 g 和 120 g，明显大于前 8 次模拟爆破的装药量。因此，爆破后，岩体声速降低程度较为明显，最大降低率猛增至 1.728 0，比前 8 次模拟爆破后岩体声速降低率增长 1 倍以上；而岩体损伤增量也由 0.014 7 增大至 0.034 3，增幅亦达到 1 倍以上。由于其他剖面距离爆源相对较近，装药量对爆破损伤程度及其累积效应的影响不如 3–6 剖面明显。经数据分析后，发现装药量对其他剖面爆破损伤及其累积过程的影响也基本呈现与 3–6 剖面同样的规律。

下面具体分析装药位置对爆破损伤及其累积过程的影响。模拟爆破过程中采用底部装药结构，孔口方向用炮泥堵塞。由于每次爆破均在同一个爆破孔中装药、填塞并实施爆破作业，炮泥、碎渣等在爆破孔的底部逐渐积累，因此装药位置逐渐向孔口方向移动。每次装药后，实施爆破前，均测量装药位置距离孔口的深度，模拟爆破过程中具体装药位置见表 2-2。图 2-26~图 2-30 分别为各剖面 3.8~4.8 m 范围内岩体损伤增量随孔深的变化关系。可以发现，随着爆破次数的增加，岩体损伤程度不断上升，同时最大损伤增量(ΔD)对应的孔深不断减小。这是因为爆破孔装药位置距离孔口的深度不断减小。从图 2-26~图 2-30 中可以看出，与装药区段对应的孔深范围内，岩体爆破损伤程度最严重，这与本书参考文献[40]中的测试结果是一致的。

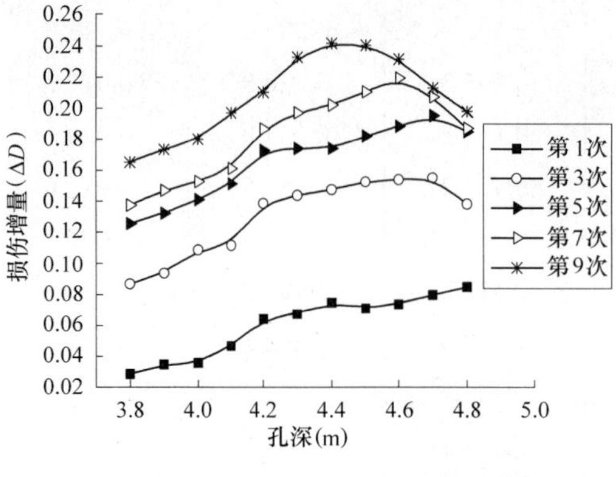

图 2-26　4–5 剖面损伤增量随孔深的变化

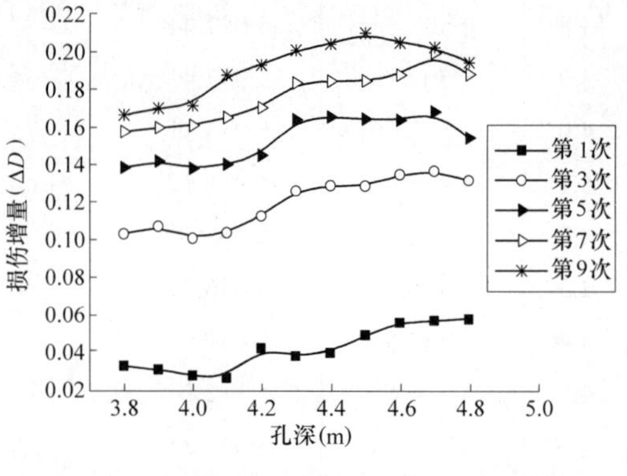

图 2-27　8–9 剖面损伤增量随孔深的变化

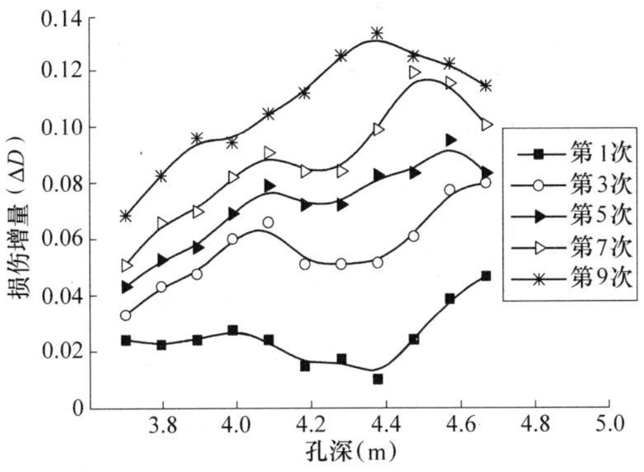

图 2-28　1–5 剖面损伤增量随孔深的变化

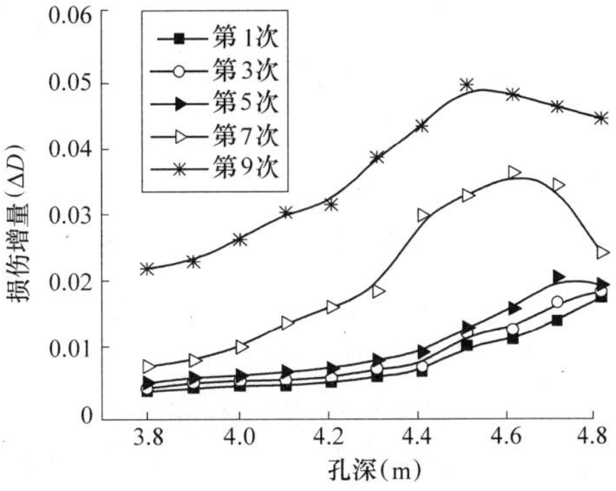

图 2-29　1–6 剖面损伤增量随孔深的变化

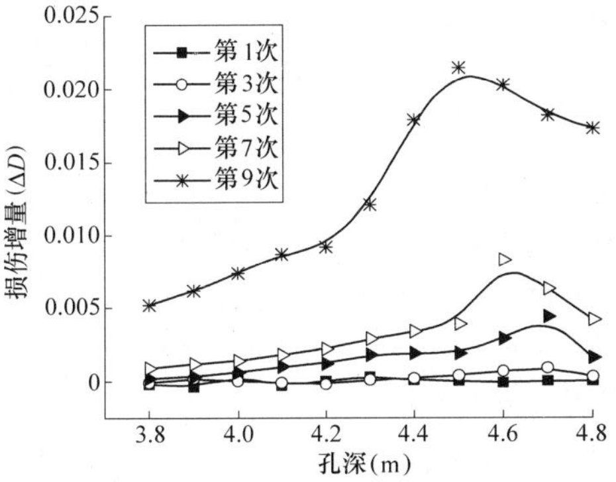

图 2-30　3–6 剖面损伤增量随孔深的变化

2.5 小　结

爆破作用下岩体累积损伤效应研究对于地下工程围岩动力稳定性分析具有重要的理论和现实意义，特别是存在循环爆破作业的隧道掘进和矿山生产。本章介绍了声波测试技术的基本原理，以厂坝铅锌矿为工程背景依托，完成了岩体爆破损伤累积效应现场声波测试研究。采用声波测试技术，首先测定了既有开挖爆破造成的围岩松动圈厚度，在此基础上确定了岩体爆破累积损伤效应的研究范围；进行了 10 次小药量模拟爆破，测试得到了每次爆破后岩体声速。根据试验结果，建立了岩体声速降低率与岩体爆破损伤之间的定量关系，得到了既有开挖对围岩的影响深度、岩体初始损伤、爆破损伤增量及其累积值；分析了岩体声速、爆破损伤增量与爆破次数之间存在的统计关系，给出了岩体声速、爆破损伤增量随爆破次数增加的变化规律；探讨了岩体爆破损伤的各向异性特性、岩体爆破损伤及其累积过程随爆心距增大的变化规律以及装药量与装药位置对岩体爆破损伤的影响。得到的主要结论如下：

(1) 由于岩体声速可以有效地定量表征爆破损伤，描述爆破后岩体的劣化程度，而且测试方法简单易行，因此应用声波测试技术研究岩体爆破损伤及其累积效应是切实可行、值得推广的。

(2) 模拟爆破前现场测试结果表明，既有爆破开挖对巷道围岩的损伤影响深度为 0.9 ~ 1.6 m。根据钻孔深度，在 3.8 ~ 4.8 m 深度范围内进行岩体爆破累积损伤效应研究是可行的。

(3) 根据现场岩体声速测试结果，对照室内测定的岩块声速，计算得到了岩体初始损伤(D_0)，岩体初始损伤为 0.15~0.75。

(4) 随着爆破次数(n)的不断增加，岩体声速逐渐降低，爆破损伤增量(ΔD)呈现单调递增趋势，损伤不断加剧，说明岩体受爆破影响程度不断增大，岩体的完整程度和承载性能不断劣化。

(5) 10 次爆破后，岩体声速降低率、爆破损伤总量并非各次爆破后岩体声速降低率、爆破损伤增量的简单叠加，岩体声速降低率、爆破损伤与爆破次数之间是一种非线性递增关系，爆破损伤效应的累积过程具有非线性特性。

(6) 爆心距对岩体爆破损伤程度有较大影响。距离爆源越近，受爆破影响程度越大，损伤越严重，声速降低率和损伤增量越大；反之，受爆破影响程度越小，损伤程度越轻，声速降低率和损伤增量越小。

(7) 进一步的曲线回归拟合表明，岩体损伤增量(ΔD)与爆心距(L)之间呈现出很好的指数递减关系(相关系数 $R^2>0.9158$)。

(8) 在岩体爆破累积损伤效应研究深度(3.8~4.8 m)范围内，平行巷道方向岩体声速、初始损伤与垂直巷道方向岩体声速、初始损伤程度之间存在的差异，说明平行巷道方向与垂直巷道方向岩体结构存在各向异性特性。而在深度小于 0.8 m 的孔口附近，岩体各向异性特性变得不明显。

(9) 装药量和装药位置对岩体声速变化、岩体爆破损伤及其累积过程有一定影响。装药量越大，爆破强度越高，爆破后岩体声速降低程度越大，爆破对岩体的损伤破坏程度越高；装药区段对应的孔深范围内，岩体爆破损伤程度最严重，这与本书参考文献[40]中的测试结果是一致的。

第 3 章　多次爆破作用下岩体声波频谱与累积损伤效应

3.1 引　言

声波穿过岩体时，携带出极其丰富的信息，这些信息是岩体内部结构特征的综合反映[60, 63]。目前，从岩体声波测试信号中获取有用声学参数的途经主要有两种[99]：一是从声波时域信号中获取声速(声波首波波速)、声波衰减系数(声波首波振幅衰减)及声波时域最大振幅等声学参数。二是从声波频域信号中获取主频率、频域最大振幅及能量等声学参数。理论和实践表明，爆破对岩体的损伤可以通过岩体声速变化反映出来，应用声速变化特性研究岩体爆破损伤及其累积效应是一种有效的方法[2,79]。国内外学者运用声波探测技术研究岩体爆破损伤、工程岩体分级、岩体动力参数测定等许多问题时也大多采用了声速变化特性[70]。实际上，声波作为一种信息载体，在传播过程中携带了与岩体力学性质、完整性以及损伤特性等相关的各种信息，声波测试所获得的岩体声速变化特性只是反映岩体爆破损伤的其中一个指标。单纯的岩体声速测量和分析将会丢失许多有用信息。鉴于此，在开展岩体声速研究的同时，许多学者开始关注声波衰减理论与试验研究[89,92,208]，并努力寻求声波频域信号变化特征与岩体力学性质和爆破损伤特性之间的内在联系。然而，岩体声波衰减理论研究与频谱特性研究还存在许多不足，岩体声波衰减与频谱特性研究成果远不如岩体声速研究成果丰富[62]。研究发现[209]，声波频谱特性(波形、主频与能量)与岩石的动态损伤存在较好的一致性，声波频谱特性是可以反映岩体爆破累积损伤程度与范围的另一个不可多得的声学指标。有研究表明[93,209,210]，声谱特征反映了岩石损伤破坏过程中裂隙产生、发展直至破裂的全过程，声谱特征值的变化幅度比声速变化大得多，敏感得多[211]，尤其主频和能量的变化，对岩体损伤特性特别灵敏。声谱作为岩体声波测试中的重要动力学参数之一，在评价岩体爆破损伤及其累积效应方面无疑具有重要的理论和实际意义。对声波测试信号进行频谱分析，弥补了单纯声速分析的不足，可以得到更多、更有效的信息。

本章结合现场测试，在分析岩体声速变化特性的基础上，探讨声波在爆破损伤岩体中传播时的衰减特性，研究爆破前后以及损伤累积过程中岩体声波衰减特性；分析声波波形及其相关系数随爆破次数增加的变化规律；综合运用快速傅里叶变换(FFT)和小波(包)分析理论，对现场测试的声波信号进行频谱分析，找出声波信号主频、能量及其频带分布随爆破次数增加的变化规律，进一步揭示岩体爆破损伤破坏机理以及爆破累积损伤效应。

3.2　声波在爆破损伤岩体中的衰减特性

岩体爆破损伤特性除影响声速外，还明显地影响声波波形，使振幅衰减和频谱变化。原因是岩体对声波具有吸收作用，而吸收作用又与岩体性质、岩体结构及声波的频谱特性有关[209]。声波在弹性介质内的传播过程中，其能量一部分转化为介质的弹性变形能，另一部分消耗于塑性流动及微粒的瑞利散射等。此外，其衰减也取决于扩大的波阵面中能量的几何分布。声波的衰减不仅与传播距离有关，还与波速和频率有关。不同岩性的岩体具有不同的传播速度，故声波衰减因岩石性质不同而异；声波的频率越高，衰减越大。岩石对声波的吸收作用相当于低通滤波器，且岩石的吸收力越强和发射的频带越宽，频谱的变化越大。这种岩体声波信号的波形畸变现象，又称为主频漂移[214]。由于爆破冲击波和气体的联合作用，岩体内裂隙扩展、成核、贯通并形成主裂纹，这些结构面必然引起声波的反射、绕射，降低声波传播速度，同时造成声波能量衰减(振幅与波形面积减小)以及频率成分的变化(主频偏移)。因此，声波波形及频谱变化特性，基本反映了岩体爆破损伤程度、范围和累积效应。

3.2.1　岩体声波衰减机理

声波透过岩体介质时的衰减主要分成三个部分：几何扩散衰减(声波传播过程中由于波阵面的扩张引起声能空间发散，以致随距离的增加单位面积上声能减弱，声波振幅会降低)、黏滞吸收衰减(即岩石将波动的机械能转化成热能而造成的衰减，也称为黏滞衰减)和散射衰减(岩体内部的原始裂纹、孔隙以及爆破损伤的存在使经过岩体的波发生反射、折射和衍射等，从而改变了部分波的传播方向；接收到的能量会因此减小，造成表观衰减)。

3.2.1.1　几何扩散

声波在弹性介质中传播时，以震源为球心向四周传播，波前是一系列半径不断增加的同心球面。声波能量在介质中按球面波形式传播，能量散布在不断增加的波前上。因此，随着传播距离的增加，声波能量扩散，能量密度降低，从而引起声波振幅减小。这种几何扩散现象称为球面发散效应。设 e 为半径为 r 的球面波前上的能量密度，则整个球面的总能量 E 为

$$E = 4\pi r^2 \cdot e \tag{3-1}$$

由式(3-1)可见，当总能量 E 一定时，能量密度 e 与 r^2 成反比。

由于声波能量密度 e 与声波振幅 A 的平方成正比，即 $e \propto A^2$。根据式(3-1)可得 $A \propto r^{-1}$，即声波振幅 A 与传播距离成反比。随着传播距离的增加，声波振幅 A 按 r^{-1} 衰减，而能量密度 e 按 r^{-2} 衰减。

3.2.1.2　黏滞衰减

声波在弹性介质中传播时，发生几何扩散，但没有能量交换。由于岩体是非均匀、黏–弹塑性介质，声波在岩体中传播时要克服介质质点之间的内摩擦或黏滞作用，

加之热传导和弛豫效应等，声波能量衰减，不断被介质吸收，发生声波能量转化为热能的不可逆过程。

假定沿 x 轴传播的纵波位移 $\varphi(x,t)$ 为

$$\varphi(x,t)=\varphi_0 \mathrm{e}^{\mathrm{i}(\omega t-Kx)} \tag{3-2}$$

经求解并有理化后可得[212]

$$K^2=\frac{\rho\omega^2}{\sqrt{(\lambda+2\mu)^2+\eta'^2\omega^2}}\left[\frac{\lambda+2\mu}{\sqrt{(\lambda+2\mu)^2+\eta'^2\omega^2}}-\mathrm{i}\frac{\eta'\omega}{\sqrt{(\lambda+2\mu)^2+\eta'^2\omega^2}}\right] \tag{3-3}$$

式中，ρ为介质密度；ω为波的圆频率；λ、μ为介质拉梅常数；$\eta'=4\eta/3$，η为介质的黏滞系数。

设$\lambda+2\mu$和$\eta'\omega$表示直角三角形的两直边，其斜边为 $\sqrt{(\lambda+2\mu)^2+\eta'^2\omega^2}$，于是式(3-3)中括号内的实数项和虚数项可分别设为

$$\frac{\lambda+2\mu}{\sqrt{(\lambda+2\mu)^2+\eta'^2\omega^2}}=\cos\beta \tag{3-4}$$

$$\frac{\eta'\omega}{\sqrt{(\lambda+2\mu)^2+\eta'^2\omega^2}}=\sin\beta \tag{3-5}$$

由此，可将式(3-3)写为

$$K^2=\frac{\rho\omega^2}{\sqrt{(\lambda+2\mu)^2+\eta'^2\omega^2}}\mathrm{e}^{\mathrm{i}\arctan\frac{\eta'\omega}{\lambda+2\mu}} \tag{3-6}$$

$$K=\left[\frac{\rho^2\omega^4}{(\lambda+2\mu)^2+\eta'^2\omega^2}\right]^{\frac{1}{4}}\left[\cos\left(\frac{1}{2}\arctan\frac{\eta'\omega}{\lambda+2\mu}\right)-\mathrm{i}\sin\left(\frac{1}{2}\arctan\frac{\eta'\omega}{\lambda+2\mu}\right)\right] \tag{3-7}$$

令

$$k=\left[\frac{\rho^2\omega^4}{(\lambda+2\mu)^2+\eta'^2\omega^2}\right]^{\frac{1}{4}}\cos\left(\frac{1}{2}\arctan\frac{\eta'\omega}{\lambda+2\mu}\right) \tag{3-8}$$

$$\alpha=\left[\frac{\rho^2\omega^4}{(\lambda+2\mu)^2+\eta'^2\omega^2}\right]^{\frac{1}{4}}\sin\left(\frac{1}{2}\arctan\frac{\eta'\omega}{\lambda+2\mu}\right) \tag{3-9}$$

于是有 $K=k-\mathrm{i}\alpha$，将其代入式(3-2)可得

$$\varphi(x,t)=\varphi_0\,\mathrm{e}^{-\alpha x}\cdot\mathrm{e}^{\mathrm{i}(\omega t-kx)} \tag{3-10}$$

式(3-10)就是空间衰减的平面正弦波的函数。这说明平面纵波在黏弹性介质中传播时，振幅随着传播距离的增大呈指数衰减规律。α称为衰减系数，衰减系数α越大，衰

减越快，反之越慢。

平面纵波速度可以表述为

$$v_{\rm p}=\frac{\omega}{k}=\frac{1}{\left[\dfrac{\rho^2}{(\lambda+2\mu)^2+\eta'^2\omega^2}\right]^{\frac{1}{4}}\cos\left(\dfrac{1}{2}\arctan\dfrac{\eta'\omega}{\lambda+2\mu}\right)} \tag{3-11}$$

如果介质的黏滞系数η是与波的频率无关的常数，则对于频率较低的声波而言，应有$\eta'\omega \ll \lambda+2\mu$。根据式(3-9)、式(3-11)可得

$$\alpha\approx\frac{\eta'\omega^2\sqrt{\rho}}{2(\lambda+2\mu)^{\frac{3}{2}}},\quad v_{\rm p}\approx\sqrt{\frac{\lambda+2\mu}{\rho}} \tag{3-12}$$

因此，当频率较低时，声波在黏弹性介质中的衰减系数α与ω^2成正比。

同理，当波的频率很高时，若$\eta'\omega \gg \lambda+2\mu$，则有

$$\alpha\approx\sqrt{\frac{\rho\omega}{\eta'}},\quad v_{\rm p}\approx\sqrt{\frac{2\eta'\omega}{\rho}} \tag{3-13}$$

此时，衰减系数α、波速$v_{\rm p}$均与$\sqrt{\omega}$成正比。

如果$\eta'\omega$处于上述两种情况之间，并且$\eta'\omega=C$，则有

$$\alpha=\left[\frac{\rho^2\omega^4}{(\lambda+2\mu)^2+C^2}\right]^{\frac{1}{4}}\sin\left(\frac{1}{2}\arctan\frac{C}{\lambda+2\mu}\right) \tag{3-14}$$

$$v_{\rm p}=\frac{\omega}{k}=\frac{1}{\left[\dfrac{\rho^2}{(\lambda+2\mu)^2+C^2}\right]^{\frac{1}{4}}\cos\left(\dfrac{1}{2}\arctan\dfrac{C}{\lambda+2\mu}\right)} \tag{3-15}$$

此时，衰减系数α与圆频率ω成正比，而波速$v_{\rm p}$与频率无关。

由上述分析可知，对应不同的圆频率ω值，可得到不同的衰减系数α，即介质的声波衰减系数α是声波信号频率的函数，且衰减系数α随频率增大而迅速增加。声波在岩体中传播时，高频成分逐渐被吸收，主频向低频偏移，对于不同岩体，声波中各频率成分的衰减有差异。

3.2.2　考虑岩体爆破损伤的声波衰减系数

Molina[213]研究了声波传播与岩石内部缺陷之间的关系，但是把岩石本征衰减与岩体裂纹引起的衰减作用混淆起来，无法合理解释包括爆破损伤在内的岩体裂隙对声波衰减的独立作用。为反映岩体中初始缺陷(裂隙、孔洞等)以及爆破损伤引起的声波衰减作用，需将岩石本征衰减[214]与岩体裂纹引起的衰减作用区分开来。为此，设声波衰减系数α由两个相对独立的部分组成，即

$$\alpha = \alpha_0 + \alpha D = \frac{\alpha_0}{1-D} \tag{3-16}$$

式中，α_0为岩石介质的声波衰减系数；D 为岩体损伤，D=0~1。

根据第 2 章的论述，岩体损伤包括两个部分，$D=D_0+\Delta D$，其中 D_0 为初始损伤，对应岩体中的原始缺陷；ΔD 为爆破损伤，对应岩体中的爆生裂纹以及裂纹扩展。

用品质因子 Q 表达的声波衰减形式为

$$Q = \frac{\pi\omega}{v_{\mathrm{m}}\alpha} \tag{3-17}$$

式中，v_{m} 为岩体中的声波传播速度；ω为岩体中声波的圆频率。

由式(3-17)可见，声波衰减系数α与品质因子 Q 成反比。

爆破前，岩体损伤仅为初始损伤，$D=D_0$，此时$\alpha=\alpha_0$。与此对应的品质因子Q取得最大值$Q_{\max}$。当岩体遭受爆破开挖作用时，裂隙数量增加并扩展，品质因子Q下降。爆破损伤引起的 Q 降低量为

$$\Delta Q = Q_0 - Q = Q_0 \cdot \Delta D \tag{3-18}$$

式中，$Q_0 = Q_{\max} = \pi\omega/(v_{\mathrm{m}}\alpha_0)$。

3.3　多次爆破作用下声波波形变化特征与岩体累积损伤效应

在反复爆破载荷作用下，岩体疲劳损伤不断累积，岩体内部的裂纹不断形成和扩展，导致岩体完整性降低，必将影响声波在岩体中的传播，声波示波屏上显示的接收波波形也必然随之发生变化。随着爆破次数的增加，声波波形的变化存在一定规律，可以在某种程度上反映岩体爆破累积损伤效应。

3.3.1　波形随爆破次数增加的变化规律

分别取 4.7 m 孔深处，8–9 剖面和 1–5 剖面的测试波形进行对比分析，以寻求波形随爆破次数增加的变化规律。测试得到的典型岩体声波波形曲线，见图 3-1、图 3-2。从图中可以看出，爆破前岩体声波波形呈现非对称纺锤形。随着爆破次数的增加，岩体损伤不断累积，声波波形随之不断发生变化。与爆破前的波形相比，随着爆破次数的增加，声波波形变得越来越不规则，甚至变得没有明显的规律可言。8–9 剖面的波形变化比 1–5 剖面的波形变化明显一些，是因为 8–9 剖面距离爆源较近，受爆破损伤影响程度较大，爆破损伤严重，岩体中裂纹数量和尺寸大，对声波传播的影响更大。另外，从波形图中还可以看出，随着爆破次数的增加，波的能量不断被吸收，导致波形的声强降低，能量逐渐降低，有的还会出现波峰数增加现象。与爆破前的波形相比，10 次爆破后的波形与之相差较大，但前几次爆破后的声波波形变化程度并不是很大，可将所采集到的波形数据进行相关性分析，进一步了解岩体爆破疲劳损伤累积过程。

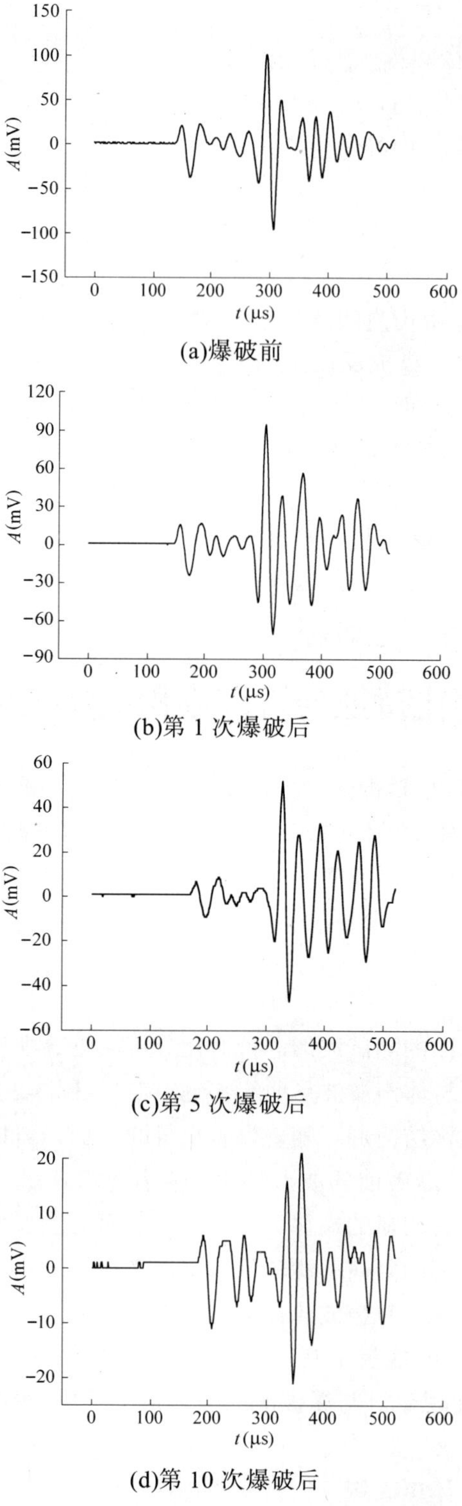

图 3-1　4.7 m 孔深处 8–9 剖面波形图

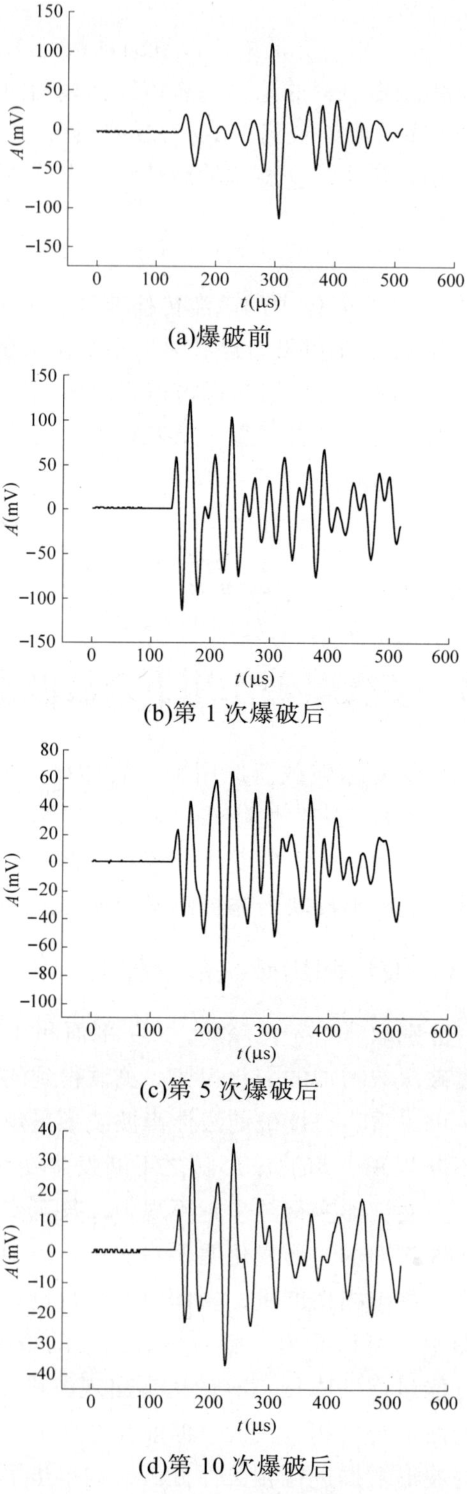

图 3-2　4.7 m 孔深处 1–5 剖面波形图

3.3.2　最大振幅随爆破次数增加的变化规律

分别取 4.7 m 和 4.5 m 孔深处，8–9 剖面、1–5 剖面和 3–6 剖面的声波测试波形进行分析，以寻求声波最大振幅随爆破次数增加的变化规律。分析后所得到的 3 个剖面的声波最大振幅随爆破次数增加的变化曲线，如图 3-3~图 3-5 所示。

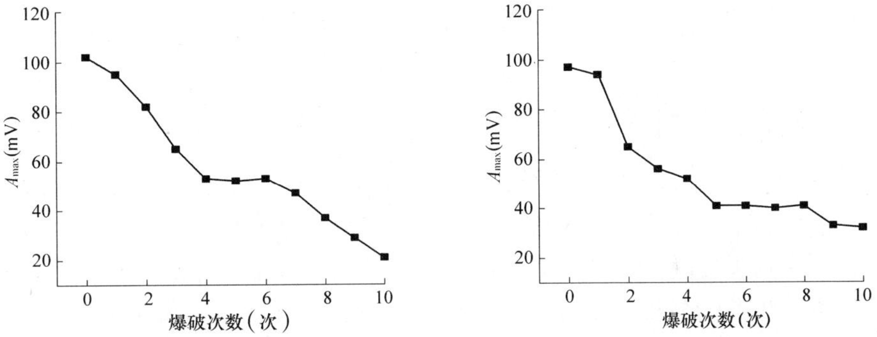

(a)4.7 m 孔深处　　(b)4.5 m 孔深处

图 3-3　8–9 剖面最大振幅随爆破次数增加的变化规律

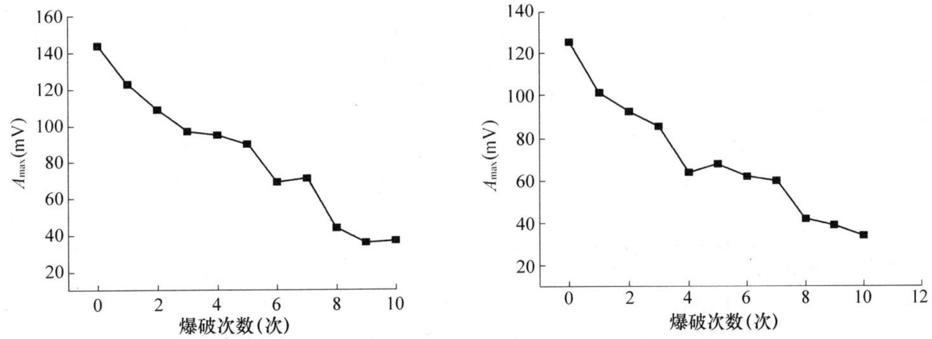

(a)4.7 m 孔深处　　(b)4.5 m 孔深处

图 3-4　1–5 剖面最大振幅随爆破次数增加的变化规律

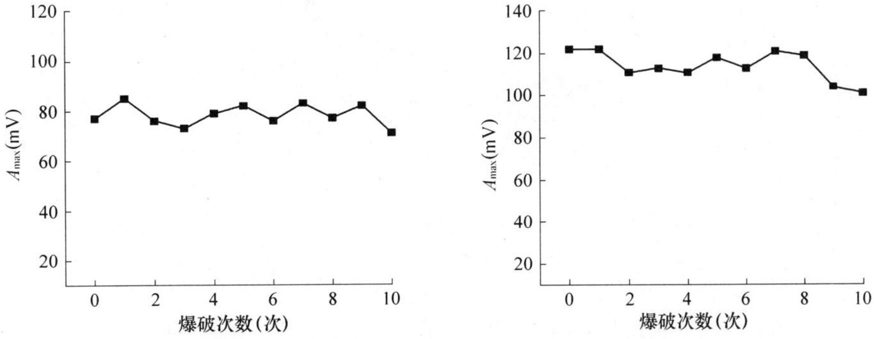

(a)4.7 m 孔深处　　(b)4.5 m 孔深处

图 3-5　3–6 剖面最大振幅随爆破次数增加的变化规律

最大振幅是声波能量的局部反映，其变化情况在一定程度上反映了声波穿过岩体后的变化规律。从图 3-3、图 3-4 中可以看出，声波最大振幅随爆破次数的增加呈明显下降趋势，反映了岩体爆破损伤累积、疲劳裂纹产生和扩展引起的声波能量衰减。而图 3-5 中，声波最大振幅随爆破次数的增加并无明显变化规律，说明 3–6 剖面距爆源较远，几乎没有受到爆破的影响。将最大振幅随爆破次数增加的变化规律与声速随爆破次数增加的变化规律进行对比，不难发现最大振幅对爆破次数的敏感性要强于声速对爆破次数的敏感性。

3.3.3 波形相关性分析

爆破损伤累积的不可逆作用导致岩体内疲劳裂纹产生和扩展，岩体声波测试波形随爆破次数的增加不断发生变化。将现场测试得到的声波波形数据导入 Matlab 7.0 工具软件，对每一次爆破后测试得到的岩体声波波形数据，分别与爆破前测试得到的岩体声波波形数据进行相关性分析，并将所得的相关系数在 Origin 7.0 软件下成图。经过 10 次模拟爆破后，现场测试得到的 4.7 m 和 4.5 m 孔深处 8–9 剖面、1–5 剖面和 3–6 剖面的岩体声波波形相关系数随着爆破次数增加的变化趋势曲线，如图 3-6 ~ 图 3-8 所示。

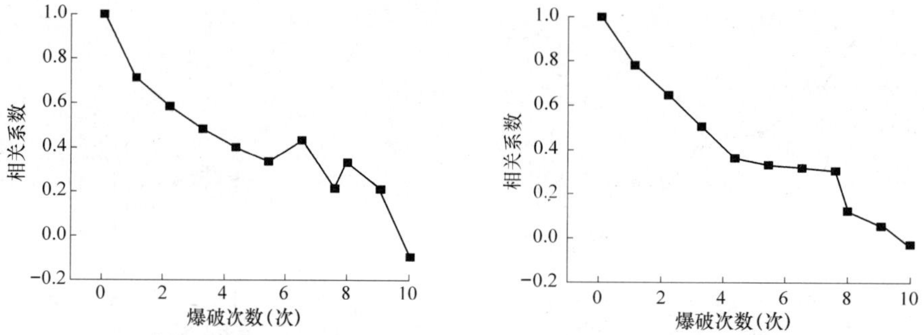

(a)4.7 m 孔深处　　(b)4.5 m 孔深处

图 3-6　8–9 剖面波形相关系数随爆破次数增加的变化规律

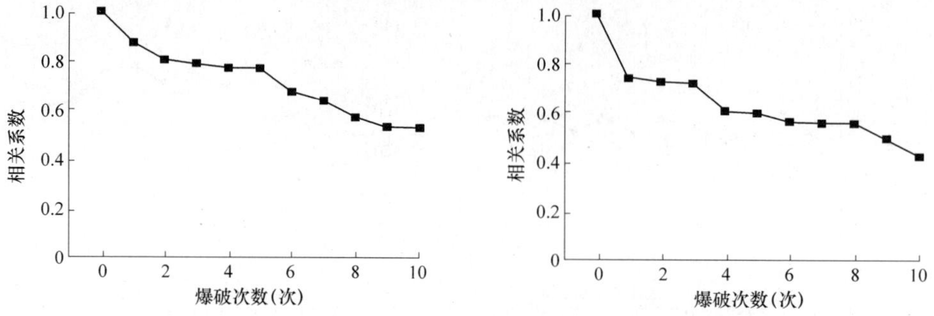

(a)4.7 m 孔深处　　(b)4.5 m 孔深处

图 3-7　1–5 剖面波形相关系数随爆破次数增加的变化规律

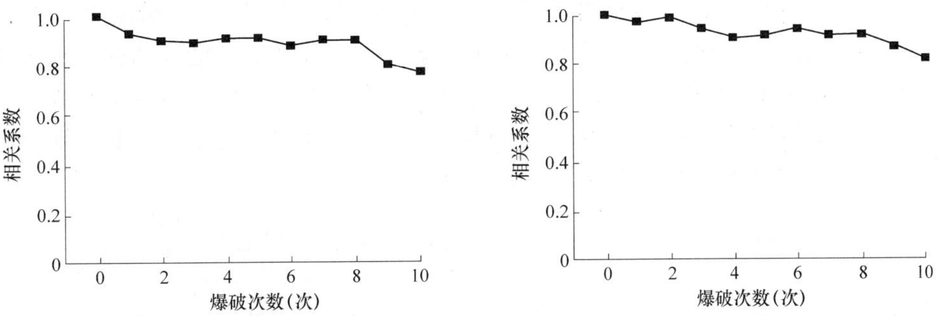

(a)4.7 m 孔深处　　(b)4.5 m 孔深处

图 3-8　3–6 剖面波形相关系数随爆破次数增加的变化规律

从图 3-6、图 3-7 中可以看到，在爆破累积损伤作用下，岩体声波波形相关系数随着爆破次数的增加整体呈下降趋势，相关系数为非线性下降曲线。特别是对于 8–9 剖面，经过 10 次爆破后，声波波形相关系数急剧下降到接近零点的最低点，甚至出现了负值。这是由于爆破损伤累积作用下，岩体内部结构出现大幅度的裂纹等断裂缺陷，从而造成波形相位完全相反。1–5 剖面岩体声波波形相关系数变化虽不如 8–9 剖面剧烈，但 10 次爆破后其波形相关系数也降至 0.5 以下。从图 3-8 中可以看出，3–6 剖面波形相关系数变化趋势平缓，随爆破次数的增加岩体声波波形相关系数变化不大，再次说明 3–6 剖面受爆破损伤影响程度较小，几乎不受爆破损伤的破坏作用。由此可见，岩体声波波形相关系数随着爆破次数的增加呈现出的变化规律与最大振幅基本上是一致的。

3.4　多次爆破作用下声波频谱变化特征与岩体累积损伤效应

3.4.1　声波测试信号的傅里叶(Fourier)分析

对信号进行频谱分析时，傅里叶(Fourier)变换是最常用最普遍的方法。目前，傅里叶变换方法已成功应用于岩石声波测试信号的频谱分析。陈达力[95]等利用自制的测试系统，以傅里叶变换为工具，完成了岩石试件的声谱分析。刘彤等[97]采用全数字化 DB4 型多波参数分析仪和计算机，对声波波形数据进行 FFT 分析，研究了风化花岗岩的频谱特征。简文彬等[98]利用 FFT 方法，对某地下工程围岩声波测试信号进行了频谱分析，通过比较完整岩石和地下工程岩体声波测试信号之间的频谱差异，判断了岩体质量的好坏。赫建明等[215]采用室内模型试验方法测定了爆炸加载前后试件的声波信号，分析得到了声速、波幅及频率的变化规律，计算得到了岩石爆破损伤指标。杨军等[2]进行了岩石冲击损伤超声波实验，利用 FFT 方法，分析了频谱特征与岩石损伤之间的关系。

3.4.1.1　离散快速傅里叶分析(FFT)

对于任意周期信号，可以展开为傅里叶级数形式，即可将波形分解为许多不同频率的正弦和余弦曲线之和。一个复杂的周期运动可以用很多个简谐运动的叠加来表示，这些简谐运动的频率是一组离散的频率。非周期波形不能直接展开成傅里叶级数，其振动频率不是一组离散的频率，岩体声波测试信号即属于此类。对于一个非周期信号，可用傅里叶积分形式来表示。傅里叶积分的复数形式为

$$f(t)=\frac{1}{2\pi}\int_{-\infty}^{\infty}\mathrm{d}\omega\int_{-\infty}^{\infty}f(\tau)\mathrm{e}^{\mathrm{i}\omega(t-\tau)}\,\mathrm{d}\tau \tag{3-19}$$

令 $F(\omega)=\int_{-\infty}^{\infty}f(\tau)\mathrm{e}^{-\mathrm{i}\omega t}\,\mathrm{d}\tau$，称 $F(\omega)$ 为 $f(t)$ 的傅里叶变换，此时式(3-19)可写为

$$f(t)=\frac{1}{2\pi}\int_{-\infty}^{\infty}F(\omega)\mathrm{e}^{\mathrm{i}\omega t}\,\mathrm{d}\omega \tag{3-20}$$

而函数 $F(\omega)$ 一般是复数形式，可表示为

$$F(\omega)=R(\omega)-\mathrm{i}\,X(\omega)=A(\omega)\mathrm{e}^{-\mathrm{i}\varphi(\omega)} \tag{3-21}$$

式中，$R(\omega)$、$X(\omega)$ 分别为傅里叶变换的实部与虚部；$A(\omega)$ 为 $f(t)$ 的傅里叶振幅谱；$\varphi(\omega)$ 为相位谱；$A^2(\omega)$ 为能量谱。

由式(3-21)，可将函数 $F(\omega)$ 改写为

$$f(\omega)=\int_{-\infty}^{\infty}f(\tau)(\cos\omega\tau-\mathrm{i}\sin\omega\tau)\mathrm{d}\tau \tag{3-22}$$

将式(3-21)与式(3-22)进行比较，可得

$$R(\omega)=\int_{-\infty}^{\infty}f(\tau)\cos\omega\tau\,\mathrm{d}\tau \tag{3-23}$$

$$X(\omega)=\int_{-\infty}^{\infty}f(\tau)\sin\omega\tau\,\mathrm{d}\tau \tag{3-24}$$

$$A(\omega)=\sqrt{[R(\omega)]^2+[X(\omega)]^2} \tag{3-25}$$

$$\varphi(\omega)=\arctan\left[-\frac{X(\omega)}{R(\omega)}\right] \tag{3-26}$$

傅里叶分析方法就是建立在傅里叶级数和傅里叶积分这两种计算方法基础之上的，傅里叶级数和傅里叶积分可广义地统称为傅里叶变换。

对于已知的一些函数，可通过傅里叶级数和积分给出解析解，但对于实测的声波波形记录曲线，一般不能写出精确的数学函数关系式。实际上，声波测试信号是离散数字信号，是一系列的离散数值序列 $\{X_0,X_1,X_2,\cdots,X_n\}$，对此有限的离散数值序列 $\{X_n\}$ 进行傅里叶变换，称为有限离散傅里叶变换(DFT)。

设样本(即一个记录的波形)长度为 T，采样间隔Δt，采样点数为 N(N 一般取偶数)，设 N=16，则 N 个采样点的数值构成离散值序列

$$\{X_m = x(m\Delta t)\ (m = 0,1,2,\cdots,N-1)\} \tag{3-27}$$

m 号采样点处的时刻 $t_k = m\Delta t$，该时刻的数据为 $X_m = x(m\Delta t)$，于是就可得到在区间$[0,T]$内 $x(t)$的有限傅里叶级数

$$x(t) = \frac{a_0}{2} + \sum_{k=1}^{N/2} a_k \cos\frac{2km\pi}{N}t + \sum_{k=1}^{N/2-1} b_k \sin\frac{2km\pi}{N}t \tag{3-28}$$

式中，傅里叶系数 a_k、b_k 分别为

$$\left.\begin{aligned} a_k &= \frac{2}{N}\sum_{m=0}^{N-1} x_m \cos\frac{2km\pi}{N} \\ b_k &= \frac{2}{N}\sum_{m=0}^{N-1} x_m \sin\frac{2km\pi}{N} \end{aligned}\right\} \tag{3-29}$$

式中，与 a_k 对应的 $k = 0,1,2,\cdots,N/2$；与 b_k 对应的 $k = 0,1,2,\cdots,N/2-1$。

离散傅里叶变换方法解决了在计算机上实现傅里叶变换的问题，但运算量很大，特别是在计算点数较多时，更为突出。如不能解决快速算法，DFT 仍然是不实用的。1965 年柯立(Cooley J W)和杜开(Tukey)提出了 DFT 的快速算法，并编制了相应的计算程序，后来称之为快速傅里叶变换(FFT)。它不是一种新的变换理论，而是计算有限傅里叶变换 $x(t)$的快速方法。

3.4.1.2　基于 FFT 方法岩体声波测试信号的频谱特性分析

爆破动载荷反复作用下，裂纹数量不断增加，原始裂纹和爆生裂纹之间互相贯通，形成规模较大的主裂缝。当岩体变形达到破坏极限时，总体破坏，失去承载能力。研究表明：岩体应力和变形达到极限程度之前，岩体损伤程度、疲劳裂纹扩展和增加与爆破动应力大小、作用次数以及岩体特性等因素有关。因此，要研究岩体声学特性与爆破损伤及其累积过程之间的关系，不仅要在时域内分析岩体声速变化规律、波形参数变化规律与爆破损伤及其累积过程之间的关系，还必须从频域内着手，分析主频、最大振幅等岩体声学参数随爆破次数增加的变化特性，以便更好地描述岩体爆破累积损伤效应。

根据前述内容可知，声波脉冲穿过岩体时，由于岩体介质的非均质性和各向异性特点，接收到的声波能量发生衰减，声波频谱曲线发生畸变。随着爆破次数的不断增加，岩体中裂纹数量逐渐增加，裂纹规模不断增大，岩体声波发生反射、折射和散射的次数亦随之增加，从而导致声波传播路径逐渐延长，声速降低，声波能量衰减程度亦不断增加；由于爆炸应力波的反复作用，岩体损伤程度加剧，完整性降低。岩体裂纹等结构面起到低通滤波器作用，声波中的高频成分逐渐被吸收，低频成分所占比例增加，主频向低频方向偏移，频谱曲线畸变程度增加。爆破前后，岩体声波频谱变化典型曲线如图 3-9 和图 3-10 所示。10 次爆破后声波测试信号主频及最大振幅变化规律见表 3-1、表 3-2。

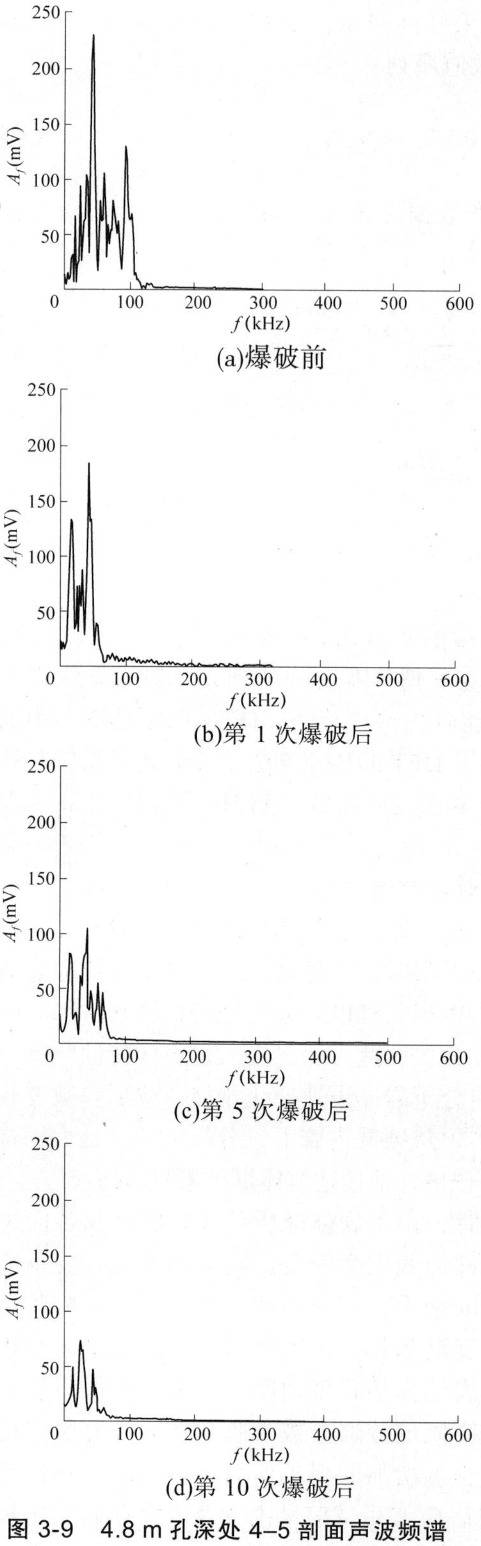

图 3-9　4.8 m 孔深处 4–5 剖面声波频谱

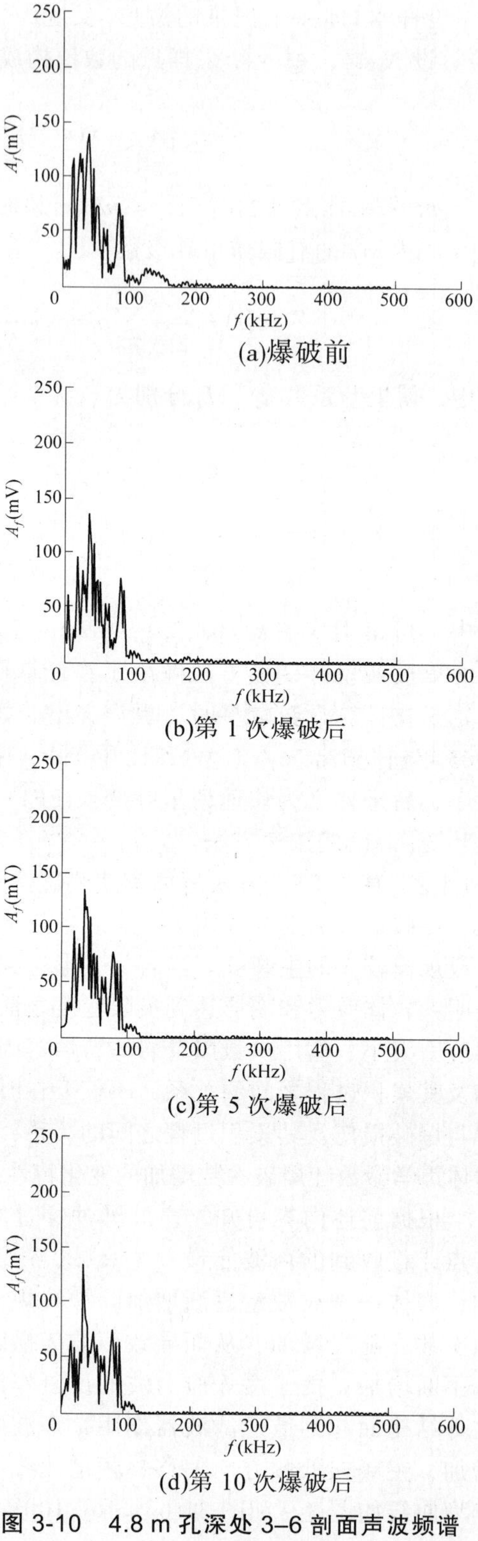

图 3-10　4.8 m 孔深处 3–6 剖面声波频谱

表 3-1　10 次爆破后声波测试信号主频变化规律表

剖面编号	孔深(m)	声波主频(kHz)										
		爆破前	第 1 次	第 2 次	第 3 次	第 4 次	第 5 次	第 6 次	第 7 次	第 8 次	第 9 次	第 10 次
4–5	4.8	43.496	42.871	42.109	41.732	42.159	41.993	39.886	37.290	34.383	28.561	23.362
	4.6	43.187	43.672	42.953	42.497	41.564	40.892	39.086	38.325	35.043	29.921	24.059
	4.4	44.211	43.582	43.134	41.286	40.102	40.331	38.964	38.643	36.115	28.871	25.137
8–9	4.8	47.109	48.156	46.503	43.763	42.625	41.354	40.687	38.496	36.168	30.746	25.875
	4.6	48.314	49.917	47.472	43.689	42.591	41.276	41.960	40.762	38.593	32.129	27.364
	4.4	48.659	50.854	49.523	46.216	43.645	41.993	40.338	38.793	37.193	32.927	28.464
1–5	4.8	31.203	30.250	29.391	29.387	29.423	29.286	28.964	28.537	28.195	26.356	24.671
	4.6	31.815	31.351	31.021	30.387	30.123	29.862	29.259	28.946	28.524	27.028	25.157
	4.4	31.028	30.216	30.023	30.562	30.241	29.473	28.579	29.017	28.945	26.243	24.882
1–5	4.8	37.616	36.841	37.012	36.251	36.367	35.947	36.159	35.741	35.248	33.852	32.468
	4.6	37.896	36.429	38.226	37.354	36.863	36.275	35.081	36.136	35.584	34.138	33.612
	4.4	38.043	37.631	38.136	37.875	37.364	37.212	37.786	36.419	36.052	33.943	32.817
3–5	4.8	35.156	35.641	36.125	35.952	35.643	35.313	35.313	35.426	35.052	34.328	35.011
	4.6	35.017	35.516	34.411	36.317	35.874	35.385	35.179	34.864	34.652	34.124	34.918
	4.4	35.754	36.256	36.418	36.219	35.812	36.423	37.014	36.905	36.231	35.187	34.918

表 3-2　10 次爆破后声波测试信号频域内最大振幅变化规律表

剖面编号	孔深(m)	频域内最大振幅(mV)										
		爆破前	第 1 次	第 2 次	第 3 次	第 4 次	第 5 次	第 6 次	第 7 次	第 8 次	第 9 次	第 10 次
4–5	4.8	230.074 4	184.333 3	133.724 4	129.693 6	125.994 5	103.763 1	101.635 2	94.347 88	89.845 41	80.922 91	80.922 91
	4.6	185.604 5	160.185 8	141.527 7	136.197 1	131.479 7	129.780 2	128.278	122.734 8	121.413 2	112.909 4	92.188 28
	4.4	208.205 7	183.190 4	155.528 9	150.361 2	146.478 2	133.796 8	125.121 3	109.851 2	104.082 3	86.346 36	64.686 78
8–9	4.8	204.641 1	169.410 2	163.222 7	151.784	145.259 2	123.936 5	123.046 6	117.400 2	112.195 7	86.602 3	72.736 26
	4.6	204.641	174.125	154.598 3	153.285 7	130.842 6	120.303 2	117.672 1	110.070 9	92.272 8	75.865 48	70.038 28
	4.4	231.620 8	227.177 6	206.893 1	182.666 8	167.220 8	163.220 6	152.293 7	114.101 1	107.111 0	84.062 43	72.403 80
1–5	4.8	203.257 5	195.720 2	184.648 3	173.702 5	160.449 1	142.741	137.346 7	124.397 8	121.971 9	108.592 5	93.834 7
	4.6	198.088 8	184.091 2	182.081 6	172.272 3	165.076 6	163.756 5	157.907	137.965 7	123.883 3	114.510 1	96.705 67
	4.4	201.880 3	198.379 8	182.959 1	175.348 2	165.931 3	154.328 5	149.226 9	139.603 9	132.859 1	101.494 3	94.153 44
1–6	4.8	214.608 9	208.341 3	199.225 1	191.965 3	187.973 1	181.265 6	176.201 9	172.914 8	168.525 3	151.494 3	134.153 4
	4.6	185.082	183.630 6	177.554 4	171.761 9	167.734 2	163.541 8	156.250 8	152.761 9	148.266 6	133.855 6	118.593 2
	4.4	162.173	160.931 7	155.339 8	153.475 8	147.985 6	144.000 5	138.862 6	132.273 1	128.798 2	106.976 8	95.285 2
3–6	4.8	139.360	135.208	136.223 9	138.980 1	137.717 3	133.801 8	136.453 9	139.469 2	132.534 4	139.564 6	136.285 2
	4.6	160.041 2	159.097 1	161.261 3	156.138 9	153.245 2	157.885 1	163.601 9	162.680 6	158.878 3	156.273 8	157.669 2
	4.4	154.801 8	153.541 4	155.178 9	151.716 8	153.462 8	154.097 7	152.878 3	156.661 8	154.794 2	151.978 8	152.547 5

从图 3-9、图 3-10 和表 3-1、表 3-2 中可看出，爆破前后剖面 4–5、8–9 的频谱曲线有明显变化，并且随着爆破次数的增加，主频和频域内最大振幅逐渐变小，能量逐渐被吸收。爆破前，4.8 m 孔深处剖面 4–5 的声波主频为 43.496 kHz，频域内最大振幅为 230.074 mV；经过 10 次模拟爆破后，其主频变为 23.362 kHz，频域最大振幅为 80.923 mV；爆破前后，剖面 1–5、1–6 的频谱曲线也呈现出类似的变化规律，但声波主频和频域内最大振幅的变化程度有所减轻，这与岩体各向异性和爆心距的大小有关。距离爆源越远，岩体损伤程度越轻，声波频谱参数受到的影响越小，与爆破前相比变化程度越小。同时，由于岩体存在各向异性，爆破前剖面 4–5、8–9 与剖面 1–5、1–6、3–6 的声波主频有所差异，例如，爆破前 4.8 m 孔深处剖面 4–5 的声波主频为 43.496 kHz，而爆破前 4.8 m 孔深处剖面 1–5 的声波主频仅为 31.203 kHz。爆破前后以及随着爆破次数的增加，剖面 3–6 的频谱曲线几乎没有发生变化，这主要是由于剖面 3–6 与爆源之间的距离较大，岩体基本上没有受到爆破的影响。距离爆源较近的岩体，之所以声波测试频谱曲线会发生上述变化，主要原因是爆破作用下，随着爆破次数的增加，岩体中的裂隙不断扩展、贯通，声波传播过程中由于发生折射、散射现象，能量不断耗散或被吸收，声波幅值不断减小；对于声波传播而言，由于爆生裂纹以及初始损伤扩展形成的结构面具有低通滤波特性，高频成分被大量吸收，频谱成分亦发生变化，频率中以低频成分为主，主频向低频方向偏移。

10 次模拟爆破后，通过傅里叶变换得到岩体声波测试信号的主频 f_0、频域内最大振幅 $A_{f,\max}$(又称主频幅值)，其具体值见表 3-1 和表 3-2。对其进行归一化处理，$\overline{f_0} = f_{0,i} / f_{0,0}$ ($i = 0,1,2,\cdots,10$)，其中 $f_{0,i}$ 为第 i 次爆破后的声波主频，$f_{0,0}$ 为爆破前的声波主频。$\overline{A}_{f,\max} = A^i_{f,\max} / A^0_{f,\max}$ ($i = 0,1,2,\cdots,10$)，其中 $A^i_{f,\max}$ 为第 i 次爆破后的声波频域内最大振幅，$A^0_{f,\max}$ 为爆破前的声波频域内最大振幅。$\overline{n} = i / N$ ($i = 0,1,2,\cdots,10$)，其中 N 为总爆破次数。经归一化处理后，可得 $\overline{f_0} \sim \overline{n}$，$\overline{A}_{f,\max} \sim \overline{n}$ 关系曲线，如图 3-11~图 3-26 所示。

从图 3-11~图 3-26 中可以看出，随着爆破次数的增加，剖面 4–5、8–9、1–5、1–6 的声波主频比和频域内最大振幅比均呈非线性降低趋势。随着爆心距的增大，这种降低趋势逐渐减弱。对于剖面 3–6，其声波主频比变化曲线和频域内最大振幅比变化曲线接近水平直线，几乎没有发生变化。尽管声波主频和频域内最大振幅只能反映声波测试信号频谱特性变化的局部特征，但二者对爆破次数的灵敏程度不同。随着爆破次数的增加，频域内最大振幅比的降低程度大于同等条件下的声波主频比。从图 3-11~图 3-26 中可以看出，频域内最大振幅比的最小值小于 0.40，而声波主频比的最小值大于 0.40。对比图 3-15、图 3-16 和图 3-23、图 3-24，可以看到剖面 1–5 的频域内最大振幅比降低程度明显大于声波主频比降低程度。

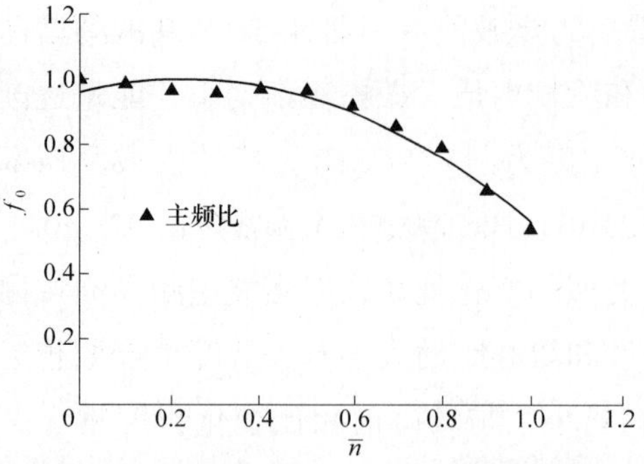

图 3-11　4.8 m 孔深处 4–5 剖面声波主频比变化

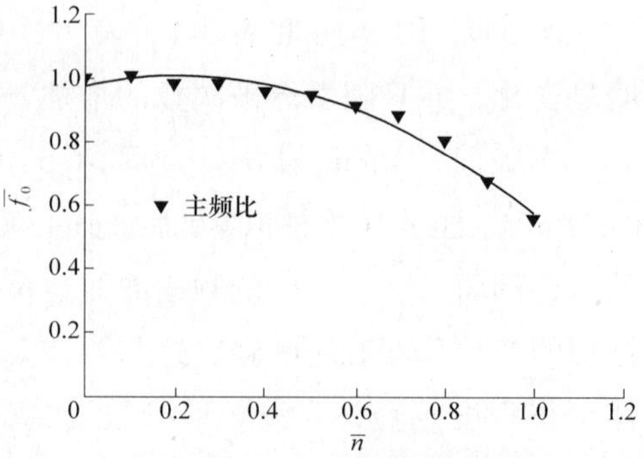

图 3-12　4.6 m 孔深处 4–5 剖面声波主频比变化

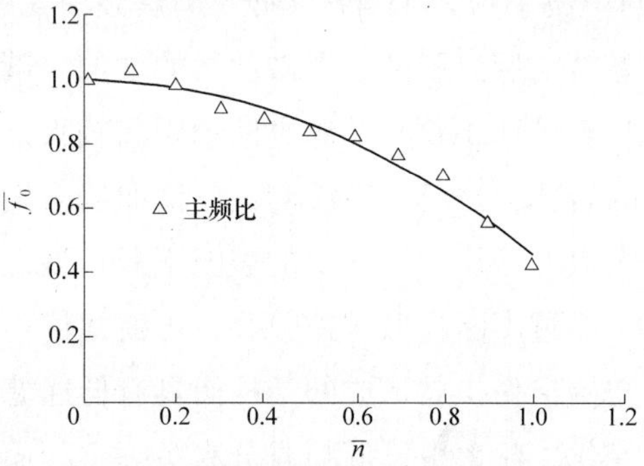

图 3-13　4.8 m 孔深处 8–9 剖面声波主频比变化

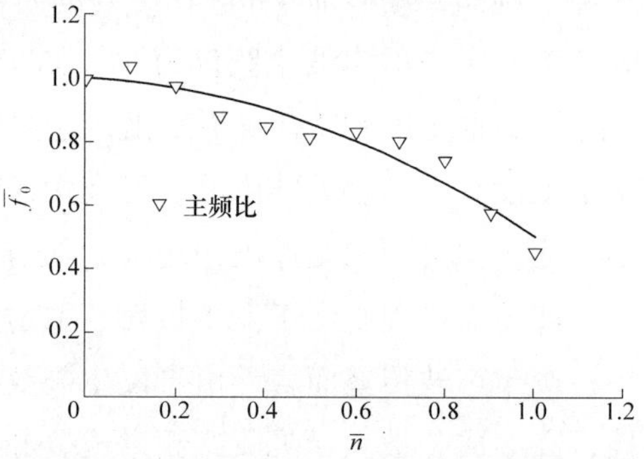

图 3-14　4.6 m 孔深处 8–9 剖面声波主频比变化

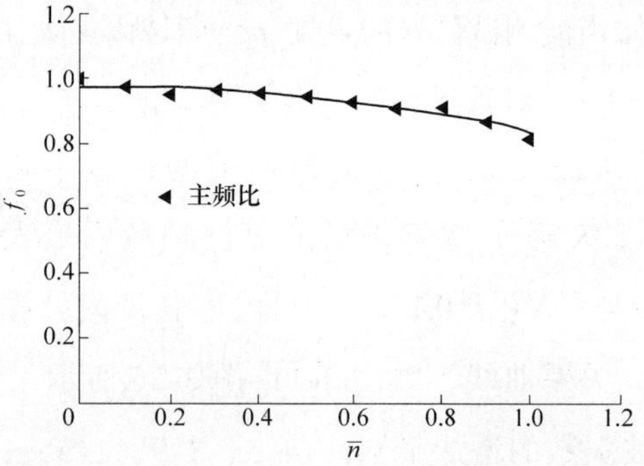

图 3-15　4.8 m 孔深处 1–5 剖面声波主频比变化

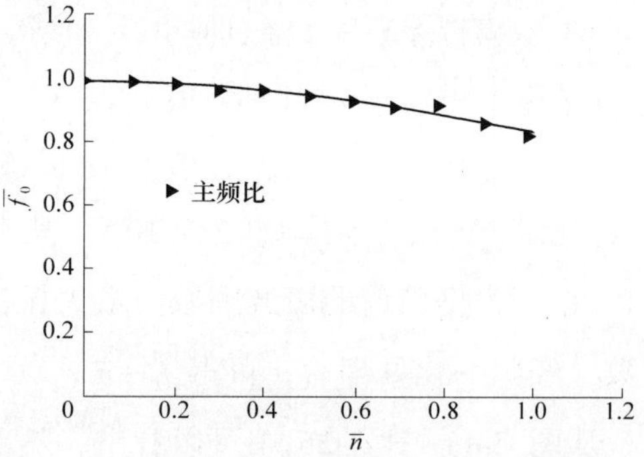

图 3-16　4.6 m 孔深处 1–5 剖面声波主频比变化

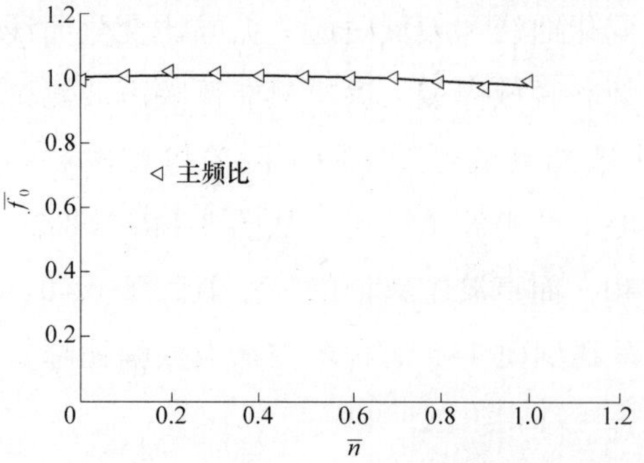

图 3-17　4.8 m 孔深处 3–6 剖面声波主频比变化

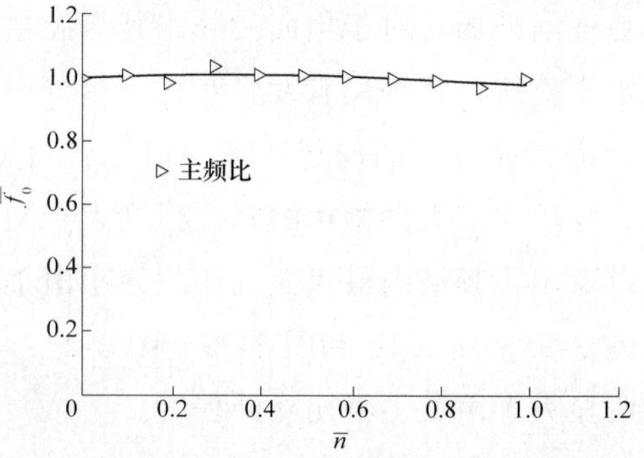

图 3-18　4.6 m 孔深处 3–6 剖面声波主频比变化

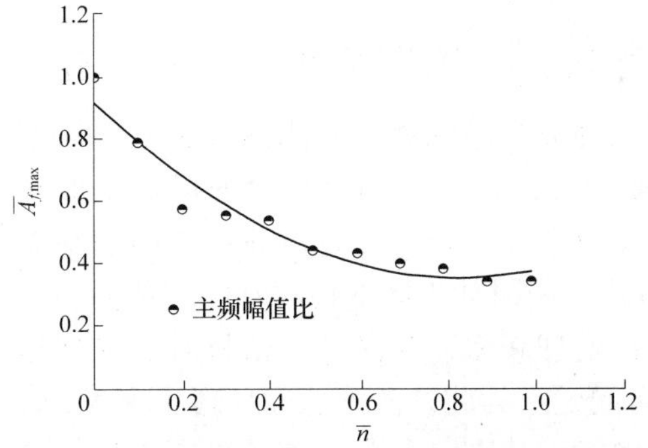

图 3-19　4.8 m 孔深处 4–5 剖面主频幅值比变化

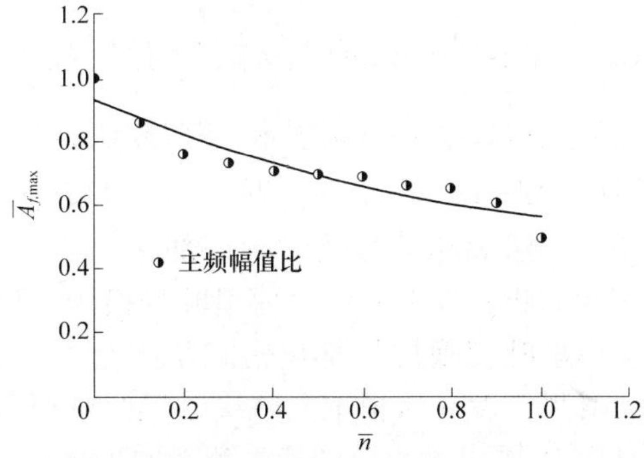

图 3-20　4.6 m 孔深处 4–5 剖面主频幅值比变化

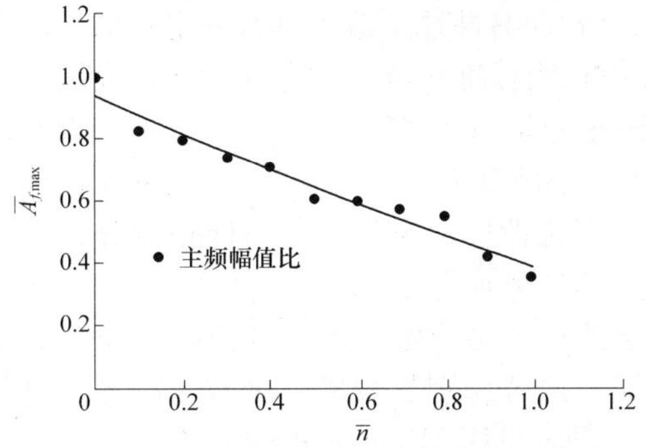

图 3-21　4.8 m 孔深处 8–9 剖面主频幅值比变化

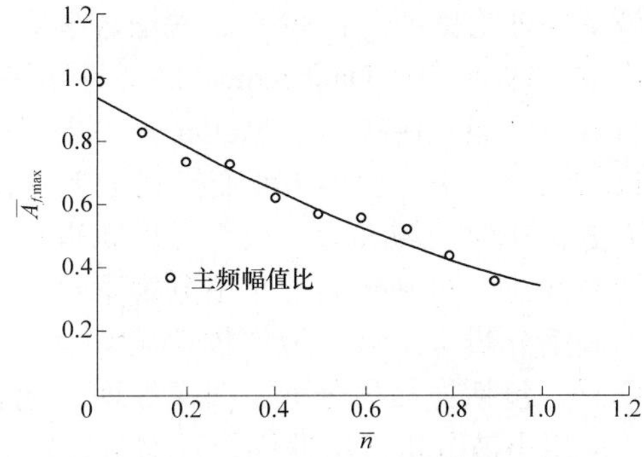

图 3-22　4.6 m 孔深处 8–9 剖面主频幅值比变化

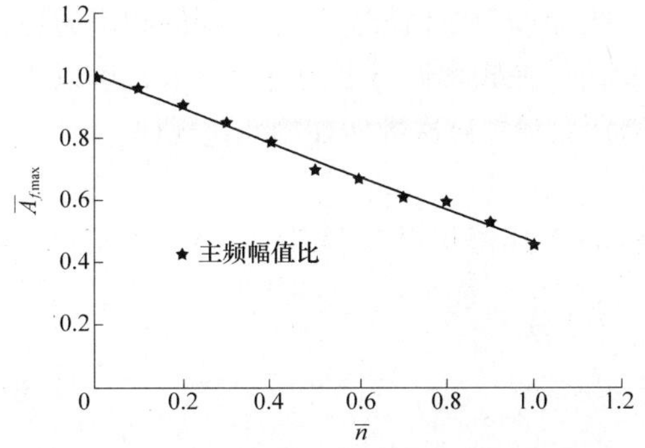

图 3-23　4.8 m 孔深处 1–5 剖面主频幅值比变化

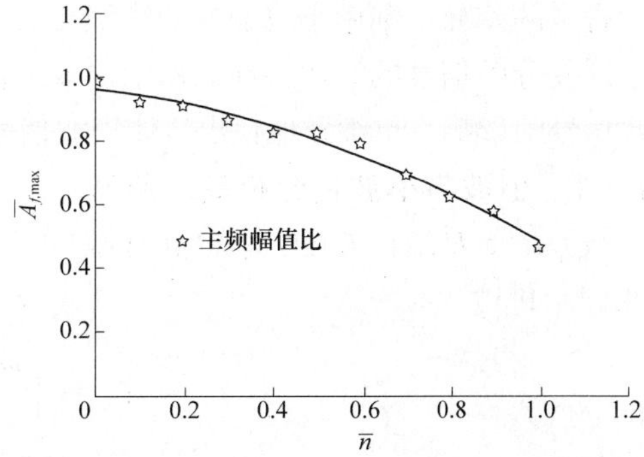

图 3-24　4.6 m 孔深处 1–5 剖面主频幅值比变化

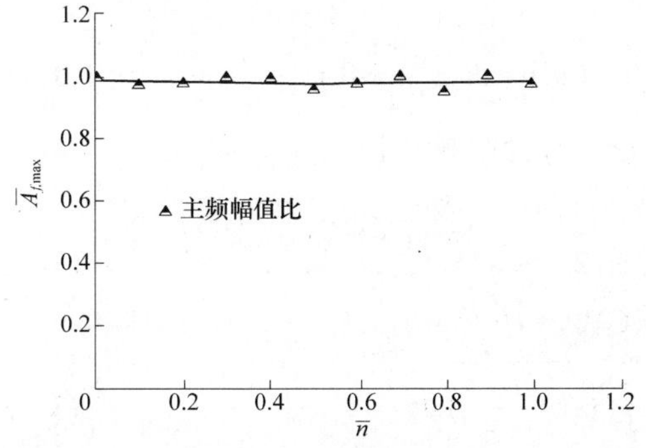

图 3-25　4.8 m 孔深处 3–6 剖面主频幅值比变化

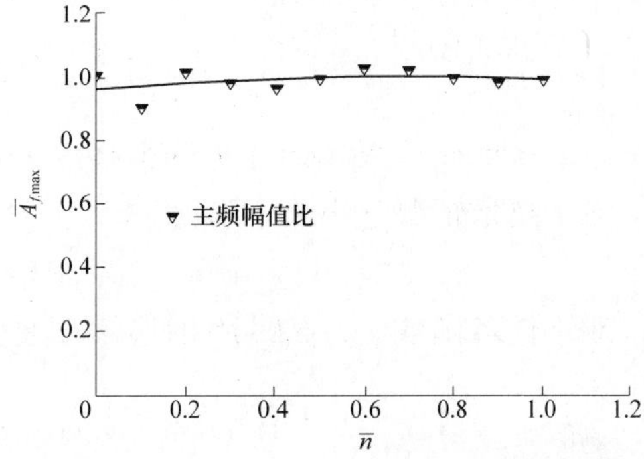

图 3-26　4.6 m 孔深处 3–6 剖面主频幅值比变化

3.4.2 不同频带的声波信号能量变化规律——小波(包)分析

长期以来，傅里叶分析一直被认为是最完美的数学理论和最实用的方法之一。但是傅里叶变换是一种全局变换，获得的 $F(\omega)$ 仅能确定出信号 $f(t)$ 在整个时间域上的频率特征，无法表达信号的时频局部化性质，特别是对于非平稳信号难以获得希望的结果。1946 年 Gabor D 引入窗口傅里叶变换(WFT)，也称为短时傅里叶变换(STFT)。然而，由于加窗傅里叶变换的局部化格式是固定不变的，在处理频率变化激烈的信号时，受到相当大的限制，没有从根本上解决傅里叶分析的固有问题。为此，法国地球物理学家 Morlet J 于 1984 年提出了小波变换的概念[216]，将各种交织在一起的不同频率组成的混合信号分解成不同频率的块信号。其后，理论物理学家 Grossman A[217]采用平移和伸缩不变性建立了小波变换理论体系。1985 年，法国数学家 Meyer Y 创造性地构造了具有一定衰减性的光滑小波。1988 年，Daubechies I [218]证明了紧支撑正交标准小波基的存在性，使离散小波分析成为可能。1989 年，Mallat S 提出了多分辨率分析概念[219]，特别是提出了二进小波变换的快速算法，使得小波变换完全走向实用化。小波变换采用改变时间–频率窗口形状的方法，在时间域和频率域都可以获得很好的局部化性质：对信号中的低频成分，采用宽的时间窗，得到较高的频率分辨率：对信号中的高频成分，采用窄的时间窗，得到较低的频率分辨率，被誉为“数学显微镜”。由于这种自适应性，小波变换的应用领域十分广泛，包括：信号分析、图像处理、地震勘探、语音识别与合成、爆破地震等。近年来，应用小波分析方法进行岩石(体)声波测试信号处理已引起了广泛的重视[99]。

声波脉冲穿过岩体后，接收信号在时域上表现为一定程度的畸变，在频域上表现为不同频段含量的差异。利用小波变换的频域带通特性，把原始声波信号分解为不同的频率通道，考察这些分解信号的时频特性，从中提取表征原始信号在频率通道下的特征参数，可以避开干扰信号的影响，更细致地找出岩体声波信号频谱参数随爆破次数增加的变化规律。

3.4.2.1 小波与小波包分析基本原理

设 $\psi(t)\in L^2(R)$ ($L^2(R)$ 为能量有限的信号空间)，其傅里叶变换为 $\hat{\psi}(w)$ 。当 $\hat{\psi}(w)$ 满足允许条件[220]

$$C_\psi=\int_R\frac{\left|\hat{\psi}(w)\right|^2}{|w|}\mathrm{d}w<\infty \tag{3-30}$$

时，满足式(3-30)的 $\psi(t)$ 称为母小波函数或基本小波函数，$\psi(t)$ 通过平移和缩放衍生出一个小波序列

$$\psi_{a,b}(t)=|a|^{-\frac{1}{2}}\psi(\frac{t-b}{a})\qquad(a,b\in R\text{；}\ a\neq 0) \tag{3-31}$$

式中，a 为伸缩(尺度)因子；b 为平移因子。称 $\psi_{a,b}(t)$ 为分析小波。

对于离散情况，小波序列为

$$\psi_{j,k}(t)=2^{-j/2}\psi(2^{-j}t-k) \tag{3-32}$$

对于任意函数 $f(t)\in L^2(R)$ 的连续小波变换(CWT)为[220]

$$\mathrm{CWT}_{a,b}=\langle f,\psi_{a,b}\rangle=|a|^{-\frac{1}{2}}\int_R f(t)\overline{\psi(\frac{t-b}{a})}\,\mathrm{d}t \tag{3-33}$$

式中，$\langle f,\psi_{a,b}\rangle$ 表示 $f(t)$ 与 $\psi_{a,b}$ 之内积，$\overline{\psi(\frac{t-b}{a})}$ 为 $\psi(\frac{t-b}{a})$ 的共轭函数。

连续小波(或分析小波)不仅具有良好的局部化特征，而且具有伸缩的优点，有利于岩体声波测试信号等非平稳信号的分析和处理。

在信号处理的实际应用中，特别是在计算机上实现小波变换时，必须对连续的尺度参数 a 和连续的平移参数 b 进行离散化，即取 $a=a_0^j$，$b=ka_0^jb_0$，其中 $j\in Z$，扩展步长 $a_0>1$，则对应的离散小波函数 $\psi_{j,k}(t)$ 可写作

$$\psi_{j,k}(t)=a_0^{-j/2}\psi(\frac{t-ka_0^jb_0}{a_0^j})=a_0^{-j/2}\psi(a_0^{-j}t-kb_0) \tag{3-34}$$

而相应的离散化小波变换系数可表示为

$$C_{j,k}=\int_{-\infty}^{\infty}f(t)\overline{\psi_{j,k}(t)}\mathrm{d}t=\langle f,\psi_{j,k}\rangle \tag{3-35}$$

在离散小波变换中，常用的是二进小波变换，其定义为

$$W_{2^j}f(k)=\langle f(t),\psi_{2^j}(k)\rangle=\frac{1}{2^j}\int_R f(t)\overline{\psi(2^{-j}t-k)}\,\mathrm{d}t \tag{3-36}$$

在多分辨分析(MRA)理论中，$V_{j-1}=V_j\oplus W_j$，W_j 是 V_j 的正交补空间，并且任何实测的能量有限信号 $S(t)$的分辨率上限可以规范化为 1。信号 $S(t)$在 V_j 空间的正交投影 $D_jS(t)$，称为 $S(t)$在分辨率为 j 时的细节部分。显然

$$A_{j-1}S(t)=A_jS(t)+D_jS(t) \tag{3-37}$$

式中，$A_jS(t)$ 为 $S(t)$ 在分辨率为 j 时的近似部分。

根据式(3-37)，在某一分解水平 j 上的函数 $S_j(t)$ 可以表示为

$$S_j(t)=S_{j+1}(t)+D_{j+1}(t) \tag{3-38}$$

由式(3-36)可以看出，实际应用中进行小波变换时，尺度 a 是按二进制离散的($a=2^j$)，即信号的频带是按指数等间隔划分的。若设被分析信号的最低频率为0，最高频率为 w(即信号频带为 $[0,w]$)，则其经一层分解后被分成两个信号，这两个信号的频带宽分别为 $[0,w/2]$ 和 $[w/2,w]$，每个部分都经过一次减点抽样；再下一层的小波分解则是对频率成分 $[0,w/2]$ 进一步分解，又得到两个子信号，其频带分别为 $[0,w/2^2]$ 与 $[w/2^2,w/2]$，如此类推，分解 N 次即可得到第 N 层(尺度 N)的小波分解结果。

关于多分辨分析的理解，这里以一个三层的分解进行说明，其小波分解树结构，如图 3-27 所示。

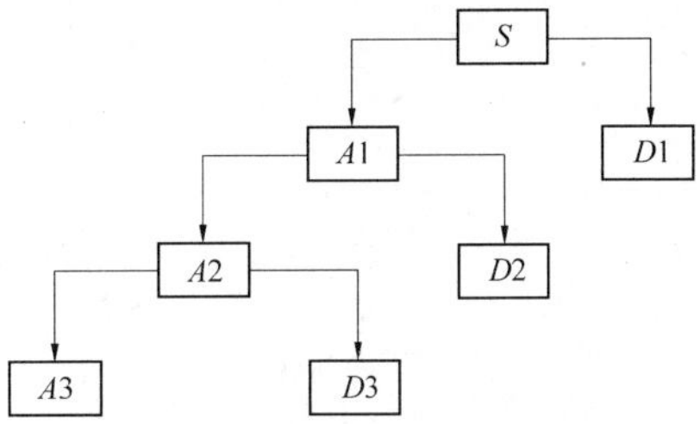

图 3-27　三层多分辨分析树结构图

从图 3-27 可以明显地看出，多分辨分析只是对低频部分进行进一步分解，而高频部分则不予考虑。分解具有如下关系

$$S = A3 + D3 + D2 + D1 \tag{3-39}$$

另外强调一点，这里只是以一个三层分解进行说明，如果要进行进一步分解，则可以把低频部分 $A3$ 分解成低频部分 $A4$ 和高频部分 $D4$，以下再分解依次类推。

由于小波分析结果在高频段其频率分辨率较差，而在低频段的时间分辨率较差。为解决这一问题，又发展了小波包分析技术。小波包的概念是由 Wickerhauser M V 和 Coifman R R 等在小波变换的基础上进一步提出来的，并从数学上作了比较严密的推导[221]。其基本思想是对小波分析没有分解的高频部分也同样分解为高频、低频两部分，依次类推进行多层次划分。关于小波包的基本原理，在此不再赘述，可参考本书参考文献[220]、[221]。仅以三层为例，说明小波包分解结构，如图 3-28 所示。从小波包树的结构可以看出，每一个小波包树的二叉子树都对应着最初的子空间。对一个能量有限的信号，小波包可以利用各个子频带上的信息提供一种特定的信号编码和重构信号的方法。对于给定的声波测试信号，如进行 n 层小波包分解，则在该层分解中可以得到 $j = 2^n$ 个子频率带，并可以由这些等宽的子频带完全重构原信号。若该信号的最低频率为 0，最高频率为 w(即信号频带为[0，w])，则每个子频带宽为 $w/2^n$。同样，我们可以通过考察各个子频带的细节情况来分析原始信号的不同频率成分所包含的特点，如各频率成分的能量分布情况、主频带位置等。

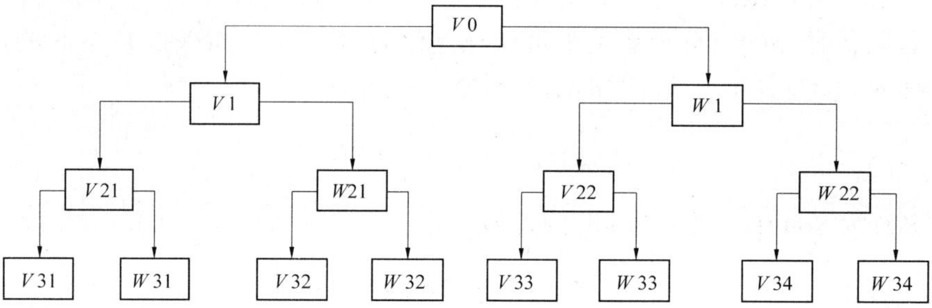

图 3-28　三层小波包分解结构图

3.4.2.2　基于小波分析的岩体声波测试信号的频谱特性分析

1. 声波信号在不同尺度下的小波分量及其频谱特征

以爆破前后 4.5 m 孔深处 8–9 剖面的声波测试信号为例，进行小波变换分析。分解时采用“Db7”小波函数，分解尺度为 6(2^{-1}~2^{-6})。图 3-29、图 3-30 分别为爆破前和 10 次爆破后声波测试信号分解后的小波分量及其相应的功率谱。

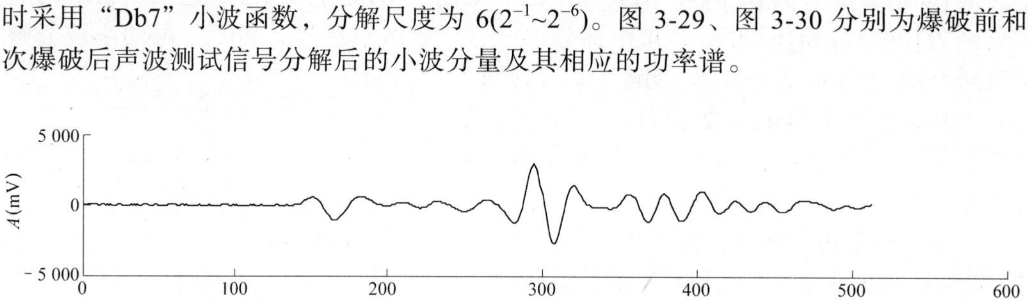

(a)原始信号

图 3-29　爆破前 4.5 m 孔深处 8–9 剖面声波测试信号小波变换的细节部分及其功率谱

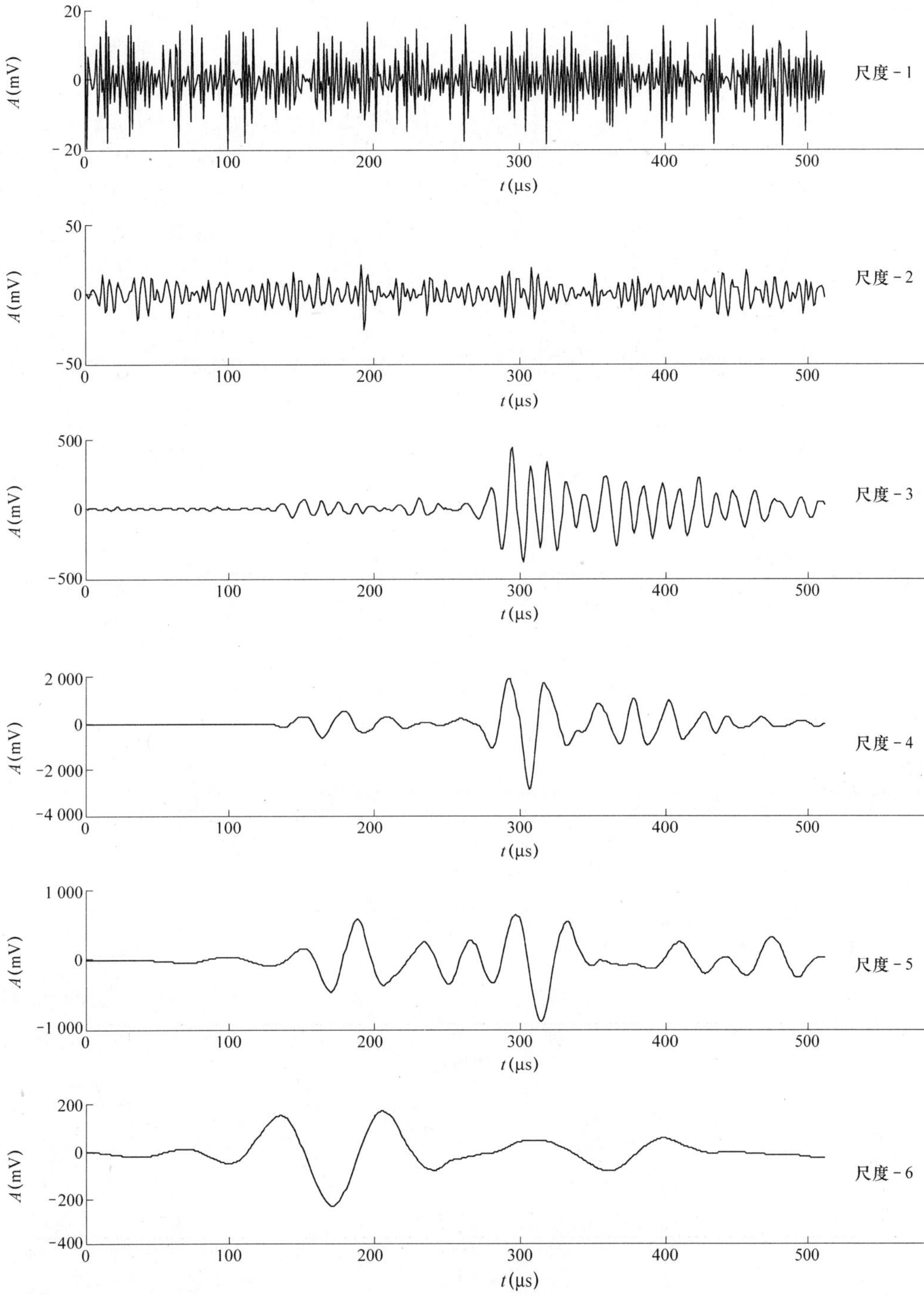
20
0
-20
A(mV)
尺度-1
0
100
200
300
400
500
600
t(μs)
50
0
-50
A(mV)
尺度-2
500
0
-500
A(mV)
尺度-3
2 000
0
-2 000
-4 000
A(mV)
尺度-4
1 000
0
-1 000
A(mV)
尺度-5
200
0
-200
-400
A(mV)
尺度-6

(b)小波分量

续图 3-29

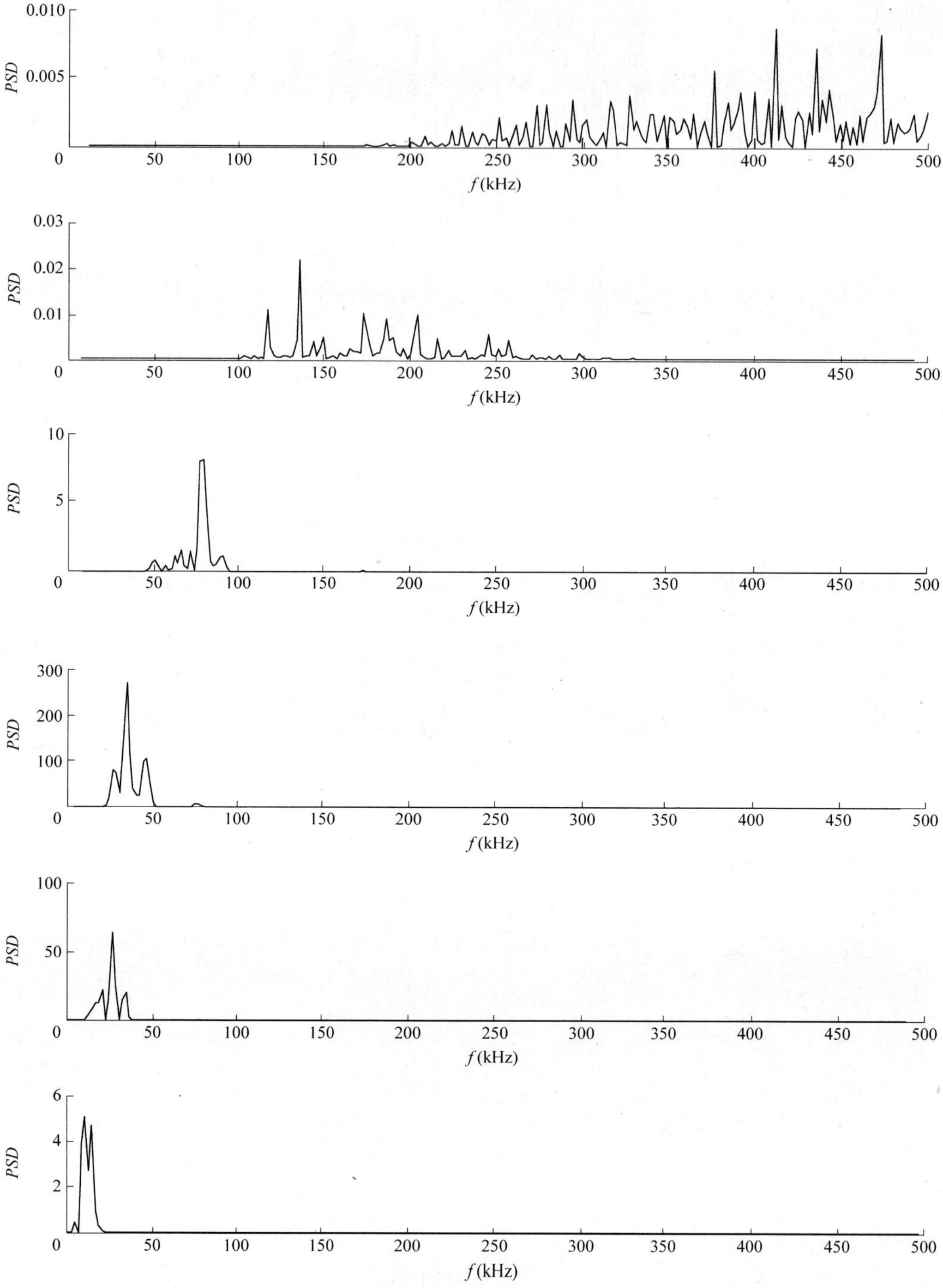
0.010
PSD
0.005
0
50
100
150
200
250
300
350
400
450
500
f(kHz)
0.03
0.02
PSD
0.01
0
50
100
150
200
250
300
350
400
450
500
f(kHz)
10
PSD
5
0
50
100
150
200
250
300
350
400
450
500
f(kHz)
300
200
PSD
100
0
50
100
150
200
250
300
350
400
450
500
f(kHz)
100
PSD
50
0
50
100
150
200
250
300
350
400
450
500
f(kHz)
6
4
PSD
2
0
50
100
150
200
250
300
350
400
450
500
f(kHz)

(c)功率谱

续图 3-29

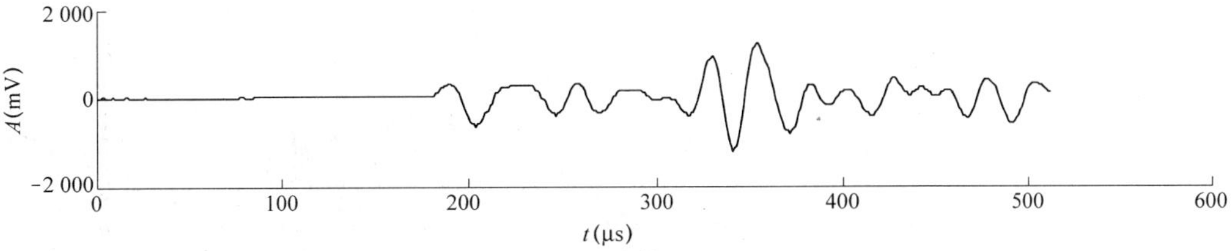

(a)原始信号

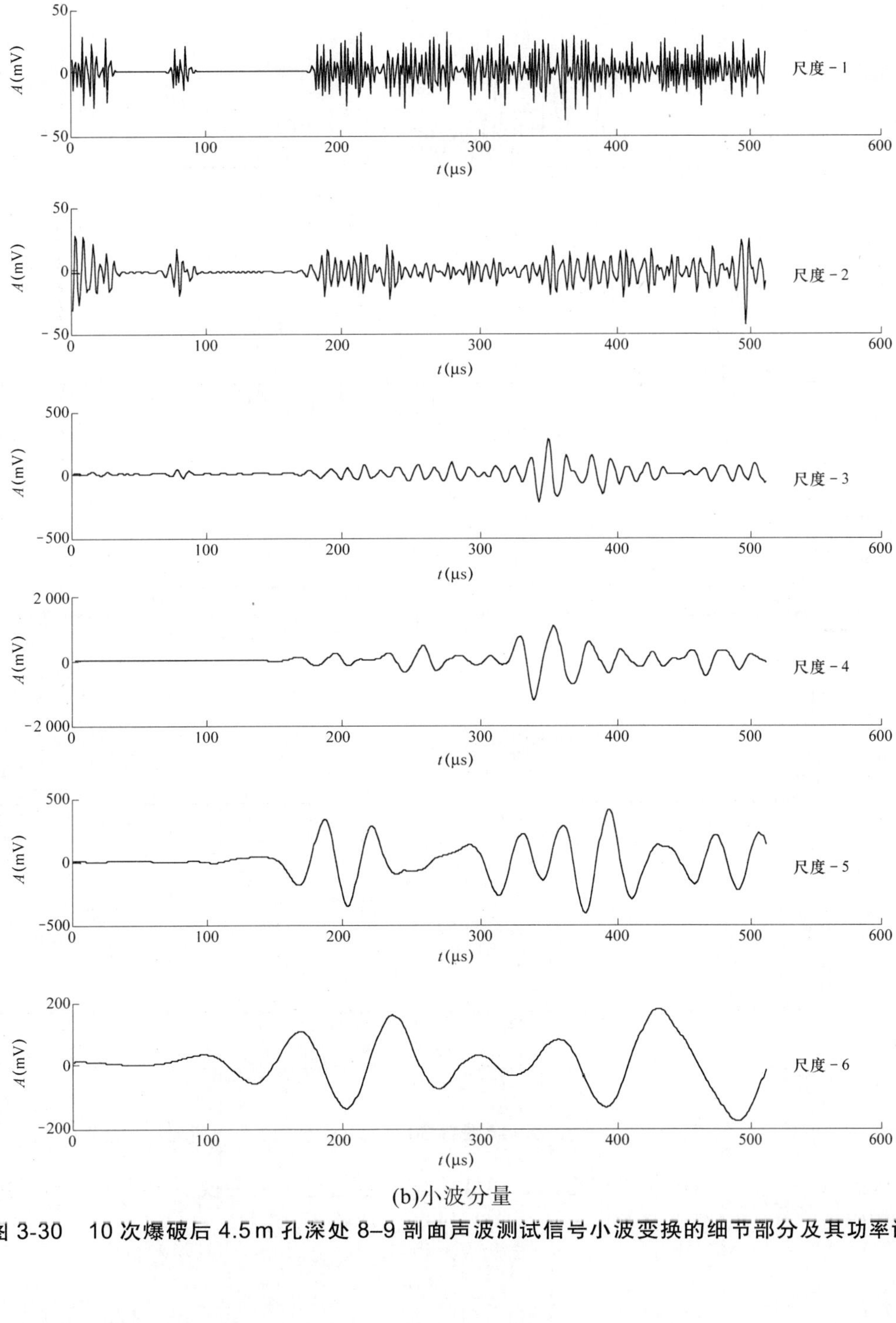

(b)小波分量

图 3-30　10 次爆破后 4.5 m 孔深处 8–9 剖面声波测试信号小波变换的细节部分及其功率谱

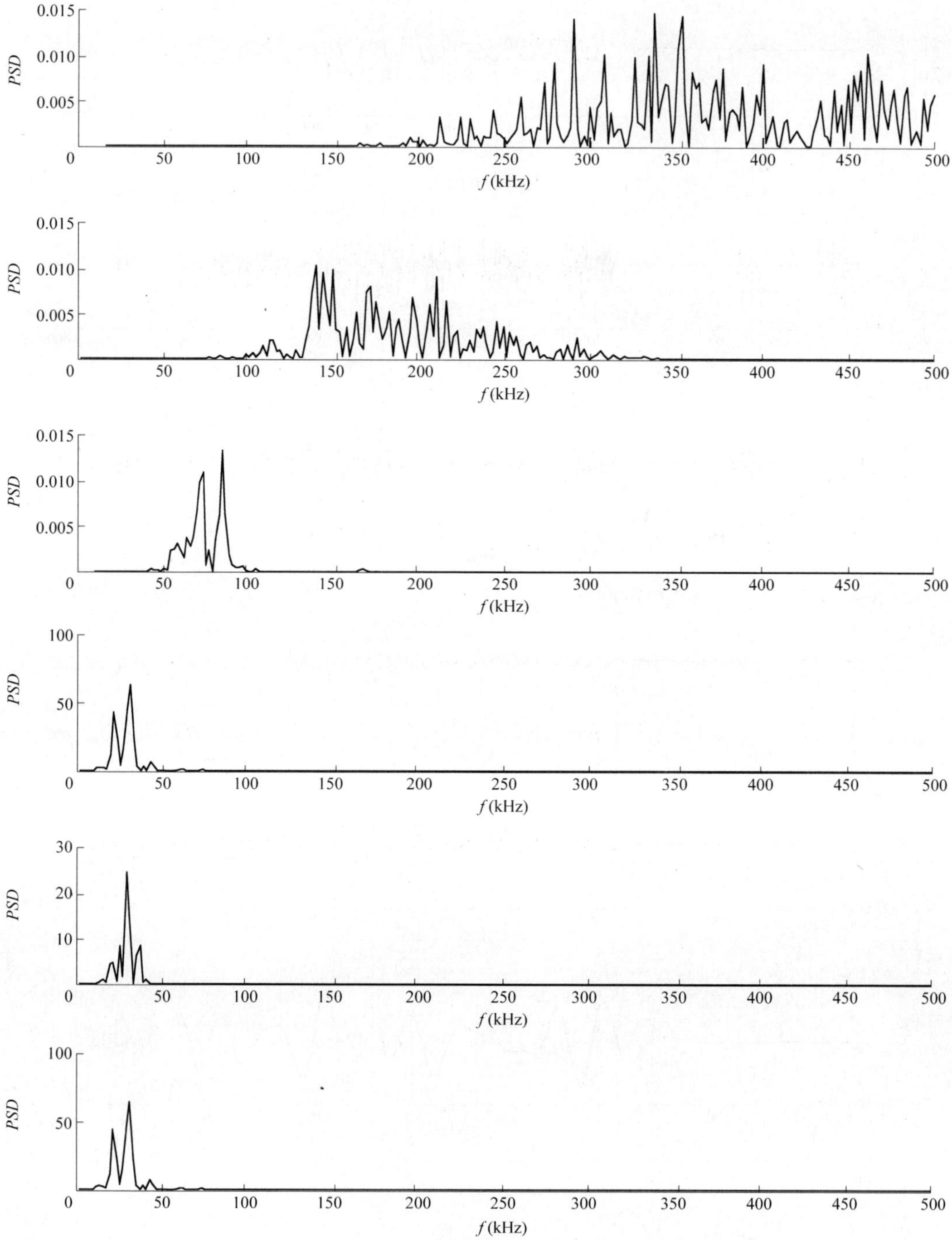

(c)功率谱

续图 3-30

从图 3-29、图 3-30 中可以看出，声波测试信号通过小波变换后被分解为不同频带通道的信号，从而可分别对每个频带通道的信号进行独立分析。

从图 3-29、图 3-30 可以发现，2^{-1} 和 2^{-2} 尺度下的小波分量幅值较小，仅为 2^{-4} 和 2^{-5} 尺度下的 1/125~1/40，而 2^{-1} 和 2^{-2} 尺度下小波分量的相应功率谱密度则更小，仅为 2^{-4} 和 2^{-5} 尺度下的 1/25 000~1/5 000；2^{-1} 和 2^{-2} 尺度下的小波分量的频率较高，最大值可达 500 kHz，比发射换能器的激振频率高得多，而且爆破前后其频率成分几乎不变，因此可以推断 2^{-1} 和 2^{-2} 尺度下的小波分量为声波信号的高频干扰，可能是由于测试环境的干扰所致。2^{-3} 尺度下小波分量的幅值和功率谱密度均大于 2^{-1} 和 2^{-2} 尺度下小波分量的幅值和功率谱密度，但其频率主要集中在 50~100 kHz 频带上，因此仍属于高频干扰成分。爆破前，2^{-4} 和 2^{-5} 尺度下的小波分量的幅值和功率谱密度远远大于其他尺度下小波分量的幅值和功率谱密度，其频率主要集中在 25~50 kHz 频带上；10 次爆破后，2^{-4}、2^{-5} 和 2^{-6} 尺度下的小波分量的幅值和功率谱密度远远大于其他尺度下的小波分量的幅值和功率谱密度，其频率主要集中在 10~50 kHz 频带上；对比爆破前后，可见 2^{-4} 和 2^{-5} 尺度下小波分量的幅值和功率谱密度变化非常明显，其降低幅度较大，这与傅里叶变换分析结果是一致的。2^{-4}、2^{-5} 和 2^{-6} 尺度下小波分量的幅值和功率谱密度对爆破损伤的敏感性较好，且随爆破次数的增加，降低程度较明显。2^{-4}、2^{-5} 和 2^{-6} 尺度下小波分量的声波幅值和功率谱密度的变化规律反映了随爆破次数增加，损伤不断累积，岩体内部原始裂纹的扩展和新裂纹的产生、扩展和贯通过程。将图 3-29 与图 3-30 进行对比，可以发现 10 次爆破后，在各尺度下的小波分量中，2^{-4} 尺度下小波分量的幅值和功率谱密度最大，其主频较爆破前明显向低频方向偏移，这与傅里叶变换分析结果也是一致的。

2. 基于小波包分解的不同频带声波测试信号的能量表征

现场声波测试信号的采样频率为 1 000 kHz，根据香农(Shannon)采样定理[222,223]，则其奈奎斯特(Nyquist)频率为 500 kHz。根据小波包分解原理，可以将分析信号分解到第 6 层，共有 2^6=64 个小波包，这样原信号在整个频域内被划分为 64 个子频带，每个子频带宽为 7.812 5 kHz(500/64 kHz)，对应的最低频带为 0~7.812 5 kHz。声波测试信号分解后各层重构信号的频带范围见表 3-3。

表 3-3　小波包分解系数重构信号各层频带范围　(单位：kHz)

层数	$S_{i,0}$	$S_{i,1}$	$S_{i,2}$	…	$S_{i,\ j-1}$	$S_{i,\ j}$
1	0~250					250~500
2	0~125	125~250	250~375			375~500
3	0~62.5	62.5~125	125~187.5	…	375~437.5	437.5~500
4	0~31.25	31.25~62.5	62.5~93.75	…	437.5~468.75	468.75~500
5	0~15.625	15.625~31.25	31.25~46.875	…	468.75~484.375	484.375~500
6	0~7.812 5	7.812 5~15.625	15.625~23.437 5	…	484.375~492.187 5	492.187 5~500
⋮	⋮	⋮	⋮		⋮	⋮

注：表中 $S_{i,\ j}$ 表示第 i 层第 j 个小波包分解系数重构信号，j=0，1，2，…，2^{i-1}，i=1，2，3，…，n。

将被分析信号分解到第 6 层，设 $S_{6,j}$ 对应的能量为 $E_{6,j}$，则有

$$E_{6,j}=\int\left|S_{6,j}(t)\right|^2\mathrm{d}t=\sum_{k=1}^{m}\left|x_{j,k}\right|^2 \tag{3-40}$$

式中，$x_{j,k}$ (j=0，1，2，…，2^6–1，k=1，2，…，m；m 为信号的离散采样点数)表示重构信号 $S_{6,j}$ 的离散点的幅值。

设被分析信号的总能量为 E_0，则有

$$E_0=\sum_{j=0}^{2^6-1}E_{6,j} \tag{3-41}$$

各频带的能量占被分析信号总能量的比例为

$$E_j=\frac{E_{6,j}}{E_0}\times 100\% \tag{3-42}$$

式中，j=0，1，2,…,2^6–1。

这样，由式(3-40)~式(3-42)可以得到声波信号经小波包分解后不同频带的能量和能量百分比，不但可以找出爆破前后声波测试信号的能量主要集中在哪个频段以及分解后各频段的能量分布，而且可以发现爆破前声波测试信号的能量变化规律，从而反映出岩体爆破损伤的变化规律。

仍然以爆破前后 4.5 m 孔深处 8–9 剖面的两个声波测试信号为例进行小波包分解与分析。在 Matlab 7.0 工具软件的 Wavelet Toolbox 中选用“Sym8”作为小波基，对爆破前后 4.5 m 孔深处 8–9 剖面的声波测试信号分别进行深度为 6 层的小波包分析，根据式(3-40)~式(3-42)编制计算程序。为便于比较，将两个声波测试信号不同频带能量占该信号总能量的百分比统计于表 3-4。图 3-31 给出了爆破前后 4.5 m 孔深处 8–9 剖面声波测试信号频带能量分布曲线。根据上述频谱分析可知，声波测试信号的频率一般小于 100 kHz，因此在图 3-31 中只给出了 16 个频带(0~125 kHz)的能量分布比例。

从表 3-4 和图 3-31 可以看出，爆破前后声波测试信号的频带能量分布呈现出以下几个特征：

(1) 爆破前声波测试信号的能量主要集中在 5、6、7 三个频带(31.25~54.687 5 kHz)上，占总能量的 95%以上；而 10 次爆破后声波测试信号的能量主要集中在 3、4、5 三个频带(15.625~39.062 5 kHz)上，占其总能量的 94%以上。这表明声波测试信号主要以 50 kHz 以下的频率成分为主，高频成分所占比例极小。

(2) 从图 3-31 可以发现，10 次爆破后声波测试信号能量分布中心所在频带的频率范围明显低于爆破前声波测试信号能量分布中心所在频带的频率范围。这说明爆破损伤作用使得声波信号能量集中区对应的频率向低频方向转移，与最大能量分布百分比相对应的主频亦向低频偏移。由此可见，这与上述傅里叶分析得到的结果是完全一致的。

表 3-4　爆破前后 4.5 m 孔深处 8–9 剖面声波测试信号的频带能量分布百分比统计

频带序号	频率范围 (kHz)	爆破前 (%)	10 次爆破后(%)	频带序号	频率范围 (kHz)	爆破前 (%)	10 次爆破后(%)
1	0~7.812 5	0.119 3	0.353 7	33	250~257.812 5	1.131e –8	9.274e–9
2	7.812 5~15.625	0.145 5	1.839 3	34	257.812 5~265.625	1.258e–8	3.639e–7
3	15.625~23.437 5	0.902 4	26.969 0	35	265.625~273.437 5	2.196e–9	8.726e–7
4	23.437 5~31.25	1.276 1	37.815 0	36	273.437 5~281.25	2.318e–8	8.335e–7
5	31.25~39.062 5	14.739 0	30.129 0	37	281.25~289.062 5	1.327e–9	9.955e–7
6	39.062 5~46.875	24.524 0	1.490 8	38	289.062 5~296.875	2.201e–8	8.441e–7
7	46.875~54.687 5	56.269 0	0.059 9	39	296.875~304.687 5	7.495e–9	4.681e–6
8	54.687 5~62.5	3.216 5	0.022 2	40	304.687 5~312.5	1.264e–8	2.082e–6
9	62.5~70.312 5	0.043 6	0.020 5	41	312.5~320.312 5	1.486e–8	7.890e–8
10	70.312 5~78.125	0.012 6	0.023 99	42	320.312 5~328.125	1.629e–8	1.816e–7
11	78.125~85.937 5	0.007 9	0.000 3	43	328.125~335.937 5	6.257e–9	5.203e–7
12	85.937 5~93.75	0.001 6	3.528e–5	44	335.937 5~343.75	2.358e–8	2.821e–7
13	93.75~101.562 5	4.802e–5	2.259e–5	45	343.75~351.562 5	9.884e–9	5.362e–8
14	101.562 5~109.375	5.617e–7	4.776e–7	46	351.562 5~359.375	2.979e–8	2.172e–7
15	109.375~117.187 5	1.908e–7	1.393e–6	47	359.375~367.187 5	4.807e–9	5.415e–8
16	117.187 5~125	1.966e–4	1.083e–7	48	367.187 5~375	4.879e–9	8.898e–8
17	125~132.812 5	3.377e–8	1.559e–7	49	375~382.812 5	8.947e–9	1.913e–7
18	132.812 5~140.625	2.746e–9	2.741e–7	50	382.812 5~390.625	2.397e–9	3.656e–7
19	140.625~148.437 5	4.530e–10	1.385e–7	51	390.625~398.437 5	3.088e–9	6.653e–7
20	148.437 5~156.25	2.311e–9	6.815e–8	52	398.437 5~406.25	1.021e–8	6.495e–7
21	156.25~164.062 5	4.436e–8	5.338e–7	53	406.25~414.062 5	2.252e–9	1.213e–7
22	164.062 5~171.875	2.119e–9	1.773e–6	54	414.062 5~421.875	2.220e–9	5.751e–7
23	171.875~179.687 5	1.271e–8	1.369e–7	55	421.875~429.687 5	5.684e–9	2.185e–6
24	179.687 5~187.5	5.127e–9	8.176e–7	56	429.687 5~437.5	2.369e–9	3.843e–7
25	187.5~195.312 5	4.854e–9	2.755e–7	57	437.5~445.312 5	3.251e–9	1.006e–6
26	195.312 5~203.125	2.795e–7	6.456e–7	58	445.312 5~453.125	8.518e–9	1.797e–6
27	203.125~210.937 5	6.410e–9	8.757e–8	59	453.125~460.937 5	7.967e–9	2.192e–7
28	210.937 5~218.75	3.521e–9	7.594e–7	60	460.937 5~468.75	2.321e–9	6.092e–8
29	218.75~226.562 5	4.789e–9	5.942e–6	61	468.75~476.562 5	4.731e–9	1.609e–6
30	226.562 5~234.375	1.868e–8	1.044e–5	62	476.562 5~484.375	1.277e–8	3.427e–6
31	234.375~242.187 5	2.989e–9	1.124e–6	63	484.375~492.187 5	5.244e–9	6.398e–6
32	242.187 5~250	8.313e–8	3.992e–8	64	492.187 5~500	7.723e–9	1.625e–6

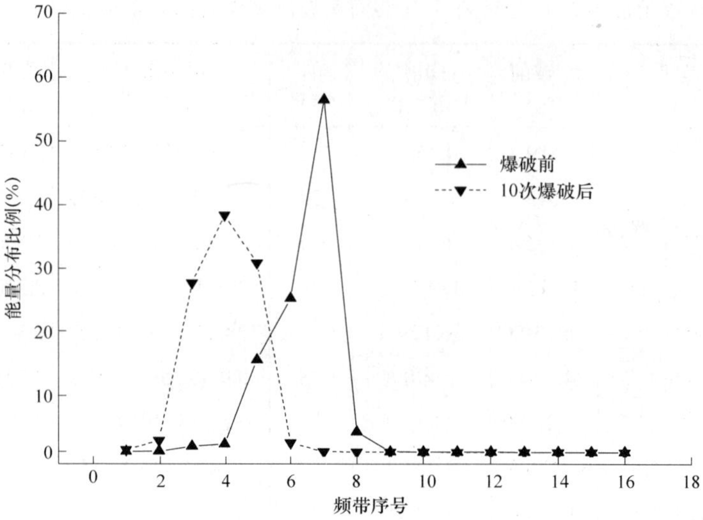

图 3-31　爆破前后 4.5 m 孔深处 8–9 剖面声波测试信号频带能量分布曲线

总体来说，声波测试信号的主要成分以 50 kHz 以下频率为主，高频成分所占比例极小。爆破损伤作用导致声波信号能量集中区和最大能量分布百分比对应的频段(频率)向低频方向偏移。小波包分析结果与傅里叶分析结果一致。

3.4.3　傅里叶分析与小波(包)分析结果比较

傅里叶分析是频谱分析，小波(包)分析是频带分析，二者各具特色，具有互补作用。声波测试信号属于非平稳信号，单纯采用傅里叶变换直接对声波测试信号进行分析，其结果有可能掩盖声波测试信号的真实频率特征。把傅里叶分析和小波(包)分析结合，采用小波变换把声波测试信号分解为不同频带的小波，然后通过各小波分量的傅里叶变换，可以得到较准确的频率特征，不仅可以看到总体的频率特性，也可以看到原始波形的局部特征以及频带能量分布特征，从而可以更好地揭示爆破前后声波测试信号频谱参数(主频、能量分布百分比等)的变化规律。将傅里叶分析和小波(包)分析得到的声波测试信号的频谱特性进行对比，可以得到如下几个结论：

(1) 小波变换具有可调的时频窗，因而可在不同的频带上对声波测试信号进行时频域分析。在说明如何从声波测试信号中提取真实信号特征方面，小波变换具有其独特的优点。经小波(包)分析得到的爆破前后岩体声波测试信号频谱特征(主频、功率谱密度和能量分布百分比)变化规律更加明显，原因是小波(包)分析具有放大作用，可以有效排除信号中干扰成分的影响。

(2) 从两者对主频、功率谱密度和能量分布百分比的分析结果可见，它们得到的结果是完全一致的，这是因为两者的工作原理是相同的，所以对同一信号进行处理的时候，得到的结果必然相同或相似。

3.5 小　结

声波波形、频谱等声学参数携带有丰富的信息，是岩体声学特性的重要动力学参数，是利用声波测试技术研究爆破损伤及其累积效应的有效指标。在探讨岩体声波衰减特性的基础上，分析了声波波形及其相关系数随爆破次数增加的变化规律；综合运用快速傅里叶变换(FFT)和小波(包)分析理论，对现场测试的声波信号进行频谱分析，找出了声波信号主频、能量及其频带分布随爆破次数增加的变化规律。得到的主要结论如下：

(1) 声波透过岩体介质时的衰减主要分成三个部分：几何扩散衰减、黏滞吸收衰减和散射衰减。在计算声波衰减系数α和品质因子Q时，将岩体初始损伤和爆破损伤区分开来，能够更准确地表征爆破损伤引起的声波衰减。

(2) 爆破前岩体声波波形呈现非对称纺锤形。随着爆破次数的增加，岩体损伤不断累积，声波波形变得越来越不规则，甚至变得无明显的规律可言。声波最大振幅随爆破次数的增加呈下降趋势，反映了岩体由于爆破损伤累积、疲劳裂纹产生和扩展引起的声波能量衰减。随着爆心距的增加，波形和最大振幅随爆破次数增加的变化幅度降低。

(3) 在爆破累积损伤作用下，岩体声波波形相关系数随着爆破次数的增加整体上呈下降趋势，相关系数为非线性下降曲线。波形相关系数随着爆破次数的增加呈现出的变化规律与最大振幅基本上是一致的。

(4) 由 FFT 分析结果可知：爆破前后声波测试信号的频谱曲线存在明显变化，并且随着爆破次数的增加，主频和频域内最大振幅逐渐变小，能量逐渐被吸收。声波主频比和频域内最大振幅比均呈非线性降低趋势。由于爆心距和岩体各向异性的影响，各剖面频谱参数的变化幅度并不相同。

(5) 小波分析结果表明，2^{-4}、2^{-5}和2^{-6}尺度下小波分量的幅值和功率谱密度远远大于其他尺度下小波分量的幅值和功率谱密度，对爆破损伤的敏感性较好，爆破前后其降低幅度较大，爆破损伤作用对声波测试信号频谱特性的影响比较明显；小波(包)分析结果表明，声波测试信号的主要成分以 50 kHz 以下频率为主，高频成分所占比例极小。爆破损伤作用导致声波信号能量集中区和最大能量分布百分比对应的频段(频率)向低频方向偏移。

第 4 章　多次爆破作用下中远区岩体疲劳损伤断裂机制

4.1 引　言

随着岩石爆破机制研究的不断深入，损伤力学在岩石爆破机制研究中的应用已成为岩石爆破模型发展的一个主要方向。按照损伤力学的观点，在爆炸载荷作用下岩石的动态断裂是一个连续损伤演化累积过程，其损伤断裂机制可归结为岩石内部微裂纹动态演化[33,34]。在岩石爆破损伤理论研究方面，国内外学者基于理论分析、试验研究和数值计算开展了大量的研究工作[21, 224-227]，提出了许多爆破损伤模型，例如 GK 模型、TCK 模型和 KUS 模型等。随后学者们又对上述模型进行了改进，并嵌入到有限元计算软件中加以扩展和应用。尽管岩石爆破损伤理论研究取得了长足进展，仍然存在诸多问题和缺陷。例如，没有考虑爆生气体对岩石损伤破坏的贡献，没有考虑岩体中的原始损伤(节理、裂隙和微孔洞等)对爆破损伤作用的影响，没有考虑伴随损伤演化过程的能量耗散问题等。尤其需要指出的是，上述爆破损伤模型是针对爆破应力波破岩作用提出的，适用于研究爆破近区和中区岩石破碎问题，一般不适用于爆破远区岩体损伤破坏的评价和预测。爆破远区岩体损伤问题通常归结为爆破地震安全研究的范畴，按地震波理论进行分析。另外，爆破远区岩体的损伤破坏，往往是爆破地震波反复作用和采动应力加、卸载动态交替作用下的联合响应。工程实践表明，多次爆破作业情况下，中远区岩体和结构物的变形破坏确实存在累积作用效应[30, 31, 227]。因此，分析岩体爆破损伤及其稳定性，不仅要考虑爆破强应力波引起的瞬态直接破岩作用，还要考虑频繁爆破地震波引起的损伤及其累积效应。而现有的岩石爆破损伤模型，既无法计入岩体初始损伤，更不能反映爆破损伤累积效应。岩体爆破累积损伤理论有待进一步深入研究。

与金属材料类似，多次爆破动载荷作用下岩体裂纹扩展导致宏观力学性能劣化的现象，可以称为疲劳损伤。疲劳是固体力学的一个分支，主要研究材料或结构在重复载荷作用下的强度问题。而疲劳分析中最重要的是疲劳累积损伤理论和疲劳裂纹扩展理论。本章运用损伤力学和断裂动力学原理，分析多次爆破作用下中远区岩体损伤断裂机制；基于疲劳累积损伤理论，研究多次爆破作用下中远区岩体疲劳裂纹扩展规律；在现场声波测试的基础上，通过对大量测试数据进行回归分析，以声速变化表征损伤变量，建立岩体爆破疲劳损伤非线性累积演化模型。最后，基于声速降低率参量，建立简单实用而又能够充分考虑岩体初始损伤特征的爆破累积损伤扩展模型。

4.2　多次爆破作用下中远区岩体损伤断裂作用机制

4.2.1　岩体爆破作用分区与过程分析

炸药在岩体中的爆炸过程是一个非常复杂的物理化学过程。通常认为，爆破造成岩体损伤断裂主要是爆炸冲击波和爆生气体膨胀压力共同作用的结果[228]。炸药起爆后，在炮孔周围形成三个作用分区[229]，分别是：爆破近区(粉碎区，亦称流体力学区)、爆破中区(裂隙区，亦称非线性过渡区)和爆破远区(震动区，亦称线弹性区)。在爆破近区，由于爆炸冲击波的脉冲压力载荷远远超过岩石的抗压强度，且在爆生气体的高温高压作用下，岩石产生强烈的压缩破坏，岩石表现出流体性质。又因应力衰减速度很快，压力脉冲的能量耗散使得该区的岩石受到粉碎性破坏，同时形成爆破空腔。该区的破坏过程可采用经典的流体动力学方法来求解。该区域范围很小，一般不超过 2~3 倍的炮孔直径。在爆破中区，冲击波的破碎作用减弱，当脉冲压力小于岩石的抗压强度时，在岩石中将不会产生压缩破坏。然而，由于在径向压应力作用下岩石产生环向拉应力，又由于岩石的抗拉强度远远小于抗压强度，因此在环向拉应力作用下产生径向裂纹，爆生气体的膨胀作用使得裂纹进一步扩展。该区域范围一般可达装药半径的几十倍。在爆破远区，应力波进一步衰减，甚至呈现出线弹性波的性质，产生所谓的爆破震动效应。实际上，爆破地震波仍然是一种弱应力波[31]，仍然可以使周围岩体和结构物产生力学与变形效应。

根据岩石爆破作用机制[229]，岩体爆破损伤断裂过程可分为以下两个阶段：第一阶段为爆炸应力波作用下岩石的动态损伤断裂阶段，该阶段在爆破近区产生宏观裂纹，在爆破中区使微裂纹激活并扩展；第二阶段为爆生气体的准静态作用阶段，该阶段在近区为爆生气体驱动下的宏观裂纹扩展区，中远区为爆生气体压力作用下的微裂纹扩展区。

4.2.2　多次爆破作用下中远区岩体损伤破坏效应

由上述分析可知，中远区爆破应力波的强度已不足以使岩体直接破碎，岩体爆破损伤断裂机制为地震波作用下原始裂纹的激活和扩展。实践证明，岩体作为一种非均匀地质材料，由于长期的地质作用，其内部存在大量随机分布的节理裂隙、微孔洞与裂缝等缺陷，称之为初始损伤或 Griffith 裂纹。在中远区岩体中传播的是爆破地震波，该区域内爆破地震波的破坏效应主要体现在以下两点：

(1) 损伤累积效应。中远区爆破弱应力波虽然不能造成完整岩石的直接破坏，但对于强度远低于岩石强度的结构面而言，完全可以造成结构面的松动和滑移，使得原有裂纹扩展延伸。对于某一次爆破作业而言，这种破坏作用可能很小，而且是局部作用。然而，对于多次频繁爆破，应力波反复作用下裂纹数量和长度均不断增加，裂纹之间也可能逐渐贯通连接，形成大的主裂缝和裂缝群。此时，岩体物理力学参数劣化程度增加，完整性、承载能力和稳定性将被严重削弱。爆破地震波多次作用产生的这种不可逆损伤叠加破坏现象，称之为损伤累积效应。

(2) 扰动(诱发)破坏效应。中远区爆破地震波尽管不能造成岩石材料的强度破坏，却对岩体工程结构的稳定性有一定影响。特别是当岩体工程结构处于极限平衡状态时，中远区爆破地震波即便作为一种较小的外界扰动载荷，都有可能导致整个工程结构的失稳破坏。例如，爆破震动作用诱发的边坡滑动、矿柱失稳、底板突水、瓦斯突出和岩爆等。中远区爆破地震波的这种扰动破坏效应有时可能是灾难性的，因此不容忽视。关于爆破地震波的扰动破坏效应将在以后章节中详细讨论，在此不再赘述。

4.2.3 多次爆破作用下中远区岩体损伤及断裂失稳机制分析

岩体中的节理裂隙、微孔洞与裂缝等不连续结构面(体)与爆破应力波传播之间是一种互动关系。岩体裂纹等缺陷的存在，使得应力波速度降低、强度衰减和能量耗散，应力波传播又增加了岩体裂纹等缺陷的数量和规模。下面从爆破应力波传播和断裂动力学角度，分析中远区岩体损伤断裂破坏的机制。

4.2.3.1 爆破损伤引起的岩体物理力学性质劣化

岩体内部微观缺陷引起的宏观力学效应属于损伤力学研究范畴。1976 年 Dougill 将损伤力学引入岩体力学领域以后，国内外学者在岩石损伤特性与本构关系等方面开展了大量的研究[230-232]。在爆破作用下，裂纹不断产生和扩展，岩体损伤加剧，完整性降低。爆破对岩石的损伤作用体现在岩体力学性能劣化(岩体物理力学指标下降)和完整程度下降两个方面。实践证明，爆破损伤岩体的稳定性和承载能力降低。下面以 Lemaitre 应变等效性假设为例，说明爆破损伤引起的岩体力学指标劣化效应。假设真实应力σ作用下损伤状态的应变等效于有效应力 $\tilde{\sigma}$ 作用下无损状态的应变，则损伤材料的一维线弹性定律可表述如下

$$\varepsilon = \tilde{\sigma}/E = \sigma/[E(1-D)] \tag{4-1}$$

引进等效弹性模量 $\tilde{E} = E(1-D)$，由于岩体中存在初始损伤(即 $D>0$)，故 $\tilde{E} < E$。同理，损伤岩体的体积模量 K 和泊松比μ亦可采用等效方式表述

$$\tilde{K} = K(1-D) \tag{4-2}$$

$$\tilde{\mu} = \mu(1-F) \tag{4-3}$$

式中，D 为损伤因子；F 是与损伤因子 D 和等效泊松比 $\tilde{\mu}$ 有关的参量。

同样可得，$\tilde{K} < K$，$\tilde{\mu} < \mu$。因此，爆破作用引起岩体损伤，从而使得岩体力学指标弱化，岩体基本质量降低，承载能力和稳定性随之降低。

4.2.3.2 爆破损伤引起的应力集中

由弹性理论可知，当受力物体中有空洞或不连续断面时，物体中产生较大的局部应力(孔边应力陡增，比远处应力大得多)，出现应力集中现象。

(1) 假设某区域岩体内含有一个椭圆孔，如图 4-1 所示。

该问题可由弹性力学理论求解。当 x=0，y=0 时

$$\sigma_{\max} = \sigma\left(1+2\frac{a}{b}\right) = \sigma\left(1+2\sqrt{\frac{a}{\rho}}\right) \tag{4-4}$$

式中，$\sigma_{\max}$ 为孔边应力集中最大值；σ 为平均应力；a、b 分别为椭圆长轴和短轴的一半；ρ为 $x=0$，$y=0$ 点上的曲率半径。

若将式(4-4)改成如下形式

$$\sigma_{\max}=\eta\sigma \tag{4-5}$$

则η称为应力集中系数，$\eta=1+2\dfrac{a}{b}=1+2\sqrt{\dfrac{a}{\rho}}$。

用应力集中的观点解释岩体实际强度低于理论强度，就是因为岩体内部存在微孔洞、裂隙等缺陷，这使得应力集中处的应力大大增高。因而，虽然中远区岩体中爆破应力波强度不高，但由于应力集中处应力很大而产生损伤断裂。

(2) 假设某区域岩体内含有任意多个椭圆孔，如图 4-2 所示。

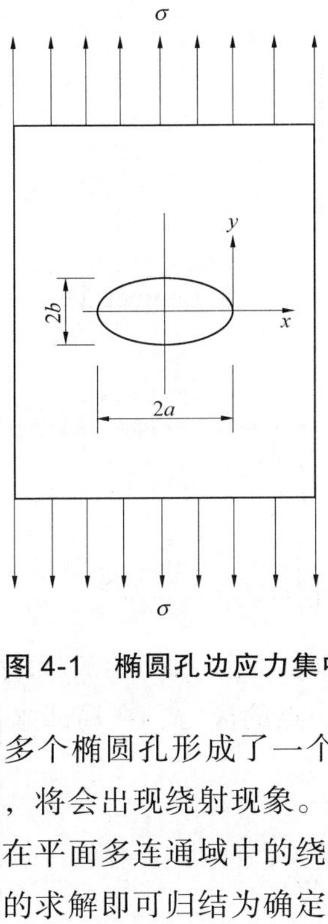

图 4-1　椭圆孔边应力集中

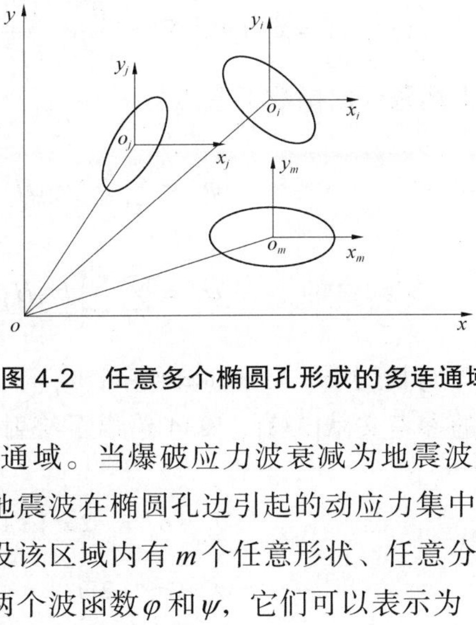

图 4-2　任意多个椭圆孔形成的多连通域

任意多个椭圆孔形成了一个平面多连通域。当爆破应力波衰减为地震波并入射到该区域时，将会出现绕射现象。此时爆破地震波在椭圆孔边引起的动应力集中，可以视为弹性波在平面多连通域中的绕射问题。设该区域内有m个任意形状、任意分布的椭圆孔，问题的求解即可归结为确定波场内的两个波函数φ和ψ，它们可以表示为

$$\left.\begin{aligned}\varphi&=\varphi^{i}+\varphi^{r}\\ \psi&=\psi^{i}+\psi^{r}\end{aligned}\right\} \tag{4-6}$$

式中，φ^{i}、ψ^{i}分别为入射纵波、横波；φ^{r}、ψ^{r}分别为反射纵波、横波。

入射波φ^{i}、ψ^{i}是已知的，若为稳态波，可写为[233]

$$\left.\begin{aligned}\varphi^{i}&=\varphi_{0}\mathrm{e}^{\mathrm{i}\frac{\alpha}{2}(\zeta+\bar{\zeta})}\\ \psi^{i}&=\psi_{0}\mathrm{e}^{\mathrm{i}\frac{\beta}{2}(\zeta+\bar{\zeta})}\end{aligned}\right\}\tag{4-7}$$

反射波φ^{r}、ψ^{r}是待求的，应满足稳态波方程

$$\left.\begin{aligned}\left(\nabla^{2}+\alpha^{2}\right)\varphi^{r}&=0\\ \left(\nabla^{2}+\beta^{2}\right)\psi^{r}&=0\end{aligned}\right\}\tag{4-8}$$

以及无穷远处的辐射条件

$$\left.\begin{aligned}&\varphi^{r}=O\left(|\zeta|^{-\frac{1}{2}}\right)\\ &\frac{\partial\varphi^{r}}{\partial|\zeta|}+\mathrm{i}\alpha\varphi^{r}=O\left(|\zeta|^{-\frac{1}{2}}\right)\\ &\psi^{r}=O\left(|\zeta|^{-\frac{1}{2}}\right)\\ &\frac{\partial\psi^{r}}{\partial|\zeta|}+\mathrm{i}\beta\psi^{r}=O\left(|\zeta|^{-\frac{1}{2}}\right)\end{aligned}\right\}\tag{4-9}$$

式中，$\zeta=x+\mathrm{i}y$，$\bar{\zeta}=x-\mathrm{i}y$，$\nabla^{2}=\frac{\partial^{2}}{\partial x^{2}}+\frac{\partial^{2}}{\partial y^{2}}=4\frac{\partial^{2}}{\partial\zeta\partial\bar{\zeta}}$，为二维 Laplace 算子。

满足上述条件的函数可取为

$$\left.\begin{aligned}\varphi^{r}&=\sum_{i=1}^{m}\sum_{j=-\infty}^{+\infty}a_{i,j}H_{j}^{(1)}\left(\alpha|\zeta|\right)\left(\frac{\zeta_{i}}{|\zeta_{i}|}\right)^{j}\\ \psi^{r}&=\sum_{i=1}^{m}\sum_{j=-\infty}^{+\infty}b_{i,j}H_{j}^{(1)}\left(\beta|\zeta|\right)\left(\frac{\zeta_{i}}{|\zeta_{i}|}\right)^{j}\end{aligned}\right\}\tag{4-10}$$

式中，$H_{j}^{(1)}$为j阶的第一类 Hankel 函数；$\zeta_{i}=x_{i}+\mathrm{i}y_{i}$为局部复坐标；$a_{i,j}$和$b_{i,j}$为待定常数。

本书的参考文献[233]、[234]给出了绕射波场中任一点的应力，在局部坐标系中表述为

$$\left.\begin{aligned}\sigma_{x_i}+\sigma_{y_i}&=-2\alpha^{2}\left(\lambda+\mu\right)\varPhi\\ \sigma_{y_i}-\sigma_{x_i}+2\mathrm{i}\tau_{x_iy_i}&=-8\mu\frac{\partial^{2}}{\partial\zeta_{i}^{2}}(\varPhi+\varPsi)\end{aligned}\right\}\tag{4-11}$$

式中，σ_{x_i}、σ_{y_i}和$\tau_{x_iy_i}$分别为局部坐标系$o_ix_iy_i$中沿坐标轴方向的应力；λ、μ为介质的 Lame 常数；$\varPhi=Re\varphi\mathrm{e}^{-\mathrm{i}\omega t}$；$\varPsi=Re\psi\mathrm{e}^{-\mathrm{i}\omega t}$。

与单个椭圆孔类似，可引入动应力集中系数η'来描述椭圆孔边上的应力集中情况，它表示孔边的环向应力σ_{θ}与最大入射应力σ_{0}之比

$$\eta'=\sigma_{\theta}/\sigma_{0}\tag{4-12}$$

在第 i 个自由孔边，对于平面问题，有

$$\sigma_\theta = -2\alpha^2(\lambda+\mu)\Phi \tag{4-13}$$

由式(4-7)和式(4-11)不难求出，最大入射应力 σ_0 为

$$\sigma_0 = -\mu\beta^2\sqrt{\varphi_0^2+\psi_0^2} \tag{4-14}$$

将式(4-13)和式(4-14)代入式(4-12)可得

$$\eta' = \frac{2\alpha^2(\lambda+\mu)\Phi}{\mu\beta^2\sqrt{\varphi_0^2+\psi_0^2}} \tag{4-15}$$

此即任意多个椭圆孔形成的多连通域动应力集中系数。由本书参考文献[233]中的算例可知，动应力集中系数 η' 基本上大于 1，有的还高达 5~6。

由此可见，岩体中空洞等缺陷的存在对爆破应力波(或地震波)具有放大作用。应力集中出现后，缺陷处应力陡增，原来不具备直接破岩能力的爆破应力波的强度完全有可能超过岩石强度，使岩体发生局部断裂破坏。

4.2.3.3　爆破动载荷作用下裂纹的产生与扩展

断裂力学的发展启发人们利用裂纹扩展理论来解释岩石爆破损伤断裂过程机制。然而，断裂力学研究的对象是已有宏观裂纹的材料，没有涉及宏观裂纹形成前的微细观缺陷的力学效应，并忽略了裂纹扩展过程中材料性能的劣化及所导致的应力重分布，这种劣化在裂纹尖端区域尤其明显。而损伤力学研究材料内部微缺陷的萌生扩展和汇合所产生的力学效应，通过引入一个连续损伤变量 D 来描述材料性能的劣化。因此，综合应用损伤力学与断裂力学理论才能有效地分析材料变形破坏的物理全过程。例如，Kipp M L 和 Grady D L [33]在岩石爆破损伤力学模型研究中认为岩石中含有大量随机分布的原生裂纹，在爆破动载荷作用下这些裂纹被激活。他们指出激活的裂纹数目服从 Weibull 分布，并引入损伤变量 D 来表征裂纹激活和扩展对岩石强度的影响。

断裂力学理论将岩石视为含有微裂纹的脆弹性(或弹塑性)材料，这些微裂纹的稳定性受应力状态的控制。下面运用断裂动力学理论，探讨脆性岩体在动载荷作用下动态裂纹扩展规律。

1. 三种基本裂纹扩展形式

根据裂纹面的受力变形方式，裂纹扩展形式可分为三种基本类型[235]，如图 4-3 所示。三种基本形式分别是：① Ⅰ型(张开型)，受垂直于裂纹面的拉应力作用。② Ⅱ型(滑开型)，受平行于裂纹面并垂直于裂纹前缘的剪应力作用。③ Ⅲ型(撕开型)，受平行于裂纹面并平行于裂纹前缘的剪应力作用。Ⅰ、Ⅱ型裂纹扩展属于平面问题，Ⅲ型裂纹扩展属于反平面问题。这三种类型的裂纹中以Ⅰ型最常见也最危险，这里也只讨论Ⅰ型裂纹的断裂扩展问题。

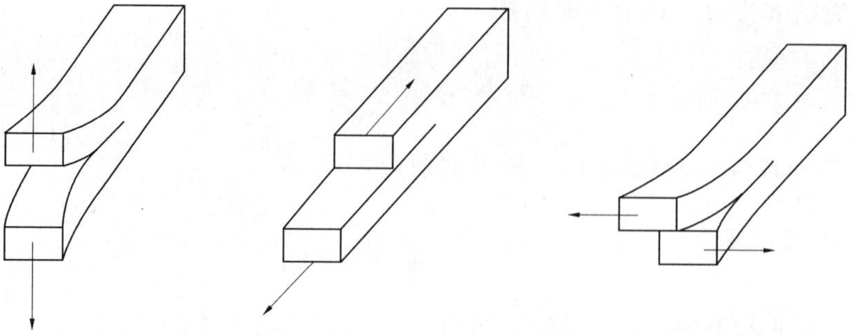

(a) Ⅰ型(张开型)　(b) Ⅱ型(滑开型)　(c) Ⅲ型(撕开型)

图 4-3　三种基本裂纹扩展形式

2. 裂纹尖端场

对于Ⅰ型断裂，根据断裂力学理论[235]可知，裂纹尖端附近任一点$(r,\ \theta)$处的应力场、位移场局部解为

$$\begin{Bmatrix} \sigma_x \\ \sigma_y \\ \tau_{xy} \end{Bmatrix} = \frac{K_{\rm I}}{\sqrt{2\pi r}} \begin{Bmatrix} \cos\dfrac{\theta}{2}\left(1-\sin\dfrac{\theta}{2}\sin\dfrac{3\theta}{2}\right) \\ \cos\dfrac{\theta}{2}\left(1+\sin\dfrac{\theta}{2}\sin\dfrac{3\theta}{2}\right) \\ \sin\dfrac{\theta}{2}\cos\dfrac{\theta}{2}\cos\dfrac{3\theta}{2} \end{Bmatrix} \tag{4-16}$$

$$\begin{Bmatrix} u \\ v \end{Bmatrix} = \frac{K_{\rm I}}{2G}\sqrt{\frac{r}{2\pi}} \begin{Bmatrix} \cos\dfrac{\theta}{2}\left(2-4\mu+2\sin^2\dfrac{\theta}{2}\right) \\ \sin\dfrac{\theta}{2}\left(4-4\mu-2\cos^2\dfrac{\theta}{2}\right) \end{Bmatrix} \tag{4-17}$$

式中，$K_{\rm I}$为Ⅰ型裂缝的应力强度因子；G为剪切模量；μ为泊松比。

3. 动态裂纹扩展

Sternberg 根据弹性动力学基本方程推得 Navier 方程的张量形式如下[236]

$$(\lambda+\mu)u_{j,ji}+\mu\nabla^2 u_i=\rho\ddot{u}_i \tag{4-18}$$

对平面应变问题(即 $u_3=0$)，可以方便地用两个势函数表示平面内的位移分量，它们分别是膨胀波势能$\varPhi$和剪切波势能$\varPsi$。二者可由下式得出[237]

$$u_1=\frac{\partial\varPhi}{\partial x_1}+\frac{\partial\varPsi}{\partial x_2},\quad u_2=\frac{\partial\varPhi}{\partial x_2}-\frac{\partial\varPsi}{\partial x_1} \tag{4-19}$$

此时，Navier 方程(式(4-18))等价于如下波动方程

$$\left.\begin{aligned} \nabla^2\varPhi-\frac{1}{C_{\rm p}^2}\ddot{\varPhi}=0 \\ \nabla^2\varPsi-\frac{1}{C_{\rm s}^2}\ddot{\varPsi}=0 \end{aligned}\right\} \tag{4-20}$$

式中，$C_{\rm p}$、$C_{\rm s}$分别为膨胀波和剪切波的传播速度。

为描述爆破等动载荷作用下裂纹的动态扩展过程，建立如下坐标系。取 x_1、y_1 为固定在裂纹尖端的坐标系，x、y 为原点随裂纹尖端移动(由于裂纹扩展导致)的坐标系，如图 4-4 所示。固定坐标与移动坐标之间的关系为

$$x = x_1 - l(t), \quad y = y_1 \tag{4-21}$$

式中，$l(t)$为扩展长度。

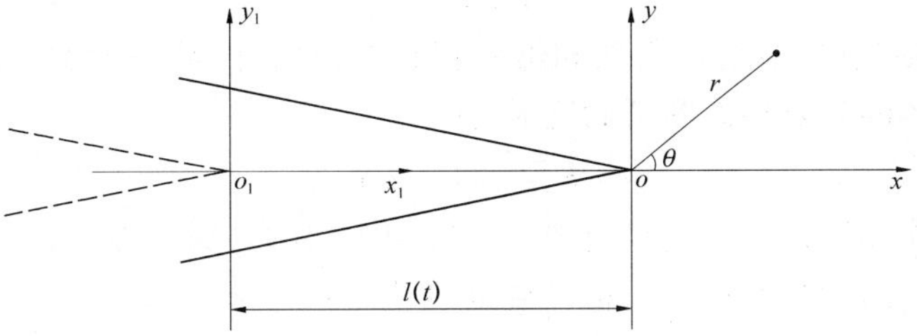

图 4-4　固定与移动坐标示意图

由上述坐标变换可得

$$\begin{cases} \ddot{\Phi} = \dot{l}^2 \dfrac{\partial^2 \Phi}{\partial x^2} - 2\dot{l}\dfrac{\partial^2 \Phi}{\partial x \partial t} + \dfrac{\partial^2 \Phi}{\partial t^2} - \ddot{l}\dfrac{\partial \Phi}{\partial x} \\ \ddot{\Psi} = \dot{l}^2 \dfrac{\partial^2 \Psi}{\partial y^2} - 2\dot{l}\dfrac{\partial^2 \Psi}{\partial y \partial t} + \dfrac{\partial^2 \Psi}{\partial t^2} - \ddot{l}\dfrac{\partial \Psi}{\partial y} \end{cases} \tag{4-22}$$

式中，$\dot{l} = v$，为裂纹扩展速度。

本书参考文献[237]、[238]中利用复变函数理论推导了动态裂纹尖端场。根据 I 型裂纹的对称性质、复变函数性质以及裂纹表面自由边界条件，推导出的 I 型裂纹动态尖端应力场的分量如下

$$\begin{Bmatrix} \sigma_{11} \\ \sigma_{12} \\ \sigma_{22} \end{Bmatrix} = \frac{K_{\mathrm{I}}(t)A}{\sqrt{2\pi r}} \begin{cases} \left(1+2\alpha_1^2-\alpha_2^2\right)\sqrt{\dfrac{r}{r_1}}\cos\dfrac{\theta_1}{2} - \dfrac{4\alpha_1\alpha_2}{1+\alpha_2^2}\sqrt{\dfrac{r}{r_2}}\cos\dfrac{\theta_2}{2} \\ \sqrt{\dfrac{r}{r_1}}\sin\dfrac{\theta_1}{2} - \sqrt{\dfrac{r}{r_2}}\sin\dfrac{\theta_2}{2} \\ -\left(1+\alpha_2^2\right)\sqrt{\dfrac{r}{r_1}}\cos\dfrac{\theta_1}{2} + \dfrac{4\alpha_1\alpha_2}{1+\alpha_2^2}\sqrt{\dfrac{r}{r_2}}\cos\dfrac{\theta_2}{2} \end{cases} \tag{4-23}$$

式中

$$\alpha_1 = \sqrt{1-\frac{v^2}{C_1^2}}, \quad \alpha_2 = \sqrt{1-\frac{v^2}{C_2^2}}, \quad 且\ \alpha_1 > \alpha_2 > 0$$

$$A = \frac{1+\alpha_2^2}{D(V)}, \quad D(V) = 4\alpha_1\alpha_2 - (1+\alpha_2^2)^2 \tag{4-24}$$

这里 I 型裂缝动态应力强度因子 $K_{\mathrm{I}}(t)$为

$$K_{\mathrm{I}}(t)=\lim_{r\to\infty}\sqrt{2\pi r}\sigma_{22}(r,0,t)=\frac{K_{\mathrm{I}}(t)A}{\sqrt{2\pi r}}\left[-\left(1+\alpha_2^2\right)+\frac{4\alpha_1\alpha_2}{1+\alpha_2^2}\right] \tag{4-25}$$

由此可以得到动态裂纹起裂、扩展和止裂条件。根据岩石断裂动力学有关理论[239]，当动态应力强度因子 $K_{\mathrm{I}}(t)$大于岩石动态断裂韧度 K_{ID}时，裂纹起裂扩展；反之，则裂纹止裂。因此，动态裂纹扩展的临界条件为

$$K_{\mathrm{I}}(t)=K_{\mathrm{ID}} \tag{4-26}$$

为反映岩体损伤(包括初始损伤和爆破损伤等)对岩体动态断裂韧度 K_{ID}的削弱作用，引入损伤岩体的有效动态断裂韧度 K'_{ID}，有

$$K'_{\mathrm{ID}}=(1-D)K_{\mathrm{ID}} \tag{4-27}$$

考虑岩体损伤作用，动态裂纹起裂、扩展和止裂的判据条件为：

当 $K_{\mathrm{I}}(t)=K'_{\mathrm{ID}}$时，裂纹处于失稳扩展临界状态；

当 $K_{\mathrm{I}}(t)>K'_{\mathrm{ID}}$时，裂纹失稳扩展；

当 $K_{\mathrm{I}}(t)<K'_{\mathrm{ID}}$时，裂纹停止扩展，止裂。

4.3 多次爆破作用下岩体疲劳累积损伤特性分析

多次爆破作业产生的应力波在岩体中传播时，岩体遭受频繁的加、卸载作用。在随机爆破动载荷反复作用下，与混凝土等其他含损伤材料一样，岩体强度降低、变形增大，呈现出明显的疲劳损伤特性。据 Brighenti 试验[240]，砂岩以及泥灰岩的疲劳强度仅是其极限强度的60%左右。在爆破应力波等动载荷多次作用下，岩体疲劳累积损伤特性对工程岩体的长期稳定性具有重要影响。开展多次爆破作用下岩体疲劳累积损伤机制研究具有重要的理论价值和实际意义。然而，迄今为止，有关岩体爆破疲劳累积损伤方面的成果并不多见。本节将借鉴金属和混凝土等领域有关疲劳损伤的理论及研究方法，探讨多次爆破作用下岩体疲劳裂纹扩展规律，分析岩体爆破的疲劳累积损伤特性。

4.3.1 多次爆破作用下岩体疲劳裂纹扩展分析

由上述分析可知，岩体爆破损伤疲劳裂纹扩展是岩体力学性能劣化、裂纹尖端区应力集中和边界滑动的复杂过程。由于应力集中作用，裂纹尖端处的岩石晶粒结构在应力波作用下发生微错动，而且每一次应力波作用引起的应力集中都会造成晶粒的错动滑移。尽管这种错动和滑移的幅度可能很小，但却是不可逆的，在多次爆破作用下会累积叠加，从而形成微变形或局部应变。当变形进一步扩大后，就表现为裂纹不断张开、延长，形成较大的永久变形。由于岩体中存在大量随机分布的裂纹缺陷，随着爆破应力波作用次数的增加，裂纹不断生长、张开和延长，最终导致互相独立的裂纹之间连接、贯通并逐步形成几条主裂纹和宏观裂缝。宏观裂缝形成后，裂纹将加速扩展，直至失稳破坏。此即爆破地震波多次反复作用下，岩体疲劳裂纹扩展的全过程。由此可见，在岩体裂纹扩展过程中有两个关键点：一是细观裂纹的形成(微裂纹起裂)，二是宏观裂缝的形成(宏观裂纹失稳扩展)。

岩体疲劳损伤是一个逐步累积扩展的过程。当裂纹尖端区局部损伤变形累积达到极限临界值时，疲劳微裂纹才会形成和扩展。也就是说，存在一个疲劳裂纹扩展门槛，早在 1966 年 Frost[241]就用试验证实了这一点。Paris[242]等人将临界应力强度因子范围 ΔK_{th} 定义为疲劳裂纹扩展的门槛值，进一步完善后提出了著名的 Paris 公式

$$\frac{da}{dN}=C(\Delta K)^n \tag{4-28}$$

式中，a 为裂纹长度的一半；N 为应力循环次数；C、n 为与环境、频率、温度和应力比等因素有关的材料常数；ΔK 为应力强度因子幅度，即循环最大应力强度因子 K_{max} 与循环最小应力强度因子 K_{min} 之差，$\Delta K=K_{max}-K_{min}$。

当爆破应力波在岩体裂纹尖端区域引起的应力强度因子幅度ΔK 大于疲劳裂纹扩展的门槛值ΔK_{th}时，疲劳裂纹开始形成并不断扩展。而且，ΔK 越大，裂纹扩展速率 da/dN 越大，疲劳裂纹的扩展量越大。当ΔK 增大至岩体动态断裂韧度 K'_{ID} 时，裂纹加速失稳扩展，细观疲劳裂纹之间贯通形成宏观裂缝。

由上述分析可知，损伤岩体与混凝土材料一样，其疲劳损伤断裂过程也服从双 K 断裂准则[31]。可以借鉴混凝土疲劳断裂双 K 准则[243,244]，分析损伤岩体疲劳损伤断裂过程并对裂纹扩展进行分区。爆破地震波多次作用下，当外载荷达到其起裂荷载 P_s 时，原始微裂纹尖端的动态应力强度因子 $K_I(t)$达到岩体材料的起裂韧度 K_{ID}^{ini}，原始微裂纹开始起裂、扩展，并形成细观裂纹。当外载荷继续增加时，裂纹开始稳定扩展，直到外载荷增加到最大值 P_{max} 时，裂纹尖端应力集中强度达到岩体抗拉强度极限 σ_t，动态应力强度因子 $K_I(t)$达到岩体材料的断裂韧度 K_{ID}^{un}，细观裂纹加速扩展，形成宏观裂缝。载荷继续增大，宏观裂纹失稳扩展直至结构断裂破坏。根据双 K 断裂准则和上述分析，可以发现整个疲劳破坏过程具有明显的“三阶段”性质，如图 4-5 所示。起裂韧度 K_{ID}^{ini} 和断裂韧度 K_{ID}^{un} 是划分三个阶段的两个重要临界参数。

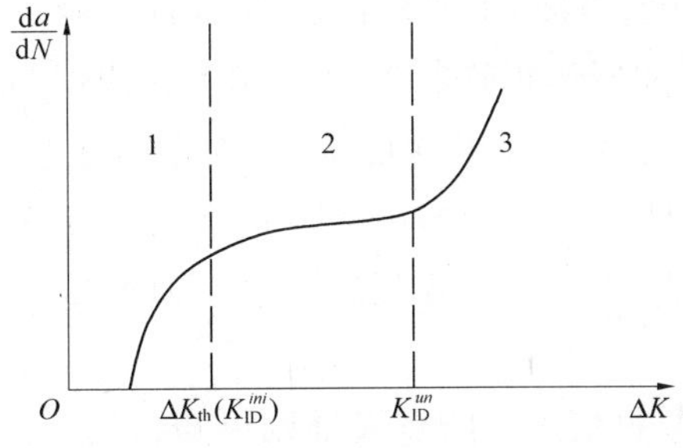

1—初始损伤阶段；2—细观裂纹扩展阶段；3—宏观裂纹扩展阶段

图 4-5　疲劳裂纹扩展过程“三阶段”示意图

关于混凝土和岩石材料在循环应力作用下疲劳变形过程中呈现出的“三阶段”规律，许多文献和研究成果都给出了说明和验证[245-247]。纵观疲劳损伤断裂全过程，从初始损伤局部变形到损伤累积发展为细观裂纹，再到损伤进一步累积导致裂纹贯通形成宏观裂缝，可以将疲劳裂纹扩展过程分为以下三个阶段：

(1) 初始损伤阶段(起裂区)。

在此阶段，岩体遭受应力波作用的次数较少，而且应力波强度较弱，初始裂纹尖端处动态应力强度因子 $K_{\mathrm{I}}(t)$低于门槛值 ΔK_{th}，岩体中初始裂纹基本不扩展。然而，由于应力集中作用，裂纹尖端区域岩体会发生局部损伤和变形，使得该区域损伤岩体的物理力学性能进一步劣化。由于这种局部影响的幅度和范围很小，因此不会对岩体的宏观和整体力学性能造成明显影响。

(2) 细观裂纹扩展阶段(稳定扩展区)。

随着爆破应力波循环次数的增加，岩体损伤劣化程度加剧，岩体力学指标降低，而动态应力强度因子 $K_{\mathrm{I}}(t)$增大。当局部损伤变形累积达到一定程度，动态应力强度因子 $K_{\mathrm{I}}(t)$增大至疲劳裂纹扩展门槛值 ΔK_{th} (K_{ID}^{ini})时，初始裂纹开始起裂扩展，并逐渐形成细观裂纹。在此阶段内，疲劳裂纹呈稳定扩展趋势，其扩展速率 $\mathrm{d}a/\mathrm{d}N$ 与应力强度因子幅度ΔK之间的关系服从 Paris 公式。随着应力强度因子幅度ΔK的增大，扩展速率 $\mathrm{d}a/\mathrm{d}N$ 也增大，如图 4-5 所示。

(3) 宏观裂缝扩展阶段(失稳破坏区)。

若爆破应力波循环次数继续增加，初始裂纹扩展形成的细观裂纹之间逐渐贯通，向宏观裂缝过渡。随着损伤累积的继续增加，岩体抗拉强度等力学指标继续劣化，当动态应力强度因子 $K_{\mathrm{I}}(t)$增至岩体动态断裂韧度 K_{ID}^{un} 时，细观裂纹转化成宏观裂缝。在此阶段内，疲劳裂纹扩展速率呈加速失稳形态。此时，岩体中的细观裂纹数量减少，几条主裂缝的宽度和长度增大，岩体的完整性和承载能力明显降低。宏观裂缝继续加速扩展，直至岩体失稳破坏。

4.3.2 基于声波测试的岩体爆破损伤非线性疲劳累积分析

目前定义损伤变量的途径和方法有很多种，其基准量可以分为宏观和细观两大类。在众多方法中，声波(超声波)速度是比较适用的一种，属于宏观损伤变量。根据第 2 章的分析可知，声速和岩体损伤特性密切相关，应用声速变化表征岩体疲劳累积损伤规律，可以取得良好的效果。朱劲松等[248]对混凝土在疲劳载荷作用下超声波波速的变化规律进行了试验研究，基于超声波波速定义了损伤变量，建立了混凝土疲劳累积损伤的演化方程。因此，基于声波测试方法，研究重复爆破作用下岩体疲劳累积损伤规律是可行的。

根据上述关于岩体疲劳裂纹扩展的双 K 准则可知，当损伤累积达到一定程度时，动态应力强度因子 $K_{\mathrm{I}}(t)$ 超过岩体动态断裂韧度 K_{ID}^{un}，完整的疲劳累积损伤演化曲线应该表现出三个明显的阶段，呈“倒 S”形状。在第 2 章中给出了岩体声速随爆破次数增加的衰减规律，并根据声速与爆破损伤之间的关系得到了岩体爆破累积损伤随爆破次数增加的变化规律。下面对基于声波测试得到的岩体爆破累积损伤进行回归和拟合，建立非线性疲劳累积损伤演化模型。

基于声速测试结果得到的岩体爆破累积损伤随爆破次数增加的变化规律见图 2-15~

图 2-19。由于剖面 4–5、8–9 和 1–5 距离爆源较近，因此爆破损伤破坏较严重，岩体爆破累积损伤研究深度范围内的岩体爆破累积损伤演化曲线呈现出明显的“三阶段”特点，说明该区段岩体已经发生疲劳损伤断裂破坏。

分别取本书第 2 章中的剖面 4–5、8–9 和 1–5 在 4.6 m 和 4.8 m 孔深处岩体爆破累积损伤演化结果进行回归分析，回归结果与试验结果的比较如图 4-6~图 4-8 所示。根据岩体爆破累积损伤演化的非线性特点，采用三次多项式形式对测试得到的岩体爆破累积损伤演化数据进行回归分析，三次多项式表达如下

$$D = A_0 + A_1 n + A_2 n^2 + A_3 n^3 \tag{4-29}$$

式中，D 为岩体爆破损伤值；n 为爆破次数；A_0、A_1、A_2 和 A_3 为待定系数。

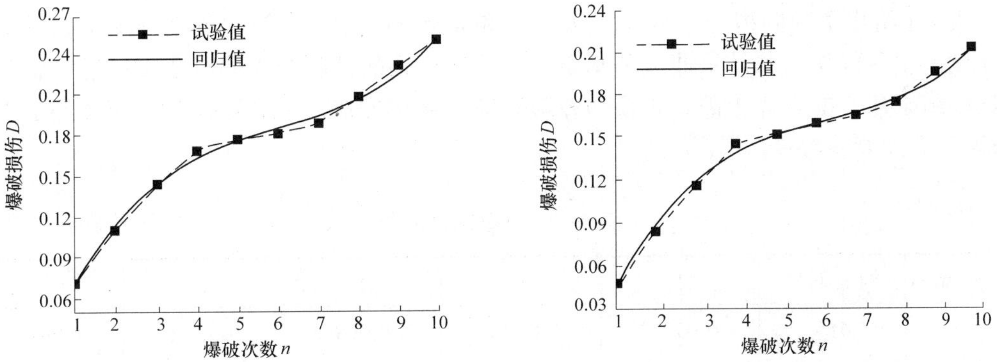

(a)4.6 m 孔深处　　(b)4.8 m 孔深处

图 4-6　4–5 剖面非线性疲劳累积损伤演化曲线

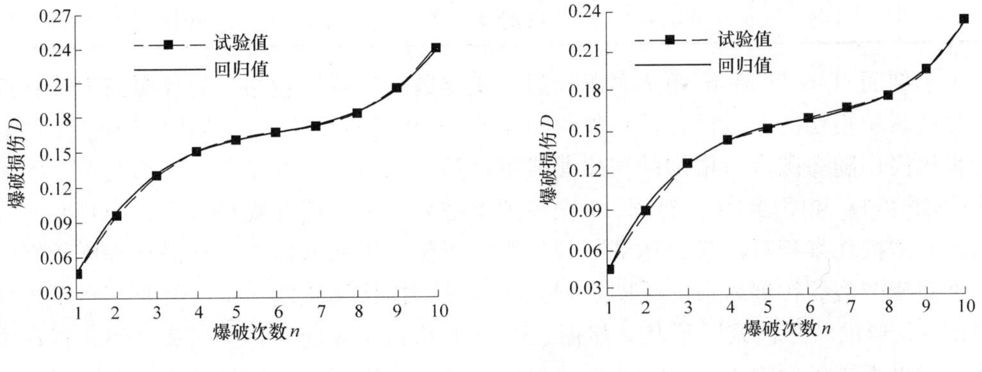

(a)4.6 m 孔深处　　(b)4.8 m 孔深处

图 4-7　8–9 剖面非线性疲劳累积损伤演化曲线

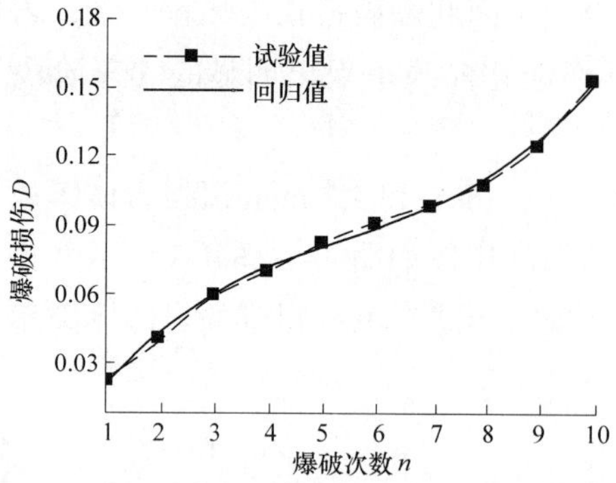

(a)4.6 m 孔深处

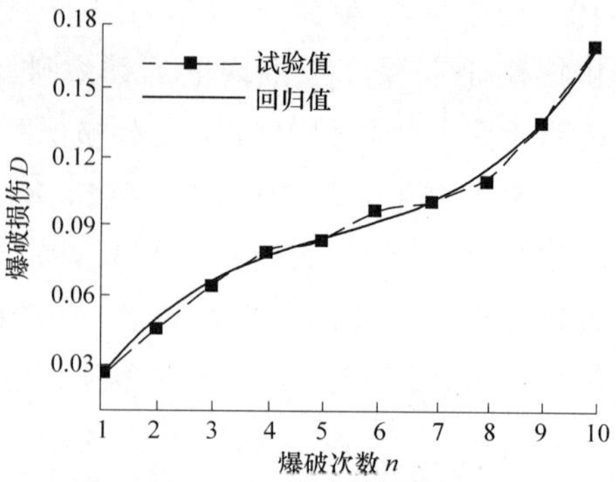

(b)4.8 m 孔深处

图 4-8　1–5 剖面非线性疲劳累积损伤演化曲线

表 4-1 给出了回归拟合系数 A_0、A_1、A_2 和 A_3 的具体值。从图 4-6~图 4-8 可以看出，岩体爆破累积损伤回归结果曲线和基于声波测试得到的试验结果曲线非常接近，说明根据试验结果建立的岩体爆破累积损伤 D 随爆破次数 n 增加的演化关系(即式(4-29))是正确的(相关系数 $R^2>0.994\ 1$)。

表 4-1　回归拟合系数

孔深(m)	剖面编号	A_0	A_1	A_2	A_3	R^2
4.6	4–5	0.012 6	0.069 0	– 0.009 9	0.000 6	0.994 1
	8–9	– 0.026 8	0.086 8	– 0.013 7	0.000 8	0.999 5
	1–5	– 0.008 3	0.035 7	– 0.005 1	0.000 3	0.996 7
4.8	4–5	– 0.015 1	0.070 5	– 0.009 9	0.000 5	0.994 7
	8–9	– 0.019 0	0.079 6	– 0.012 6	0.000 7	0.998 5
	1–5	– 0.011 7	0.042 4	– 0.006 8	0.000 4	0.994 3

由于剖面 1–6 和 3–6 距离爆源较远，受爆破影响程度较小，岩体爆破损伤程度较轻。爆破累积损伤的非线性特性不如剖面 4–5、8–9 和 1–5 明显。剖面 1–6 和 3–6 的岩体疲劳累积损伤随爆破次数增加的演化曲线不再是“倒 S”形的三段式，而是单一的陡增形式(见图 2-18 和图 2-19)。经历 10 次模拟爆破后，由于爆破规模较小，而且距离爆源较远，岩体损伤累积程度没有达到断裂破坏临界值，因而岩体受损伤破坏程度较轻，仍处于细观疲劳裂纹扩展阶段，反映在岩体疲劳累积损伤演化曲线上，就是不再呈现完整的“倒 S”形的“三段式”形状。然而，剖面 1–6 和 3–6 的岩体爆破疲劳累积损伤增长曲线形式也不同于剖面 4–5、8–9 和 1–5 岩体爆破疲劳累积损伤增长曲线前期阶段的缓慢增长形式。因为后两次模拟爆破的药量加大，导致岩体损伤程度突然加剧，所以岩体爆破疲劳累积损伤曲线出现陡增形式，而不是遵循“三段式”疲劳累积损伤曲线的前两个阶段呈现缓慢增长趋势，这与实际情况是相符的。

同样取第 2 章中给出的剖面 1–6 和 3–6 在 4.6 m 和 4.8 m 孔深处岩体爆破累积损伤演化结果进行回归分析，回归结果与试验结果的比较见图 4-9、图 4-10。剖面 1–6 和 3–6 的岩体爆破疲劳累积损伤演化曲线呈现出的非线性特性与剖面 4–5、8–9 和 1–5 不同，因此不再采用三次多项式形式对测试得到的岩体爆破累积损伤演化数据进行回归分析。根据其呈现出的非线性特性，采用如下幂指数形式

$$D = A_0 e^{\frac{n}{B}} + A_1 \tag{4-30}$$

式中，D 为岩体爆破损伤值；n 为爆破次数；A_0、A_1 和 B 为待定系数。

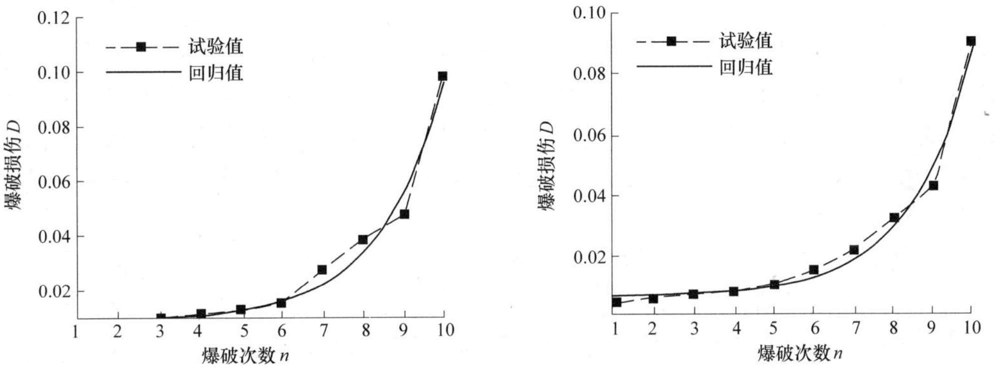

(a)4.6 m 孔深处　　(b)4.8 m 孔深处

图 4-9　1–6 剖面非线性疲劳累积损伤演化曲线

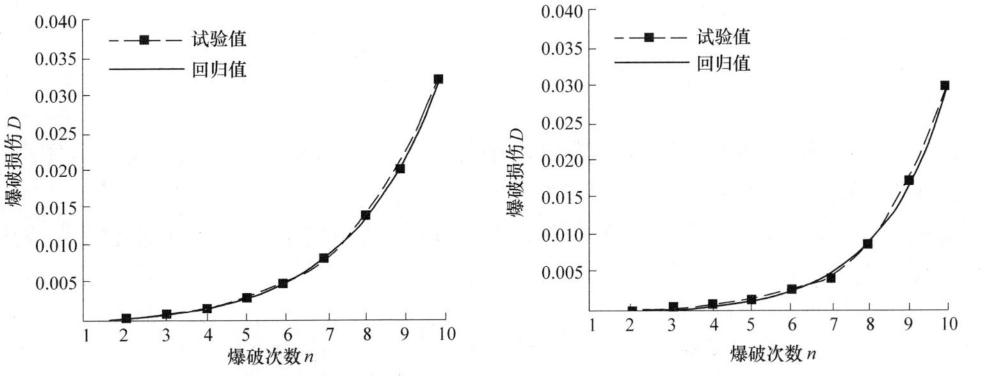

(a)4.6 m 孔深处　　(b)4.8 m 孔深处

图 4-10　3–6 剖面非线性疲劳累积损伤演化曲线

表 4-2 给出了回归拟合待定系数 A_0、A_1 和 B 的具体值。从图 4-9、图 4-10 可以看出，岩体爆破累积损伤回归结果曲线和基于声波测试得到的试验结果曲线也非常接近，说明根据试验结果建立的岩体爆破累积损伤 D 随爆破次数 n 增加的演化关系(即式(4-30))也是正确的(相关系数 $R^2 > 0.981\,6$)。

表 4-2 回归拟合系数

孔深(m)	剖面编号	A_0	B	A_1	R^2
4.6	1–6	0.000 2	1.587 6	0.008 9	0.981 6
	3–6	0.000 4	2.271 7	– 0.000 9	0.998 8
4.8	1–6	0.000 1	1.554 7	0.006 7	0.987 2
	3–6	0.000 1	1.714 3	– 0.000 3	0.998 0

4.4 基于声速变化的岩体爆破累积损伤扩展模型

鉴于声速变化和岩体损伤之间存在良好的相关性，而且具备其他方法不具备的诸多优点，声波测试技术已成为研究岩体爆破损伤的主要方法之一。在本书第 2 章中已经详细论述了应用声波测试技术研究多次爆破作用下岩体爆破累积损伤的方法和过程。本节在第 2 章的基础上，以声速变化表征损伤变量，尝试建立以声速变化为特征的岩体爆破累积损伤扩展模型。

由前述讨论可知，实施模拟爆破后测试并分析得到的岩体损伤应该包括两个部分：一部分是由于岩体中天然节理、裂隙、微孔洞等地质缺陷导致的初始损伤 D_0；另一部分是爆破作用促使裂纹扩展导致的爆破损伤ΔD。因此，爆破后岩体损伤 D 可表述如下

$$D = D_0 + \Delta D \tag{4-31}$$

在第 2 章中已经基于声速变化定义了岩体初始损伤 D_0 的表达式，这里将岩体初始损伤 D_0 的表达式改写为

$$D_0 = 1-\left(\frac{v_m}{v_0}\right)^2 = 1-\left(\frac{v_0-\Delta v_0}{v_0}\right)^2 = 1-\left(1-\frac{\Delta v_0}{v_0}\right)^2 = 1-(1-\eta_0)^2 \tag{4-32}$$

式中，v_m 为岩体中的声波速度；v_0 为岩块中的声波速度；Δv_0 为岩块声速与岩体声速的差值；η_0 为爆破前岩体初始声速降低率。

爆破应力波作用后，岩体爆破损伤出现，损伤总量增加。基于声速变化，岩体爆破损伤ΔD 可以定义为

$$\Delta D = 1-\left(\frac{v}{v_m}\right)^2 = 1-\left(1-\frac{\Delta v}{v_m}\right)^2 = 1-(1-\eta)^2 \tag{4-33}$$

式中，v 为爆破后岩体的声波速度；Δv 为爆破前后岩体声速的变化值；η为爆破后岩体的声速降低率。

在多次爆破作用下，岩体爆破损伤不断增大，但每一次爆破后岩体的爆破损伤ΔD 都可以用声速降低率来描述。假定爆破作用次数为 n，则有

$$\Delta D_1 = 1-\left(\frac{v_1}{v_m}\right)^2 = 1-\left(1-\frac{\Delta v_1}{v_m}\right)^2 = 1-(1-\eta_1)^2 \tag{4-34}$$

$$\Delta D_2 = 1-\left(\frac{v_2}{v_{\mathrm{m}}}\right)^2 = 1-\left(1-\frac{\Delta v_2}{v_{\mathrm{m}}}\right)^2 = 1-\left(1-\eta_2\right)^2 \tag{4-35}$$

$$\vdots$$

$$\Delta D_n = 1-\left(\frac{v_n}{v_{\mathrm{m}}}\right)^2 = 1-\left(1-\frac{\Delta v_n}{v_{\mathrm{m}}}\right)^2 = 1-\left(1-\eta_n\right)^2 \tag{4-36}$$

由此可得，n 次爆破后岩体的损伤总量为

$$D = D_0 + \Delta D_n = 1-\left(1-\eta_0\right)^2 + 1-\left(1-\eta_n\right)^2 \tag{4-37}$$

将式(4-37)进一步整理后，可得

$$D = 2\left(\eta_0 + \eta_n\right) - \eta_0^2 - \eta_n^2 \tag{4-38}$$

式(4-38)就是以岩体声速降低率为基准量表征的岩体爆破累积损伤扩展模型。矿山开采和隧道掘进时，存在频繁爆破作业。在多次爆破作用下，岩体损伤不断累积，当损伤累积达到一定程度时，就会导致岩体失稳破坏。若在生产过程中，应用声波测试技术对岩体爆破损伤进行监测，根据测试数据得到爆破后岩体声速降低率，则可利用式(4-38)得到岩体的损伤累积程度。经回归分析，在确定回归系数 A_0、A_1、A_2 和 A_3 的基础上，结合式(4-29)给出的岩体爆破疲劳累积损伤预测模型，就可以对后续爆破造成的岩体损伤进行估算。经估算得到的岩体损伤接近岩体损伤阈值($D_{阈}$可取 0.85)时，应调整爆破设计，并对关键部位岩体(或软弱破碎岩体)采取加固措施，预防岩体失稳破坏事故。

4.5 小　结

本章分析了爆破地震波破坏效应与损伤断裂机制，探寻了多次爆破作用下中远区岩体疲劳裂纹扩展规律；建立了多次爆破作用下岩体爆破疲劳损伤非线性累积预测模型和岩体爆破累积损伤扩展模型。得到如下主要结论：

(1) 当爆破弱应力波已经衰减到不足以直接破碎岩体的程度时，表现为爆破地震波作用，它对中远区岩体的破坏作用是潜在的、间接的。爆破地震波的破坏效应主要可以分为损伤累积效应和扰动(诱发)破坏效应两种。

(2) 在多次爆破作用下，中远区岩体的损伤断裂破坏机制可以归结为岩体物理力学性能损伤劣化，裂纹尖端处动、静应力集中和裂纹动态扩展(裂纹边界滑动)三种作用。三者互相影响和促进，共同导致岩体损伤断裂破坏。

(3) 岩体爆破损伤疲劳裂纹扩展是一个逐步累积的复杂非线性过程。纵观疲劳损伤断裂全过程，岩体疲劳裂纹扩展可以分为初始损伤变形，细观裂纹形成、扩展和宏观裂纹形成、扩展三个阶段。与混凝土类似，岩体疲劳裂纹扩展也遵循双 K 准则，其疲劳裂纹扩展曲线呈“倒 S”形的三段式。

(4) 基于声波测试，对分析得到的岩体爆破损伤数据进行了回归分析，建立了岩体爆破疲劳损伤非线性累积预测模型。通过将回归分析结果与试验得到的结果进行比较，发现二者非常接近，说明根据试验分析结果建立的岩体爆破疲劳损伤非线性累积预测模型是合理的(相关系数 $R^2>0.981\,6$)。

(5) 以声速变化表征损伤变量，分析了多次爆破作用下岩体累积损伤与声速变化的对应关系，建立了以岩体声速降低率为基准量的岩体爆破累积损伤扩展模型。该模型将多次爆破作用后岩体损伤总量定义为初始损伤和爆破损伤之和，综合考虑了损伤累积效应和岩体初始损伤的影响。

第 5 章　爆破损伤作用下岩体力学参数研究与工程应用

5.1 引　言

岩体力学参数研究是岩体工程(边坡工程、地下工程等)稳定性分析的前提和依据，其取值的准确与否直接关系到工程的安全性和经济性[102, 249]。如何获取合理的、可靠的岩体力学参数，一直是国内外岩体力学与工程研究领域的热点与难点课题。随着计算仿真技术的不断进步，数值模拟方法已经在岩土工程理论与实践中得到广泛应用。然而，数值模拟结果的准确性主要取决于本构模型的正确性和岩体力学参数的可靠性[250]。目前，岩体数值计算声誉很高，信誉不高，很大程度上与岩体力学参数选取不当有关。

本章在已有岩体力学参数研究的基础上，指出了Hoek-Brown经验准则及其改进方法中存在的问题和不足。基于爆破作业对岩体质量的损伤弱化效应，对Hoek-Brown公式做了进一步改进和完善，提出了爆破损伤作用下岩体力学参数研究方法——BDRMP(Blasting Damaged Rock Mechanical Parameters)法。该方法充分考虑开挖爆破对岩体的扰动弱化程度，建立了爆破累积损伤、岩体完整程度与岩体力学参数劣化程度之间的定量关系，可以更好地确定介于破碎岩体和完整岩体之间的岩体力学参数。将 BDRMP 法与他人提出的 Hoek-Brown 改进方法进行了对比，验证了 BDRMP 法的正确性与合理性。运用提出的 BDRMP 法研究得到了厂坝铅锌矿岩体力学参数，为深入开展爆破作用下地下工程岩体失稳机理的突变理论分析和采空区稳定性数值模拟研究奠定了有力的基础。

5.2 考虑爆破损伤作用时参数 m_b、s 的取值方法——BDRMP 法

5.2.1 Hoek-Brown 经验公式

Hoek-Brown 经验强度准则是 Hoek 等人在参考格里菲斯经典强度理论的基础上，通过大量试验提出的岩体非线性破坏经验准则。Hoek-Brown 经验准则是国际上公认的发展最完善、最权威的方法之一。其关系式为[102]

$$\sigma_1' = \sigma_3' + \sigma_{ci}\left(m_b \frac{\sigma_3'}{\sigma_{ci}} + s\right)^a \tag{5-1}$$

式中，σ_1'和σ_3'分别是岩体破坏时的最大主应力和最小主应力；σ_{ci}为岩石的单轴抗压强度；m_b为岩体的Hoek-Brown常数，取值范围0.000 000 1 ~ 25；s、a是和岩体质量有关的常数，s 反映岩体破碎程度，取值范围0 ~ 1。

当a=0.5时，即为现在常用的公式形式

$$\sigma_1' = \sigma_3' + \sqrt{m_b \sigma_{ci} \sigma_3' + s\sigma_{ci}^2} \tag{5-2}$$

由式(5-2)可以看出，经验参数 m_b 和 s 的取值准确与否直接关系到计算结果的精度。Hoek[102]等指出，m_b 和 s 的确定非常关键；高云河等[251]指出了 m_b 和 s 的取值对岩体强度的影响，认为 m_b 和 s 在Hoek-Brown经验强度准则中的意义与Mohr-Coulomb强度准则中的黏聚力和内摩擦角类似，实质上是反映岩体特征的宏观力学参数；宋建波等[252]总结了 m_b 和 s 的确定方法，列举了三轴试验、大型剪切试验等试验方法和野外估算方法。在没有试验数据时，Hoek-Brown 建议采用 *RMR* 分类指标值或 *GSI*(地质强度指标)来确定常数 m_b、s。

5.2.2　Hoek-Brown公式中 m_b、s 的取值方法及其改进情况

5.2.2.1　利用CSIR分类指标值 *RMR* 确定 m_b、s

Hoek 和 Brown 将 m_b、s 和 Bieniawski 提出的岩石分类指标值 *RMR* 联系起来，建议利用 *RMR* 直接确定 m_b、s。

(1)对于扰动岩体

$$m_b = \exp\left(\frac{RMR - 100}{14}\right) m_i \tag{5-3}$$

$$s = \exp\left(\frac{RMR - 100}{6}\right) \tag{5-4}$$

(2)对于未扰动岩体

$$m_b = \exp\left(\frac{RMR - 100}{28}\right) m_i \tag{5-5}$$

$$s = \exp\left(\frac{RMR - 100}{9}\right) \tag{5-6}$$

式中，m_i为完整岩石的Hoek-Brown常数 m_b 值，可从本书参考文献[102]中查到。

5.2.2.2　利用地质强度指标(*GSI*)确定 m_b、s

Hoek、Kaiser和Brown于1995年建立了利用地质强度指标(*GSI*)来估计不同地质条件下的岩体强度模型[253]。*GSI*综合各种地质信息进行估值，突破了CSIR分类法中 *RMR* 值在质量极差的破碎岩体结构中无法提供准确值的局限性。对于质量较差的岩体($GSI<25$)，岩芯长度很少有超过 10 cm 的，因此很难找到一个可靠的 *RMR* 值，此时Hoek-Brown 建议采用 *GSI* 法估算 m_b、s 的值。而对于质量较好的岩体($GSI>25$)，Hoek 等[253]则建立了 *GSI* 值与 *RMR* 值之间的对应关系：

(1) 当 $RMR_{76}>18$ 时，$GSI=RMR_{76}$；

(2) 当 $RMR_{76}>23$ 时，$GSI=RMR_{89}-5$；

(3) 当 $RMR_{76}<23$ 或 $RMR_{76}<18$ 时，按挪威岩土工程研究所(NGI) Barton 等提出的岩体质量指标 Q 值确定 GSI。

$$Q=\frac{RQD}{J_{\mathrm{n}}}\cdot\frac{J_{\mathrm{r}}}{J_{\mathrm{a}}}\cdot\frac{J_{\mathrm{w}}}{SRF} \tag{5-7}$$

$$GSI=9\lg Q+44 \tag{5-8}$$

式中，J_{n} 为节理组数；J_{r} 为节理粗糙系数；J_{a} 为节理蚀变系数；SRF 为应力折减系数；RQD 为岩石质量指标；J_{w} 为节理水折减系数；其他符号同上。

确定 GSI 后，即可按如下公式获得 m_{b}、s 的值

$$m_{\mathrm{b}}=\exp\left(\frac{GSI-100}{28}\right)m_{\mathrm{i}} \tag{5-9}$$

当 $GSI>25$(未扰动岩体)时

$$\left.\begin{aligned} s&=\exp\left(\frac{GSI-100}{9}\right)\\ a&=0.5 \end{aligned}\right\} \tag{5-10}$$

当 $GSI<25$(扰动岩体)时

$$\left.\begin{aligned} s&=0\\ a&=0.65-\frac{GSI}{200} \end{aligned}\right\} \tag{5-11}$$

上述提到的 RMR_{76} 和 RMR_{89} 是 Bieniawski Z T 分别于 1976 年和 1989 年提出的岩体质量分类指标值。

由此可见，无论是采用 RMR 法还是 GSI 法，Hoek-Brown 经验公式在确定参数 m_{b}、s 的值时，只考虑了未扰动岩体和扰动岩体两个极端情况，并没有考虑岩体实际受扰动程度的大小。对于介于扰动和未扰动之间的岩体，Hoek-Brown 经验公式没有给出计算 m_{b}、s 的方法。

5.2.2.3　前人对 m_{b}、s 取值方法的改进

1. 张建海等提出的改进公式[254]

张建海等认为，对于现场大剪试体，由于制样等工序的影响，应属于扰动岩体，而对于坝基或坝肩部位的岩体、岩石边坡、地下硐室的围岩应属于介于扰动和未扰动之间的岩体，并提出以下公式，用来确定 m_{b}、s

$$m_{\mathrm{b}}=\exp\left(\frac{RMR-100}{21}\right)m_{\mathrm{i}} \tag{5-12}$$

$$s=\exp\left(\frac{RMR-100}{7.5}\right) \tag{5-13}$$

显然，式(5-12)和式(5-13)仅仅是对式(5-3) ~ 式(5-6)进行了简单处理。即对式(5-3)和式(5-5)中的分母取平均值，得到式(5-12)；同时对式(5-4)和式(5-6)中的分母取平均

值，得到式(5-13)。此改进公式只是在原有公式的基础上进行了简单的算术平均处理，并没有真实考虑岩体受扰动程度的影响，这与实际情况是不相符的。

2. Sonmez H 和 Ulusay R 提出的改进公式[255]

Sonmez H 和 Ulusay R[255]认为目前的 *GSI* 估值方法还相当粗糙，没有考虑工程岩体受开挖、爆破等因素造成的扰动，而不同的开挖方法对岩体的扰动程度是不可忽视的。例如，爆破扰动作用能够使岩体的 *GSI* 值降低 10%左右。为此，Sonmez H 和 Ulusay R 引进了 Kendorski F S 和 Cumming R A[256]提出的开挖方法影响系数 $d_{\rm f}$，推导出岩体强度参数 $m_{\rm b}$、s 的计算公式

$$m_{\rm b}=\exp\left(\frac{GSI-100}{b_{\rm m}}\right)m_{\rm i} \tag{5-14}$$

$$s=\exp\left(\frac{GSI-100}{b_{\rm s}}\right)\ (b_{\rm s}=6\sim 9) \tag{5-15}$$

式中

$$b_{\rm m}=3.14\ln\left[\frac{d_{\rm f}}{d_{\rm f}+340(1-d_{\rm f})}\right]+28 \tag{5-16}$$

$$b_{\rm s}=0.67\ln\left[\frac{d_{\rm f}}{d_{\rm f}+340(1-d_{\rm f})}\right]+9 \tag{5-17}$$

由此可见，式(5-14) ~ 式(5-17)考虑了工程岩体实际受开挖、爆破等因素的扰动，无疑比式(5-12)和式(5-13)更具合理性。然而，要确定开挖方法影响系数 $d_{\rm f}$ 比较困难，不利于工程应用和推广。

5.2.3 考虑爆破损伤作用时参数 $m_{\rm b}$、s 的取值方法——BDRMP 法

众所周知，开挖和爆破作业(特别是频繁爆破作业)会在一定深度范围内造成岩体损伤，从而导致岩体完整性降低，岩体力学参数弱化。爆破开挖损伤区，亦称爆破开挖扰动区。此区域内的岩体，由于加卸载交替作用和爆破动应力产生的累积损伤效应，岩体逐渐从未扰动状态向完全扰动状态过渡。爆破规模较大或距离爆源较近的岩体，爆破损伤严重，受扰动程度较大，甚至产生断裂或破碎；而爆破规模较小或距离爆源较远的岩体，爆破损伤较轻，受扰动程度较小，甚至不会受到爆破开挖的影响。因此，岩体爆破开挖损伤程度以及受扰动程度与岩体开挖方法、爆破作业规模、爆心距以及岩体质量、岩体结构种类等因素密切相关。岩体爆破开挖损伤程度以及受扰动程度不同，岩体完整性降低程度不同，岩体力学参数的弱化程度也不同。Hoek-Brown 经验公式只考虑了未扰动岩体和扰动岩体两个极端情况，而不考虑岩体实际受扰动程度对岩体力学参数弱化程度的影响，必然导致计算结果产生较大偏差。张建海等提出的改进公式只是在原有公式的基础上进行了简单的算术平均处理，也没有真实考虑岩体受扰动程度的影响，这与实际情况是不相符的。Sonmez H 和 Ulusay R 提出的改进公式引入开挖方法影响系数

d_f，考虑了不同开挖方法对岩体扰动程度的影响，对 m_b、s 的取值方法进一步完善，然而其给出的开挖方法影响系数 d_f 难以确定，不便于工程应用。在确定 m_b、s 的取值时，对介于未扰动状态和完全扰动状态之间的岩体，若按未扰动岩体处理，结果会导致岩体力学参数取值偏高；若按完全扰动岩体处理，又会导致岩体力学参数取值偏低。因此，如何有效地、简便地确定开挖和爆破带来的影响，真实地反映岩体受扰动程度，以便能够更好地确定介于未扰动状态和完全扰动状态之间岩体的力学参数，已成为应用 Hoek-Brown 经验公式计算岩体力学参数的关键问题之一。

由于岩体受扰动程度与爆破损伤程度、岩体完整性系数密切相关，为克服 Hoek-Brown 经验准则及其上述改进公式的不足，更好地描述岩体受扰动程度对岩体力学参数的影响，准确地表征不同扰动程度状态下参数 m_b、s 的取值，本章引入岩体完整性系数 K_v 或爆破损伤因子 D，建立了爆破扰动影响系数 K_m 和 K_s 修正模型，提出一种既能考虑岩体受扰动程度的影响，又能方便获得爆破扰动影响系数 K_m 和 K_s 的修正公式[129]——BDRMP 法

$$m_b' = \exp\left(\frac{RMR-100}{K_m}\right)m_i \tag{5-18}$$

$$s' = \exp\left(\frac{RMR-100}{K_s}\right) \tag{5-19}$$

$$a' = \frac{1}{2}+\frac{1}{6}\left(e^{-\frac{GSI}{15}} - e^{-\frac{20}{3}}\right) \tag{5-20}$$

式中

$$K_m = 14(K_v+1) \tag{5-21}$$

$$K_s = 3K_v + 6 \tag{5-22}$$

若用损伤因子 D 表述修正系数 K_m 和 K_s，则有

$$K_m = 14(2-D) \tag{5-23}$$

$$K_s = 9-3D \tag{5-24}$$

本章提出的 m_b'、s' 取值改进公式——BDRMP 法，以岩体完整性系数 K_v 或爆破损伤因子 D 表征岩体受扰动程度。当 K_v=1 或 D=0 时，岩体完整，未受爆破损伤影响，处于未扰动状态，此时 K_m=28，K_s=9；当 K_v=0 或 D=1 时，岩体破碎，爆破损伤严重，处于强烈扰动状态，此时 K_m=14，K_s=6；当 K_v=0. 5 时，BDRMP 法即为张建海等改进的 m_b'、s' 的取值公式。当岩体完整性系数 K_v 或爆破损伤因子 D 介于 0 和 1 之间时，修正系数 K_m 和 K_s 的值可按式(5-21)~式(5-24)计算获得。求出修正系数 K_m 和 K_s 后，代入式(5-18)和式(5-19)，即可得到参数 m_b'、s'。另外，式(5-20)中参数 a' 的取值是平滑连续的，不需要以 GSI=25 作为分界值分别进行计算，而且 a' 的变化范围为 0.5 ~ 0.65，与本书参考文献[102]、[257]中 a' 的取值变化范围一致。由此可见，本章提出的考虑爆破损伤影响的 BDRMP

法，能够准确地描述爆破损伤对岩体力学参数的弱化程度，以便更好地确定介于未扰动状态和完全扰动状态之间岩体的力学参数；BDRMP 法中建立的爆破扰动影响系数 K_m 和 K_s 由岩体完整性系数 K_v 或爆破损伤因子 D 来表达，不但公式简洁，而且物理意义明确。另外，岩体完整性系数 K_v 和爆破损伤因子 D 均可通过岩体声波测试方法获得(详见本书第 2 章)，因此便于工程应用和推广。

岩体完整性系数 K_v 是进行工程岩体分级的重要指标之一，爆破损伤变量 D 可以较好地描述爆破扰动作用下岩体的劣化程度，而岩体所处的扰动状态则与完整程度和爆破损伤密切相关。因此，岩体完整程度、爆破损伤程度和扰动状态三者之间必然存在某种联系，实际上 K_v=1–D。本章在参考国标《工程岩体分级标准》中关于岩体完整程度划分标准的基础上，建立了岩体完整程度、损伤程度与受扰动程度之间的相互对应关系，见表 5-1。

表 5-1　岩体完整程度、损伤程度与扰动状态对应关系表

岩体完整性系数 K_v	> 0.75	0.75~0.55	0.55~0.35	0.35~0.15	< 0.15
岩体完整程度	完整	较完整	较破碎	破碎	极破碎
岩体损伤因子 D	< 0.25	0.25~0.45	0.45~0.65	0.65~0.85	> 0.85
岩体损伤程度	轻度	中轻度	中度	严重	极严重
岩体扰动状态	未(或微)扰动	轻(或中)度扰动	扰动	严重扰动	极度扰动

5.2.4　根据 BDRMP 法估算岩体力学参数

5.2.4.1　岩体抗压与抗拉强度参数

令式(5-2)中 $\sigma_3'=0$，即可求得岩体单轴抗压强度 σ_{cm}，将参数 m_b、s 改为 BDRMP 法中提出的 m_b'、s'，则有

$$\sigma_{cm}=\left(s'\right)^{a'}\sigma_{ci} \tag{5-25}$$

Hoek[102]给出了岩体单轴抗拉强度 σ_{tm} 的计算公式，同样将参数 m_b、s 改为 BDRMP 法中提出的 m_b'、s'，则有

$$\sigma_{tm}=\frac{1}{2}\sigma_{ci}\left[m_b'-\sqrt{(m_b')^2+4s'}\right] \tag{5-26}$$

5.2.4.2　岩体变形模量

岩体变形模量参数是岩体的重要力学指标之一。实践表明，由于岩体中节理等软弱结构面的存在以及爆破开挖作用对岩体的损伤，岩体的变形模量比室内测定的岩块的变形模量低得多。如何获取合理的岩体变形模量，国内外学者给予了足够的关注，先后提出了一系列基于岩体分类指标确定岩体变形模量的方法，其中较著名、应用较广泛的经验公式如表 5-2 所示。

表 5-2　几个主要的确定岩体变形模量的经验公式

公式编号	经验公式	引自何处
(a)	$E_m = 2RMR_{76} - 100$，$RMR_{76} > 50$（GPa）	本书参考献[258]
(b)	$E_m = 25\lg Q$，$Q>1$（GPa）	Barton，1980
(c)	$E_m = 10^{(RMR_{76}-10)/40}$(GPa)	本书参考文献[259]
(d)	$E_m / E = 0.002\,8RMR^2 + 0.9e^{RMR/22.82}$(%)	本书参考文献[258]
(e)	$E_m / E = 0.5[1-\cos(\pi \cdot RMR_{89}/100)]$（%）	Mitrietal，1994
(f)	$E_m = \sqrt{\frac{\sigma_{ci}}{100}} 10^{(GSI-10)/40}$，$\sigma_{ci} <100$ MPa（GPa）	本书参考文献[102]、[257]

表 5-2 中，E_m 为岩体变形模量；E 为岩石弹性模量；其余符号意义同前。

由表 5-2 可知，式(a)、(b)只有在 $RMR_{76}>50$ 和 $Q>1$ 时才能成立，无法适用于 RMR 值的整个范围；当 RMR 为 50~55，$Q<2$ 时，式(a)、(b)确定的岩体变形模量偏低，与现场测试结果的拟合性较差。式(c)、(d)确定的岩体变形模量相差不大，但式(c)的拟合效果更好一些。与原位测试资料相比，式(e)确定的岩体变形模量偏高，特别是 RMR 值较低时偏高更明显。因此，本章选用式(c)、(f)估算岩体变形模量。考虑爆破开挖对岩体的损伤作用，将爆破开挖损伤因子 D 作为扰动影响系数引入式(c)、(f)，可得[260]

$$E_m = (1-\frac{D}{2})10^{(RMR_{76}-10)/40} \quad (\sigma_{ci} \geqslant 100\ \text{MPa}) \tag{5-27}$$

$$E_m = (1-\frac{D}{2})\sqrt{\frac{\sigma_{ci}}{100}}10^{(GSI-10)/40} \quad (\sigma_{ci} < 100\ \text{MPa}) \tag{5-28}$$

求解岩体变形模量时，也可将岩体完整性系数 K_v 引入式(c)、(f)，则有

$$E_m = \frac{1+K_v}{2}10^{(RMR_{76}-10)/40} \quad (\sigma_{ci} \geqslant 100\ \text{MPa}) \tag{5-29}$$

$$E_m = \frac{1+K_v}{2}\sqrt{\frac{\sigma_{ci}}{100}}10^{(GSI-10)/40} \quad (\sigma_{ci} < 100\ \text{MPa}) \tag{5-30}$$

5.2.4.3　岩体抗剪强度参数

在岩土工程中经常用到 Mohr-Coulomb（MC）破坏准则，而且许多数值计算软件推荐使用 MC 强度准则进行弹塑性力学分析。然而，Hoek-Brown（HB）经验强度准则综合考虑了岩体结构、工程地质条件和地下水的影响，能够更好地反映岩体破坏的非线性特征。实际上，岩体破坏包络线是曲线，因此 HB 强度准则比线性的 MC 强度准则更符合岩体实际破坏特点。

与法向应力和切向应力有关的岩土工程中常用的 Mohr 包络线，可由 Hoek-Brown（1980）提出的方法确定。为模拟大尺寸现场岩体的试验，由式（5-1）生成一系列三轴试验值，经统计分析与曲线拟合，可以导出等效的 Mohr 包络线方程，表达式如下

$$\tau = A\sigma_{ci}\left(\frac{\sigma_n' - \sigma_{tm}}{\sigma_{ci}} + s\right)^B \tag{5-31}$$

式中，A、B 为材料常数；σ_n' 为法向等效应力。

MC 强度准则最大主应力与最小主应力之间的线性关系为

$$\sigma_1' = \sigma_{cm} + k\sigma_3' \tag{5-32}$$

式中，k 为 σ_1' 和 σ_3' 之间线性关系的斜率。

若将 MC 强度准则的线性关系改写为

$$\sigma_1' = \frac{2c'\cos\phi'}{1-\sin\phi'} + \frac{1+\sin\phi'}{1-\sin\phi'}\sigma_3' \tag{5-33}$$

则岩体的黏聚力 c' 和内摩擦角 ϕ' 可由下式来计算

$$\sin\phi' = \frac{k+1}{k-1} \tag{5-34}$$

$$c' = \frac{\sigma_{cm}(1-\sin\phi')}{2\cos\phi'} \tag{5-35}$$

由于 HB 强度准则与 MC 强度准则之间没有直接的关系，因此要通过 MC 强度准则确定 HB 强度准则中岩体的黏聚力 c' 和内摩擦角 ϕ' 是比较困难的。

经过评价，Hoek 等认为最实用的方法是利用式(5-1)生成一系列的三轴试验值，来模拟现场试验。在 $\sigma_t < \sigma_3' < \sigma_{3max}'$（$\sigma_{3max}'$ 为 HB 强度准则与 MC 强度准则对应关系限制应力的上限）的情况下，用式(5-34)和式(5-35)对得到的曲线进行线性拟合，即可求出岩体的黏聚力 c' 和内摩擦角 ϕ'。

将式(5-31)定义的 Mohr 包络线方程改写为如下形式

$$Y = \log A + BX \tag{5-36}$$

式中，$Y = \log\dfrac{\tau}{\sigma_{ci}}$；$X = \log\dfrac{\sigma_n' - \sigma_{tm}}{\sigma_{ci}}$。

可按线性回归得到 A、B 的值

$$A = 10^{\left[\sum Y/T - B(\sum X/T)\right]} \tag{5-37}$$

$$B = \frac{\sum XY - (\sum X \sum Y)/T}{\sum X^2 - (\sum X)^2/T} \tag{5-38}$$

式中，T 为线性回归中数据对的总数。

由此，可以得到岩体的黏聚力 c' 和内摩擦角 ϕ' 计算公式

$$c' = \frac{\delta\beta}{\lambda\sqrt{1+6am_b\beta/\lambda}}\sigma_{ci} \tag{5-39}$$

$$\phi' = \arcsin\left(\frac{6am_b\beta}{2\lambda + 6am_b\beta}\right) \tag{5-40}$$

式中

$$\delta = (1+2a)s + (1-a)m_b\sigma_{3n}' \tag{5-41}$$

$$\beta = (s + am_b\sigma_{3n}')^{a-1} \tag{5-42}$$

$$\lambda = (1+a)(2+a) \tag{5-43}$$

$$\sigma_{3n}' = \frac{\sigma_{3\max}'}{\sigma_{ci}} \tag{5-44}$$

除此之外，还有一种确定岩体的黏聚力 c' 和内摩擦角 ϕ' 的方法，即根据式(5-1)拟合出真实的 Mohr 包络线方程，用来确定岩体的瞬时黏聚力 c' 和内摩擦角 ϕ'，在此不再赘述，详见本书参考文献[250]。

此外，罗一忠等[261]基于 MC 强度准则介绍了一种更为简单的岩体黏聚力 c' 和内摩擦角 ϕ' 计算公式

$$c' = \frac{1}{2}\sqrt{\sigma_{cm}\sigma_{tm}} \tag{5-45}$$

$$\phi' = \arctan\frac{\sigma_{cm} - \sigma_{tm}}{2\sqrt{\sigma_{cm}\sigma_{tm}}} \tag{5-46}$$

5.3　BDRMP 法的验证分析

罗一忠等[261]对大厂 91 号矿体岩石力学参数进行了工程处理，得到岩体力学参数时采用的计算方法是改进前的 Hoek-Brown 经验强度准则，m_b、s 的取值完全遵循式(5-3)~式(5-6)。下面以本书参考文献[261]中的有关数据为基础，分别利用张建海等提出的改进公式和 BDRMP 法确定大厂 91 号矿体的岩体力学参数。将 BDRMP 法计算结果、张建海改进公式计算结果与本书参考文献[261]中的结果进行对比，以说明 BDRMP 法的正确性与合理性。岩石单轴抗压强度等原始数据参考文献[261]，计算中所需的其他数据见表 5-3。

表 5-3　计算中所需的几个相关参数

岩石种类	文献[261]		张建海改进公式		BDRMP 法		
	m_b	s	m_b	s	K_v	m_b	s
小扁豆灰岩	1.700	0.040	1.121	0.018 4	0.896	1.587	0.034 8
含矿小扁豆灰岩	1.570	0.036	1.011	0.015 8	0.740	1.289	0.024 4
含矿细条带灰岩	1.247	0.027	0.756	0.010 6	0.692	0.949	0.015 8
细条带灰岩	1.441	0.033	0.906	0.013 9	0.721	1.149	0.021 2
宽条带灰岩	1.894	0.046	1.294	0.022 6	0.692	1.538	0.030 6

表 5-3 中 K_v 是由文献[261]中提供的节理密度，根据铁道部科研院西南所给出的统计公式计算得来的，再由式(5-21)和式(5-22)可得到爆破扰动影响系数 K_m 和 K_s。而表 5-3 中张建海改进公式和 BDRMP 法的 m_b、s 则是根据文献[261]中提供的 m_b、s，将式(5-12)、式(5-13)和式(5-14)、式(5-15)与式(5-3)~式(5-6)对比得来的。计算得到的岩体强度参数和变形模量以及文献[261]中的有关结果见表 5-4。将三者得到的岩体抗压强度和黏聚力结果，分别进行作图分析，如图 5-1 和图 5-2 所示。从表 5-4 和图 5-1、图 5-2 中可以看出，BDRMP 法计算得到的岩体强度参数比文献[261]中的结果低。原因是文献[261]计算时采用的是改进前的 Hoek-Brown 经验强度准则，在 m_b、s 取值时没有充分考虑到爆破开挖对岩体力学参数的弱化作用，按岩体处于未扰动状态处理，因此计算结果偏高。BDRMP 法计算结果比张建海改进公式计算结果高，是因为文献[261]中列出的几种岩体比较完整，岩体完整性系数普遍在 0.69 以上，而且强度较高，岩石单轴抗压强度高达 219.2 MPa，属于坚硬完整岩石。而张建海改进公式实际上是取岩体完整性系数等于 0.50，与实际情况不符，因此计算结果偏低。对比分析结果表明：本章提出的BDRMP法是正确的、合理的。

表 5-4 计算结果对比分析

计算方法	岩体力学参数	岩石种类				
		小扁豆灰岩	含矿小扁豆灰岩	含矿细条带灰岩	细条带灰岩	宽条带灰岩
文献[261]	抗压强度(MPa)	13.74	24.27	32.78	32.34	47.01
	抗拉强度(MPa)	1.59	2.89	4.25	4.01	5.26
	变形模量(GPa)	30.30	30.00	20.80	26.40	38.90
	黏聚力(MPa)	2.34	4.19	5.90	5.69	7.86
	内摩擦角(°)	52	51	50	51	53
张建海改进公式	抗压强度(MPa)	9.31	16.08	20.56	20.96	32.95
	抗拉强度(MPa)	1.11	1.97	2.75	2.68	3.78
	变形模量(GPa)	23.71	21.13	15.85	18.84	28.18
	黏聚力(MPa)	1.61	2.82	3.76	3.75	5.58
	内摩擦角(°)	51.90	51.41	49.82	50.64	52.59
BDRMP法	抗压强度(MPa)	12.82	19.97	25.10	25.89	38.36
	抗拉强度(MPa)	1.49	2.38	3.27	3.23	4.31
	变形模量(GPa)	22.48	18.39	13.41	16.21	23.84
	黏聚力(MPa)	2.18	3.45	4.53	4.57	6.43
	内摩擦角(°)	52.39	51.87	50.30	51.12	52.94

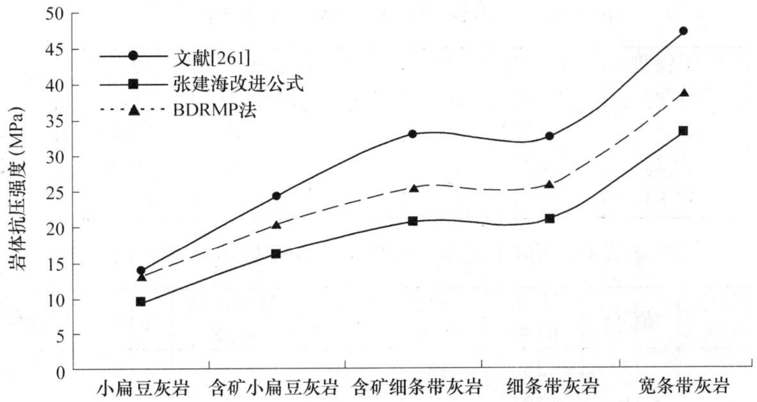

图 5-1　3 种计算方法所得岩体抗压强度对比

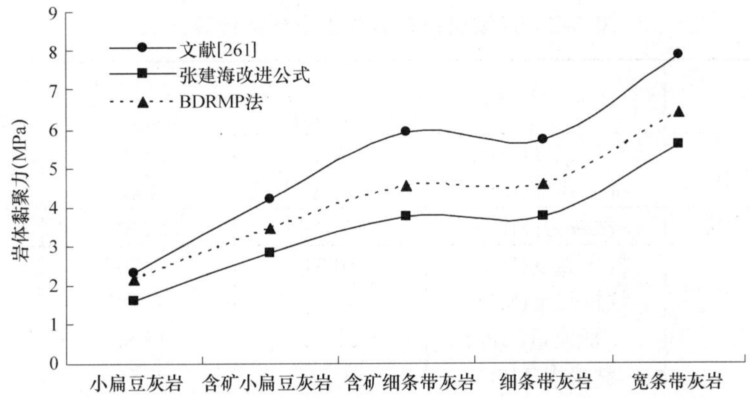

图 5-2　3 种计算方法所得岩体黏聚力对比

5.4　BDRMP 法在厂坝铅锌矿岩体力学参数研究中的应用

5.4.1　工程概况

厂坝铅锌矿是我国特大型铅锌矿床之一，属于中温热液充填交代似层状矿体。矿体基本可分为Ⅰ#、Ⅱ#两大系统，Ⅰ#系统赋存于灰白色中细粒结晶灰岩中，Ⅱ#系统赋存于黑云母石英片岩、黑云母片岩及石英片岩中。由于长期的群采破坏，矿体和围岩受到不同程度的爆破开挖损伤和扰动，留下的数百万立方米未处理群采空区，形成了巨大的安全隐患。为此，国家“十五”科技攻关计划专门立项，对厂坝铅锌矿地压岩石力学问题和复杂多空区条件下的采矿技术进行研究。据长沙矿山研究院的研究成果，厂坝铅锌矿室内试验所得岩石物理力学参数如表 5-5 所示[207]。根据提供的岩体质量评价结果，按 Bieniawski 提出的岩石分类指标值 *RMR*，计分结果如表 5-6 所示。几种计算方法所得岩体力学参数值如表 5-7 所示。图 5-3、图 5-4 和图 5-5 分别为准岩体强度法、张建海改进公式以及 BDRMP 法三种计算方法所得出的岩体抗压强度、抗拉强度和变形模量的比较。

表 5-5　厂坝铅锌矿岩石物理力学参数[207]

岩石种类	抗压强度(MPa)	抗拉强度(MPa)	弹性模量(GPa)	黏聚力(MPa)	内摩擦角(°)	泊松比	密度(kg/m^3)
结晶灰岩	121.44	8.86	61.53	16.27	55.63	0.20	2 700
铅锌矿石	110.23	4.31	92.42	10.90	70.00	0.26	2 730
黑云母片岩	133.83	9.23	70.07	17.57	60.57	0.22	2 720

表 5-6　*RMR* 指标评分值与 CSIR 岩体质量分级

岩石种类	抗压强度	*RQD*	节理间距	节理状态	地下水	节理产状修正	总评分值	岩体分类	质量描述
结晶灰岩	10	11	25	18	10	−5	69	Ⅱ	好
铅锌矿石	8	10	20	15	10	−5	58	Ⅲ	一般
黑云母片岩	9	11	20	12	10	−5	57	Ⅲ	一般

表 5-7　厂坝铅锌矿岩体力学参数计算结果

计算方法	岩体力学参数	岩石种类		
		结晶灰岩	铅锌矿石	黑云母片岩
准岩体强度法	抗压强度(MPa)	86.22	62.83	81.64
	抗拉强度(MPa)	6.29	2.46	5.63
格吉经验公式法	黏聚力(MPa)	1.47	0.40	0.46
张建海改进公式	抗压强度(MPa)	10.31	6.70	7.61
	抗拉强度(MPa)	0.51	0.18	0.22
	变形模量(GPa)	21.14	15.85	14.96
	黏聚力(MPa)	1.14	0.54	0.65
	内摩擦角(°)	44.96	61.54	60.55
BDRMP 法	抗压强度(MPa)	12.48	7.23	8.59
	抗拉强度(MPa)	0.60	0.19	0.25
	变形模量(GPa)	18.07	12.44	12.05
	黏聚力(MPa)	1.37	0.58	0.73
	内摩擦角(°)	45.26	61.65	60.73

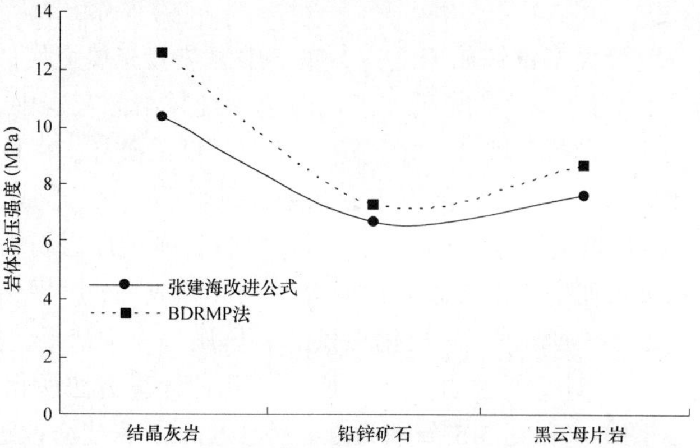

图 5-3　几种计算方法所得厂坝矿岩体抗压强度对比

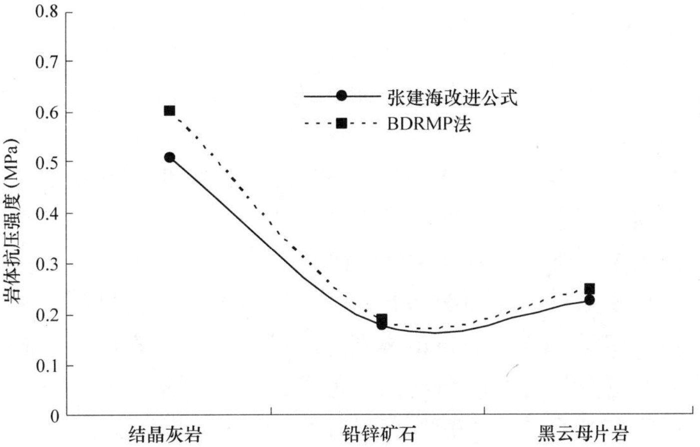

图 5-4　几种计算方法所得厂坝矿岩体抗拉强度对比

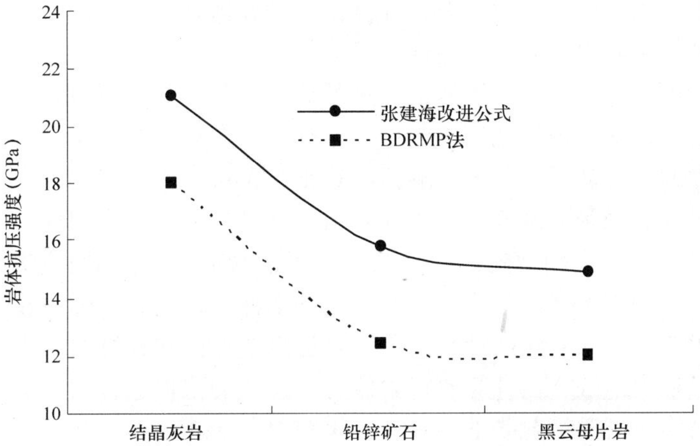

图 5-5　几种计算方法所得厂坝矿岩体变形模量对比

5.4.2　计算中的有关说明

(1) 准岩体强度法。根据工程地质调查和现场声波测试结果，可知结晶灰岩、铅锌矿石和黑云母片岩的完整性系数 K_v 分别为 0.71、0.57 和 0.61，则按公式 $R_m=K_vR$(式中，R_m 为准岩体强度；R 为岩石强度；K_v 为岩体完整性系数)，可求出岩体的抗压强度和抗拉强度。

(2) 张建海改进公式。由本书参考文献[102]可以查得结晶灰岩、铅锌矿石和黑云母片岩的 m_i 分别为 10、17 和 15。由表 5-6 中列出的 RMR 值和式(5-12)、式(5-13)可确定 m_b、s；张建海改进公式中，参数 a 的值取 0.5，然后按式(5-25)～式(5-46)可分别得到岩体的力学参数。

(3) BDRMP 法。由完整性系数 K_v 按式(5-21)和式(5-22)可求得岩体的爆破扰动影响系数 K_m、K_s，结晶灰岩、铅锌矿石和黑云母片岩的 K_m、K_s 分别为 23.94、21.98、22.54 和 8.13、7.71、7.83。由表 5-6 中列出的 RMR 值和式(5-18)、式(5-19)可确定 m_b'、s'；根据 RMR 值得到 GSI 值，再由式(5-20)可计算得到 a' 的值，然后按式(5-25)～式(5-46)可分别得到岩体的力学参数。

5.4.3 计算结果分析

从表 5-7 中可以看出，准岩体强度法计算结果比张建海改进公式和 BDRMP 法计算结果高得多，是因为准岩体强度法仅仅考虑了岩体的完整程度，将岩石力学参数简单折减为岩体力学参数，而没有考虑岩体节理特性、地下水、爆破开挖扰动等因素的影响，结果必然偏高。从表 5-7 的计算结果以及图 5-3~图 5-5 中的对比情况可以发现，张建海改进公式计算得到的岩体强度指标比 BDRMP 法计算得到的岩体强度指标低，而张建海改进公式计算得到的变形模量比 BDRMP 法计算得到的变形模量高。主要原因是张建海改进公式的出发点仍然是 Hoek-Brown 准则，考虑的影响因素比较全面，因此计算结果比准岩体强度法低，这是符合实际情况的。但是，它仅考虑了岩体介于扰动与未扰动之间的中间情况，即完整性系数 K_v=0.5 时的情况，而没有考虑完整性系数 K_v 的实际值，没有考虑岩体所处的真实扰动程度。由于厂坝铅锌矿岩体实际完整性系数 K_v 高于 0.5，即岩体比较完整，因此张建海改进公式计算得到的岩体强度指标偏低。由于 BDRMP 法在计算岩体变形模量时引入岩体完整性系数 K_v 或岩体损伤 D，对 Hoek-Brown 准则提供的计算公式进行修正，充分考虑了岩体受扰动程度，因此计算所得岩体变形模量比张建海改进公式计算结果低。根据现场工程地质调查可知，厂坝铅锌矿岩体比较完整，围岩比较稳固，爆破开挖扰动对岩体的影响程度较小，再次说明本章提出的 BDRMP 法计算结果比准岩体强度法和张建海改进公式计算结果更可靠、更具合理性。

虽然没有进行现场大型剪切试验，无法直观地验证本章提出的 BDRMP 法的合理性。但是从开挖后的情况来看，采场围岩仍能基本保持稳定，发生的收敛位移较小，岩体强度较高，说明 BDRMP 法的计算结果比张建海改进公式计算结果更符合厂坝铅锌矿现场实际情况。以 BDRMP 法计算所得岩体力学参数为依据进行了采空区稳定性数值模拟，计算结果与实际观测情况基本一致，也表明 BDRMP 法是正确的、合理的。

本章提出的BDRMP法，引入岩体完整性系数 K_v 的实测值，建立了爆破扰动影响系数 K_m、K_s 修正模型，充分考虑了岩体受损伤和扰动程度，而 K_m、K_s 由完整性系数 K_v 或岩体损伤因子 D 确定，容易获取。因此，对工程应用有较好的参考价值。

5.5 小 结

本章在总结归纳国内外岩体力学参数主要研究方法的基础上，指出了 Hoek-Brown 经验准则及其改进方法中存在的问题和不足，提出了爆破损伤作用下岩体力学参数研究方法 BDRMP 法。运用提出的 BDRMP 法研究得到了厂坝铅锌矿岩体力学参数，为开展爆破作用下地下工程岩体失稳机制的突变理论分析和采空区稳定性数值模拟研究奠定了有力的基础。得到如下主要结论：

(1) 在确定岩体力学参数的众多经验公式中，Hoek-Brown 公式由于考虑因素比较全面，发展比较完善，已成为工程应用中的首选方法之一。然而，该方法只考虑了未扰动岩体和扰动岩体两个极端情况，对于介于扰动和未扰动之间的岩体，Hoek-Brown 公式没有给出计算 m_b、s 的方法。

(2) 张建海等人修正了 Hoek-Brown 经验公式存在的不足，然而只是对有关公式的分母进行了简单的算术平均处理，并没有真正考虑岩体实际受扰动程度；Sonmez H 和 Ulusay R 提出的改进公式考虑了岩体真实受扰动程度，但是开挖方法影响系数难以确定，不利于工程应用和推广。

(3) 本章基于爆破开挖作业对岩体质量的损伤弱化效应，提出了爆破扰动作用下岩体力学参数研究方法——BDRMP 法。该方法充分考虑开挖爆破对岩体的扰动弱化程度，建立了爆破损伤程度、岩体完整程度与岩体力学参数弱化程度之间的定量关系，可以更好地确定介于完全扰动(破碎)和未扰动(完整)岩体之间的岩体力学参数。BDRMP 法引入岩体完整性系数 K_v，建立了爆破扰动影响系数 K_m、K_s 修正模型，用来表征岩体受扰动程度，既能真实地考虑岩体受扰动程度，又能方便地获得修正系数 K_m、K_s，因此便于工程应用和推广。

(4) 以本书参考文献[261]提供的数据为基础，将 BDRMP 法与 Hoek-Brown 公式及张建海改进方法进行了对比分析，验证了 BDRMP 法的正确性与合理性。

(5) 运用本章提出的 BDRMP 法研究得到了厂坝铅锌矿岩体力学参数，为下一章节深入开展爆破作用下地下工程岩体失稳机制的突变理论分析和复杂采空区稳定性数值模拟研究奠定了有力的基础。

第6章 爆破作用诱发地下工程岩体失稳的突变理论分析

6.1 引 言

爆破动载荷作用下岩体工程失稳破坏现象经常发生，例如爆破诱发的边坡滑动、结构倒塌、顶板垮落、矿柱失稳、岩爆、底板突水等。这些失稳破坏现象往往具有突发性、非连续性、非线性等性质，突变理论正是为揭示这种现象的本质而建立的一种数学方法。因此，应用突变理论来研究爆破动载荷诱发地下工程岩体(顶板、矿柱、围岩等)失稳的机制是可行的、恰当的。

Thom R(1972)[131]创立的突变理论克服了微积分方程只能用来描述连续变化现象的缺陷，对许多非连续问题给予了比较完满的解答[137]。近年来，突变理论在岩体工程稳定性分析中的应用取得了很大进展。但是研究成果主要集中在静载荷作用下边坡、矿柱和硐室失稳机理研究[137-163]。对于结构弹性冲击屈曲与地震响应问题，沈茂山等[262]应用突变理论研究了结构在简谐载荷下的振动屈曲和阶跃载荷下的冲击屈曲问题；许强等[171]借助突变理论研究了地震作用下结构非线性响应问题；左宇军[172]以突变理论为工具研究了动静组合作用下岩石的动态断裂失稳特性。由于处理岩体动力稳定性问题时，在数学上会遇到很大困难，所以爆破等动载荷作用下岩体工程失稳破坏的突变理论研究，目前还相对较少。

本章针对地下工程岩体，分析了反复爆破动载荷作用诱发地下工程岩体失稳的非线性机制，探讨了爆破动载荷作用下地下硐室顶板、矩形矿柱的动力稳定性问题，建立了其失稳的突变模型，分析了失稳过程的非线性演化规律，导出了其失稳的充要力学条件判据。另外，根据失稳条件确定了地下硐室顶板的临界安全厚度，分析了临界安全厚度的主要影响因素，以及竖向压力 P、爆破扰动强度 q_0、爆破扰动频率 ω_0 对矩形矿柱失稳机制的影响，为进一步揭示地下工程岩体在爆破震动载荷作用下的失稳破坏机制奠定了基础。

6.2 尖点突变理论

Thom 证明[131]，在 4 维空间中，对于状态参数不超过 3 维的系统，最多只有 7 种基本突变形式。目前，最常用的突变形式是尖点突变模型，它的相空间是 3 维的，其势函数的标准形式为

$$\Pi(x)=\frac{1}{4}x^4+\frac{1}{2}px^2+qx \tag{6-1}$$

式中，x 为状态变量；p、q 为控制变量。

当势函数 $\Pi(x)$ 的一阶导数为零，即

$$\Pi'(x)=x^3+px+q=0 \tag{6-2}$$

时，存在平衡曲面 M。

式(6-2)即为系统平衡方程，如图 6-1(a)所示，这是一个具有光滑折痕的曲面，其上一点代表所研究系统的一种平衡状态。对势函数求二阶导数，得

$$\Pi''(x)=3x^2+p \tag{6-3}$$

在曲面 M 的上叶和下叶上，满足 $\Pi''(x)>0$，即系统势能取极小值，则平衡状态是稳定的；在曲面的中叶上，满足 $\Pi''(x)<0$，即系统势能取极大值，则平衡状态是非稳定的。

在曲面上叶、下叶与中叶的交界处，即光滑折痕 OA、OB 上，$\Pi''(x)=0$，即为临界状态，其上满足分叉集方程

$$4p^3+27q^2=0 \tag{6-4}$$

式(6-4)称为分叉集方程，如图 6-1(a)所示。当系统状态处于下叶时，平衡是稳定的，随着外界条件的进一步变化，系统平衡点移到折痕上，即达到临界平衡状态。在微小扰动下系统平衡点又由折痕移到中叶上，而中叶是非稳定状态，无法存在，必然跳到对应的上叶上，从而引起该系统失稳(见图 6-1(b))。

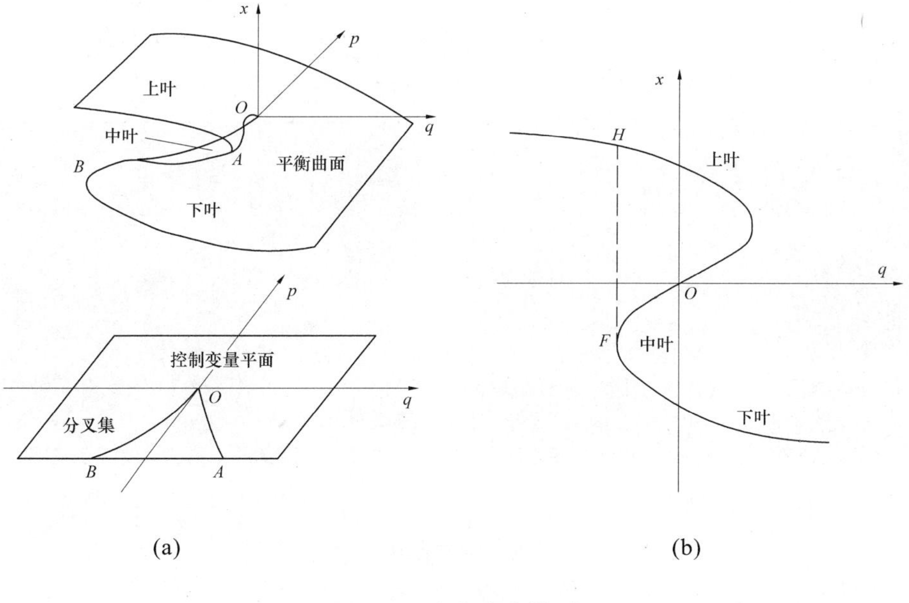

(a)　　(b)

图 6-1　尖点突变模型

6.3　多次爆破作用诱发地下工程岩体失稳的非线性机理分析

在反复爆破动载荷作用下，岩体失稳破坏是一个复杂的非线性过程。岩体动力失稳现象的发生，是内因(岩体特性、工程结构形式等)和外因(外界扰动类型及其特性等)联合作用的结果。从哲学角度考虑，系统从稳定状态向不稳定状态转化，是一个量变到质变的过程。当量变累积至一定程度时，系统达到临界平衡状态，任何微小的外界扰动(例如爆破中远区地震波作用)都可能使系统跨越临界点，发生失稳破坏，即所谓“一根稻草压垮一匹骆驼”。根据现代非线性科学的观点，在临界点处，扰动的诱发作用主要是通过放大效应来实现的。由于这时系统处于高度不稳定状态，任何微小的扰动都会被放大，微扰动在临界点附近会转变成巨扰动，正是这种巨扰动驱动着事物向新的状态演化[133, 170]。

由于生产的需要，许多矿山从地下开采转为露天开采，例如洛阳栾川钼业集团三道庄矿区等；或者地下与露天同时进行采掘作业，例如白银公司厂坝铅锌矿等。无论是地下开采还是露天开采，地下硐室(巷道、采场或采空区)的顶板和矿柱长期遭受爆破震动和采动载荷(加、卸载)的反复作用。顶板和矿柱岩体中的应力场和变形随机动态变化，必然使得岩体产生疲劳损伤，削弱结构的承载能力。资料显示[240]，砂岩、泥灰岩的疲劳强度仅为其极限强度的60%左右，且岩体越软弱强度降低越显著。在距离爆源较远，或者爆破规模不大的情况下，外界扰动为爆破弱应力波作用，岩体不会直接发生失稳破坏。然而在反复弱应力波加、卸载作用下，岩体中的临界、亚临界裂纹不断扩展，岩体力学性能弱化，动力损伤逐步累积。损伤累积程度达到一定极限，岩体将处于临界平衡状态，此时爆破弱应力波作用便可诱发顶板失稳破坏，从而危及人员和设备的安全。这种失稳破坏现象，本书参考文献[170]中称之为临界微扰失稳效应。这种临界微扰失稳破坏现象往往是突发的、无前兆的非线性动力过程，与有前兆的渐进破坏形式相比，更具危害性，如图 6-2 所示。

(a)有前兆的渐进破坏

(b)无前兆的突发破坏

图 6-2　地下工程岩体失稳破坏现象

在采掘生产过程中，由于频繁爆破作业诱发巷道、采场动力失稳的现象屡见不鲜。例如，国内采用炮采的矿井 50%以上存在着严重的冲击等巷道围岩动力失稳破坏问题[200]，新汶华丰矿 2001 年连续在 3406(1)、3407(1)工作面发生了 2 次重大冲击地压事故，造成了严重的人员伤亡及财产损失。南芬露天铁矿运输主平硐在生产中长期经受爆破震动影响，出现掉块等局部失稳破坏现象[263]。大冶铁矿尖林山矿体，由于地压和周边反复爆破震动作用，巷道支护开裂，矿岩塌落[31]。另外，据本书参考文献[264]记载，某矿山采场下覆的废石运输平硐受频繁生产爆破的影响，出现局部失稳征兆。因此，讨论反复爆破动载荷诱发地下工程岩体失稳的形成机理，揭示顶板和矿柱失稳的本质具有重要的理论和现实意义。

根据非线性科学的观点[133,170,265]，由式(6-2)可得系统的定态条件方程为

$$\frac{\mathrm{d}x}{\mathrm{d}t}=-x^3-px-q=f(x,m) \tag{6-5}$$

考虑到多次爆破动载荷对地下工程岩体稳定性的影响，可引入函数 $F(t)$表征爆破扰动力，则式(6-5)可表述为

$$\frac{\mathrm{d}x}{\mathrm{d}t}=-x^3-px-q+F(t)=f(x,m)+F(t) \tag{6-6}$$

由于爆破震动对地下工程岩体的扰动具有随机性，可引入高斯型分布函数 $W(F)=\dfrac{1}{D\sqrt{2\pi}}\exp(-\dfrac{F^2}{2D})$来反映这一特性[265]，$W(F)$为 $F(t)$的分布函数。在时刻 t、t' 时，爆破扰动力的关联函数为[266]

$$R_F=E[F(t)F(t')]=D\delta(t-t') \tag{6-7}$$

式中，δ为 Dirac 函数；D 为随机扰动的方差。

引入扰动变量 z，令

$$z=x-x_0 \tag{6-8}$$

将式(6-8)代入式(6-6)可得

$$\frac{\mathrm{d}z}{\mathrm{d}t}=-(3x_0^2+p)z-3x_0z^2-z^3-x_0^3-px_0-q+F(t) \tag{6-9}$$

根据稳定性分析方法，取其线性项，并令 $-x_0^3-px_0-q=n$，则扰动方程为

$$\frac{\mathrm{d}z}{\mathrm{d}t}=-(3x_0^2+p)z+n+F(t) \tag{6-10}$$

令 $B(p)=-(3x_0^2+p)$，则有

$$\frac{\mathrm{d}z}{\mathrm{d}t}=B(p)z+n+F(t) \tag{6-11}$$

由式(6-3)可知，$B(p)=-(3x_0^2+p)$ 正是标准尖点突变模型的奇点集方程。

由稳定性理论可知

$$\begin{cases} B(p)<0, & \text{渐近稳定} \\ B(p)>0, & \text{不稳定} \\ B(p)=0, & \text{临界} \end{cases} \tag{6-12}$$

对式(6-11)进行积分，可得其解为[267]

$$z(t) = \int_{-\infty}^{t} e^{\zeta(t-\tau)} F(\tau) \, d\tau \tag{6-13}$$

由式(6-7)及式(6-13)，可得关联函数为

$$R_z = E[z(t+\tau)z(t)] = \frac{D}{2|B|} e^{B\tau} \tag{6-14}$$

本书参考文献[170]中将导致系统失稳的驱动力定义为涨落，这里可以将反复爆破震动视为涨落，则关联函数 $E[z(t+\tau)z(t)]$ 反映了两个时间相距为 τ 的爆破扰动之间的关联(制约、依存)程度。

由式(6-14)可得关联程度与 τ 及 B 的关系，如图 6-3 所示。从图 6-3(a)可以看到：当系统处于稳定状态($B<0$)时，外界扰动之间的关联程度随时间逐渐衰减。此时，各次爆破震动随机发生，各自相互独立，相关程度很小，因此对地下工程岩体的稳定性影响较小。图 6-3(b)表明：当系统逐渐接近于临界平衡状态时($B\to 0$)，各扰动之间不再独立，相关程度剧烈增加，各扰动彼此关联起来，各次爆破扰动“协同”作用，出现所谓的“长程关联”效应，类似“共振”现象。各次爆破扰动共同以剧烈的方式将系统从平衡状态推向失稳，此即反复爆破震动诱发地下工程岩体失稳的本质所在。

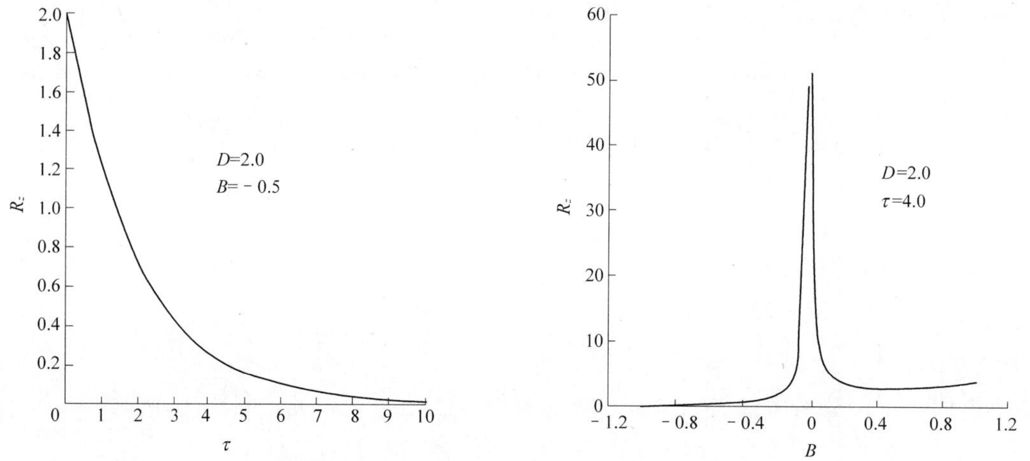

(a)关联程度 R_z 与时间 τ 关系曲线　　(b)关联程度 R_z 与 B 关系曲线

图 6-3　相关函数曲线

6.4　露天爆破对地下硐室顶板稳定性影响的突变理论分析

6.4.1　爆破震动载荷诱发地下硐室顶板失稳的突变模型

对于地下转露天开采和地下与露天联合开采方式，露天爆破产生的爆破地震波在危害地面建(构)筑物安全性的同时，也对地下硐室(地下采场与采空区等)的顶板造成一

定的破坏，例如顶板塌落、层状顶板的离层破坏等。露天生产爆破产生的爆破震动对地下硐室顶板的影响，如图 6-4 所示。根据地下硐室的几何尺寸、岩体强度特征、完整程度及其地质特征，可将顶板视为平面应力问题，在轴向上截取单位厚度，将其简化为水平简支梁，如图 6-5、图 6-6 所示。

图 6-5 和图 6-6 中，$P(x,t)$为作用在梁上的竖向爆破震动载荷；P_0为梁的自重载荷，$P_0=mg$，m 为梁的质量，g 为重力加速度；σ_H 为水平地应力；L 为梁的跨度；h 为顶板的厚度(或称为高度)；f 为梁的挠度。

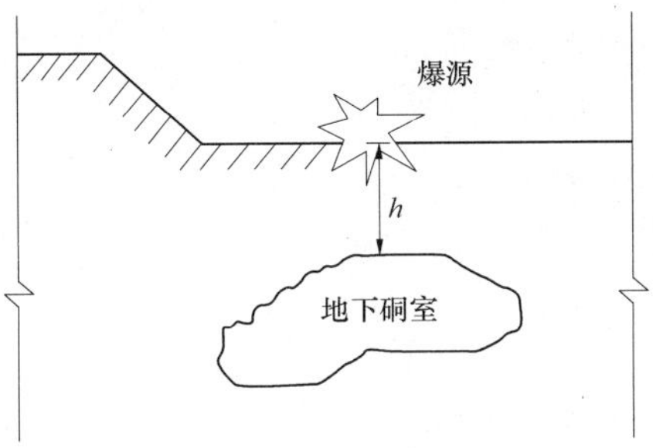

图 6-4　露天爆破对地下硐室的影响示意图

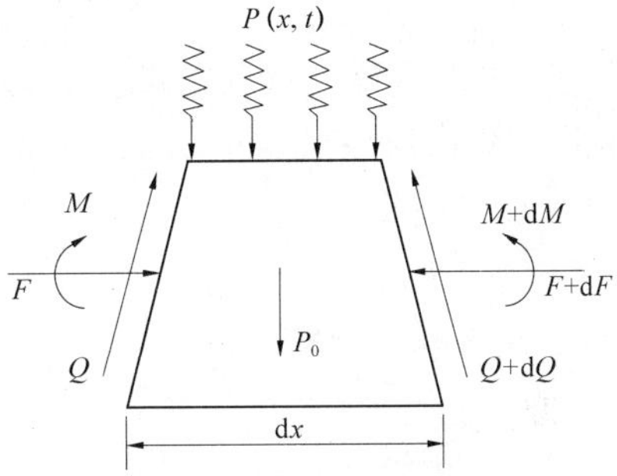

图 6-5　微元体受力示意图

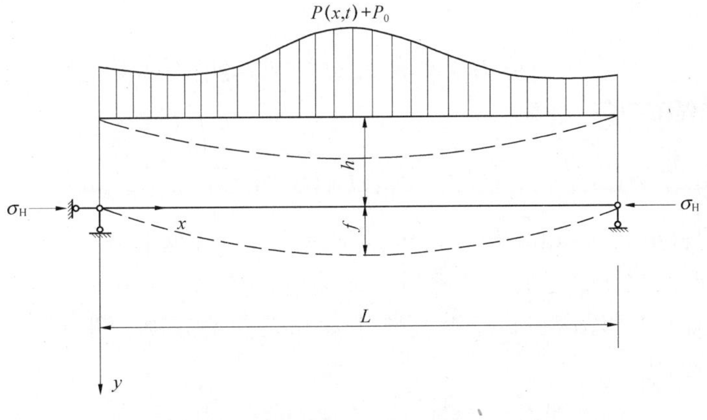

图 6-6　简化的水平简支梁力学模型

为了建立梁的振动平衡方程，取梁中的某一微元段 dx 进行分析，如图 6-5 所示。在 y 方向上考虑微元段的动力平衡，根据达朗贝尔原理，可得以下方程

$$\frac{\partial Q}{\partial x}+P(x,t)+p_0=\rho A\frac{\partial^2 f}{\partial t^2} \tag{6-15}$$

$$\frac{\partial M}{\partial x}+F\frac{\partial f}{\partial x}=Q \tag{6-16}$$

式中，ρ为介质密度；A 为梁的横截面面积；F、Q 和 M 分别为水平内力、竖向内力和弯矩；f 为梁的挠度。

根据 Euler-Bernoulli 假设[268]，可得

$$EI\left(f''''-f_0''''\right)-\frac{EA}{2L}f''\int_0^L\left[\left(f_0'\right)^2-\left(f'\right)^2\right]\mathrm{d}x+c\dot{f}+P(x,t)+P_0+\rho\ddot{f}=0 \tag{6-17}$$

式中，E、I 分别为梁的弹性模量和惯性矩；c 为阻尼系数，且 $c>0$；f_0 为梁的初始挠度，即梁在自重载荷下的位移；“′”表示对位置 x 求导，“·”表示对时间 t 求导。

根据本书参考文献[262]，可将爆破震动载荷 $P(x，t)$简化为

$$P(x,t)=P_{\max}\cos\omega t\sin\frac{\pi x}{L} \tag{6-18}$$

式中，$P_{\max}$ 为爆破震动载荷的幅值；ω 为爆破震动载荷的频率。

由此，我们可以假定

$$f(x,t)=f(t)\sin\frac{\pi x}{L} \tag{6-19}$$

将式(6-19)代入式(6-17)，并整理，得到

$$\ddot{f}+k_0\dot{f}+r_0f+\alpha f^3+P_{\max}\cos\omega t+P_0=0 \tag{6-20}$$

式中，$k_0=c/\rho>0$；$r_0=\pi^4EI/\left(\rho L^4\right)=\omega_0^2$，其中 ω_0 为未考虑自重载荷时梁的初始自振频率；$\alpha=4\rho L^4/\left(\pi^4EA\right)$，$\alpha$ 为表征结构的非线性系数，α 的取值不同，结构的动力响应亦不同[171]。

当 k_0、α很小，且梁的变形为小变形时，方程(6-20)为弱非线性，其解近于线性方程的解，可设方程(6-20)的解为

$$y(t)=H\cos(\omega t+\phi)+H_0 \tag{6-21}$$

式中，H_0 是梁的自重载荷引起的振幅变化，这里假定 H_0 为常量；H 为梁的动力响应振幅；ϕ是由于阻尼系数 c 引起的响应滞后，显然当 $c=0$ 时，$\phi=0$。

将式(6-21)代入方程(6-20)，忽略高阶小量和三次谐波项，并令一次谐波项的系数相等，整理后可得到

$$\tan\phi=\frac{k_0\omega}{\omega^2-r_0-3\alpha H^2/4-3\alpha {H_0}^2} \tag{6-22}$$

$$H^2\left(r_0-\omega^2+3\alpha {H_0}^2+3\alpha H^2/4\right)^2+k_0^2\omega^2H^2=P_{\max}^2 \tag{6-23}$$

对式(6-23)进行微分同胚变换[132]，并消去关于 H^2 的二次项，得到

$$(B+D)^3+u(B+D)+v=0 \tag{6-24}$$

其中

$$B=H^2 \tag{6-25}$$

$$D=\frac{8e}{9\alpha} \tag{6-26}$$

$$e=r_0-\omega^2+3\alpha H_0^2 \tag{6-27}$$

$$u=\frac{16}{27\alpha^2}\left(3k_0^2\omega^2-e^2\right) \tag{6-28}$$

$$v=-\frac{16}{729\alpha^3}\left[8e\left(e^2+9k_0^2\omega^2\right)+81\alpha P_{\max}^2\right] \tag{6-29}$$

式(6-24)即为标准的尖点突变模型方程，其中 $B+D$ 称为状态变量，u、v 称为控制变量。由于状态变量由 B 和 D 两个变量组成，故式(6-24)实际上是由两个尖点突变组合而成的双尖点突变。该突变模型的平衡曲面和控制变量平面，如图 6-7 所示。

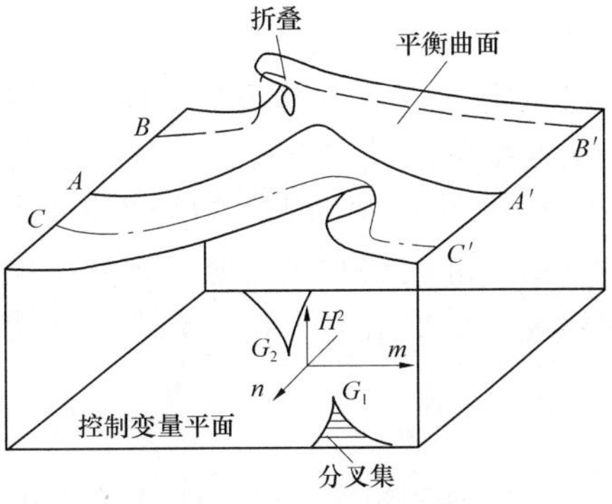

图 6-7　双尖点突变模型

由式(6-27)可知，e 表示考虑自重载荷时爆破震动作用频率与梁的自振频率之间的关系[172]。由于考虑了梁的自重载荷，因此梁的自振频率从未考虑自重时的初始自振频率 ω_0 变为 ω_{01}

$$\omega_{01}=\sqrt{{\omega_0}^2+3\alpha {H_0}^2} \tag{6-30}$$

由式(6-30)知，当裂纹结构的非线性系数 $\alpha>0$ 时，H_0 值越大，自重载荷作用下结构的自振频率也越大。从广义来说，当 $\alpha>0$ 时，梁结构的刚度随挠度的增加而加强，表现为渐硬弹簧，此时挠度增加，自重作用下结构的自振频率也增加；当 $\alpha<0$ 时，裂纹结构的柔度随挠度的增加而加强，表现为渐软弹簧，若挠度增加，结构的自振频率减小；当 $\alpha=0$ 时，结构为线性振动系统，挠度值不影响自振频率。同时，由式(6-23)可得

$$H=\frac{P_{\max}}{\sqrt{({\omega_0}^2-\omega^2)^2+{k_0}^2\omega^2}} \tag{6-31}$$

式(6-31)表明，当爆破震动信号频率与地下硐室顶板结构的初始自振频率 ω_0 接近时，顶板结构的振幅接近最大值，出现所谓的共振效应。

根据本书参考文献[172]，令 $u=0$，$v=0$，不难求出图 6-7 中双尖点突变模型的两个尖点 $G_1(m_1,\ n_1)$和 $G_2(m_2,\ n_2)$。

令 $m=\omega^2-\omega_{01}^2$，则有

$$m_{1,2}=k_0\left(\frac{3}{2}k_0\pm\sqrt{\frac{9}{4}{k_0}^2+3{\omega_{01}}^2}\right) \tag{6-32}$$

$$n_{1,2}=P_{\max(1,2)}^2=\frac{32{m_{1,2}}^3}{81\alpha} \tag{6-33}$$

此时，图 6-7 可表示在爆破震动波扰动影响下考虑自重作用的地下硐室顶板结构的振幅 H、频率关系 m 和爆破震动信号强度 $P_{\max}^2$ 三者之间的关系。下面分析爆破震动信号强度 $P_{\max}^2$ ($P_{\max}$ 的正负，表示裂纹结构受压和受拉状态，压为正、拉为负)的不同取值对地下硐室顶板结构稳定性的影响。

6.4.2 非线性动力学演化规律

由图 6-7 可知，根据 n 的大小，即爆破震动强度 P_{max}^2 的相对大小，平衡曲面(结构的动力响应特性)和控制变量平面按平行于 m 的方向，可分为三个区域。很明显，中间区域的平衡曲面不具有褶皱，结构的动力响应是一种渐变行为；而位于两侧的两个区域，随着 m(结构的频率关系)的变化(从小到大或从大到小)，都会因跨越分叉集，而导致结构动力响应的幅值 H 发生突跳(从平衡曲面的上叶突跳至下叶或从下叶突跳至上叶)，从而引起结构的动力失稳，此即爆破震动诱发地下硐室顶板失稳的突变机理。同时可以发现，在这两个带中因折叠(分叉集)所处的位置不同，顶板结构状态的动力响应也不尽相同。由爆破震动引起的地下硐室顶板失稳不仅与爆破震动信号强度 P_{max}^2 有关，而且在很大程度上受到结构的频率关系 m 的影响。

(1) 当 P_{max}^2 较小时，$\frac{32m_2^3}{81\alpha}<P_{max}^2<\frac{32m_1^3}{81\alpha}$，此时的平衡曲面截线示意图如图 6-8 所示。它反映了频率关系 m 的连续变化，只会引起裂纹结构的振幅 H 的连续变化，对应图 6-7 中的路线 $A—A'$。此时，考虑自重作用的地下硐室顶板结构在爆破震动波扰动影响下表现为弹性，顶板结构不发生失稳破坏。

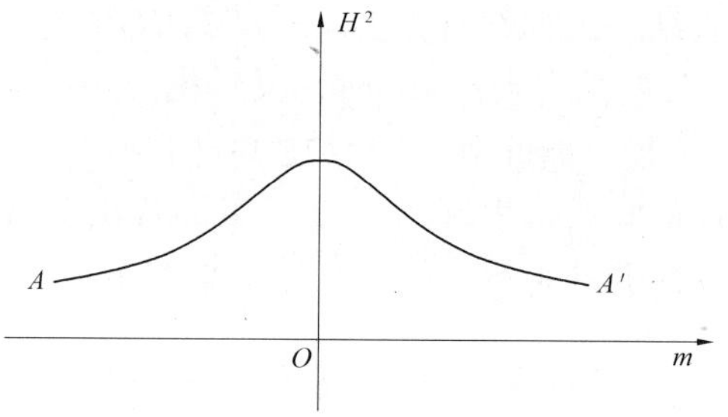

图 6-8 $\frac{32m_2^3}{81\alpha}<P_{max}^2<\frac{32m_1^3}{81\alpha}$ **时的平衡曲面截线示意图**

(2) 当 $P_{max}^2<\frac{32m_2^3}{81\alpha}$ 时，平衡曲面截线示意图如图 6-9 所示。与图 6-7 中的路线 $B-B'$ 相对应，此时系统表现为明显的软弹簧特性。当频率关系 m 由小逐渐增大时，顶板结构的动力响应振幅 H 由小逐渐增大，然而当频率关系 m 增加到某一值时，顶板结构的状态会发生突变，从平衡曲面下叶的 G 点突然跳至上叶的 G' 点。随着频率关系 m 的继续增大，顶板结构的动力响应振幅 H 又逐渐减小。相反，当频率关系 m 由大到小逐渐减小时，顶板结构的动力响应振幅 H 先由小到大逐渐增加，但当增加到一定程度之后，若频率关系 m 仍在继续减小，则顶板结构的动力响应振幅 H 会发生突变，H 突然大幅度减小，从平衡曲面上叶的 Z 点突然跃迁至下叶的 Z' 点。振幅的突然增大将引起梁的突然破坏，也就是说，爆破震动将诱发地下硐室顶板发生突然失稳破坏。实际上，爆破震动诱发地下硐室顶板失稳破坏是一个不可逆的过程。由图 6-9 可见，以上两种穿越方式发生突跳的位置并不

相同，即爆破震动频率变化路径对结构的振动特性有重要的影响，这在突变理论中称为“滞后”现象。而且，上述两个突跳之间的振动幅值 H^2 相应的状态(图 6-9 中 G 至 Z 部分)是实际上不可能达到的(以虚线表示)，此即突变理论的属性之一：“不可达性”[131,263]。

(3) 当 $P_{\max}^2 > \dfrac{32m_1^3}{81\alpha}$ 时，平衡曲面截线示意图如图 6-10 所示，与图 6-7 中的路线 $C—C'$ 相对应，此时系统表现为明显的硬弹簧特性。从图 6-10 中可以看出，具有硬弹簧特性的地下硐室顶板对爆破震动信号的响应特性与软弹簧特性结构的响应特性呈现类似规律，其差别仅在于频率关系 m 小于某一值时才发生地下硐室顶板结构动力响应振幅 H 的突变。

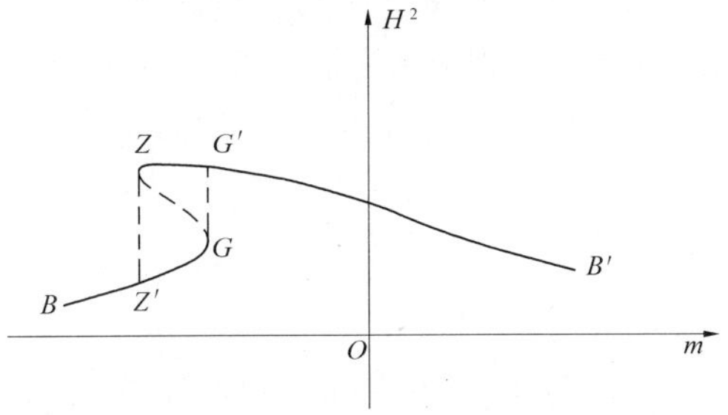

图 6-9　$P_{\max}^2 < \dfrac{32m_2^3}{81\alpha}$ 时的平衡曲面截线示意图

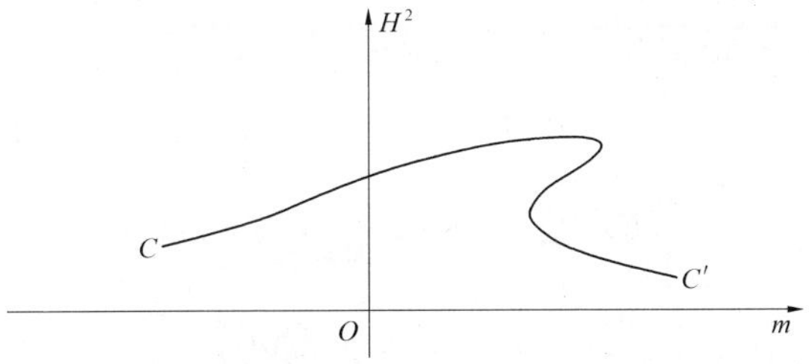

图 6-10　$P_{\max}^2 > \dfrac{32m_1^3}{81\alpha}$ 时的平衡曲面截线示意图

6.4.3　爆破震动载荷诱发地下硐室顶板失稳的突变理论判据

根据所建立的双尖点突变模型，可以得到爆破震动诱发地下硐室顶底板突变失稳的充分必要条件。由突变理论可知[131]，结构处于临界状态(位于分叉点集上)时，微小的外界扰动就能使结构的响应发生突变，故突变模型的分叉集方程即为发生突变的充分条件。

对式(6-24)求导，可得

$$3(B+D)^2 + u = 0 \tag{6-34}$$

联立式(6-24)和式(6-34)，可得分歧点集方程

$$4u^3 + 27v^2 = 0 \tag{6-35}$$

将式(6-28)、式(6-29)代入式(6-35)，可得

$$4\left[16\left(3k_0^2\omega^2 - e^2\right)/\left(27\alpha^2\right)\right]^3 + 27\left\{-16\left[8e\left(e^2 + 9k_0^2\omega^2\right) + 81\alpha P_{\max}^2\right]/\left(729\alpha^3\right)\right\}^2 = 0 \tag{6-36}$$

式(6-36)就是露天爆破作业产生的地震波诱发地下硐室顶底板突变失稳的充分条件。式(6-36)中不仅包含了外界扰动因素，如顶板的自重载荷和爆破震动载荷的影响，而且有结构的内部属性，如几何尺寸和材料性质。所以，在考虑自重载荷的情况下，露天爆破作业产生的地震波能否诱发地下硐室顶底板发生动力失稳破坏，不仅取决于爆破震动的强度和频率，而且与自重载荷以及工程结构特点、岩体属性等因素有关。

从图 6-7 中可看出，当爆破震动幅值及频率越过分歧点集位置时，顶板结构的动力响应振幅将随之发生突跳，从而诱发地下硐室顶板结构系统产生失稳破坏。由于式(6-24)只有在 $u \leqslant 0$ 时成立，即只有在 $u \leqslant 0$ 条件下才能跨越分歧点集，因而由式(6-28)，可得地下硐室顶板结构系统发生失稳的必要条件是

$$\frac{16}{27\alpha^2}\left(3k_0^2\omega^2 - e^2\right) \leqslant 0 \tag{6-37}$$

6.4.4 爆破震动载荷作用下地下硐室顶板的临界安全厚度

由固体力学理论可知，图 6-6 中梁的挠度大小 f 与梁的厚度 h 成反比。在爆破作业规模等其他条件一定的情况下，h 越大，f 就越小，地下硐室顶板就越安全，越不容易发生失稳破坏；反之，则顶板越容易产生失稳破坏。因此，梁的厚度存在一个临界值 h_0，当梁的厚度 h 大于 h_0 时，爆破震动作用时地下硐室顶板不发生失稳破坏；当梁的厚度 h 小于 h_0 时，地下硐室顶板就发生失稳破坏。

将式(6-36)进一步展开，整理后可得

$$81^2 P_{\max}^4 \alpha^2 + 162 r P_{\max}^2 \alpha + r^2 - s = 0 \tag{6-38}$$

其中

$$r = 8e\left(e^2 + 9k_0^2\omega^2\right) \tag{6-39}$$

$$s = -64\left(3k_0^2\omega^2 - e^2\right)^3 > 0 \tag{6-40}$$

对方程(6-38)进行求解，由于考虑 $\alpha > 0$，舍去小值，得到

$$\alpha = \frac{\sqrt{s} - r}{81 P_{\max}^2} \tag{6-41}$$

在单位宽度条件下，即 $A=h$，整理后得到

$$h = \frac{324\rho L^4}{\pi^4 E\left(\sqrt{s} - r\right)} P_{\max}^2 \tag{6-42}$$

此时得到的 h 是梁的临界安全厚度 h_0，即考虑自重载荷时，爆破震动载荷作用下地下硐室顶板的临界安全厚度。

6.4.5　临界安全厚度的影响因素分析

由前述分析可知，影响地下硐室顶板临界安全厚度取值的因素很多，但概括起来可以分为两种：外因(爆破震动、自重应力、开挖卸载等)和内因(地下硐室规模、岩体强度与完整性等)。下面重点讨论爆破震动强度、频率以及围岩特性对地下硐室顶板临界安全厚度的影响。

6.4.5.1　爆破震动强度和频率的影响

由现场爆破地震测试和上述推导可知，爆破震动幅值 $P_{\max}$ 对地下硐室临界安全厚度 h_0 的影响较大，同时爆破震动频率的大小也有一定影响。下面探讨振幅 $P_{\max}$ 与 h_0 的定量关系。在考虑自重载荷的情况下，给定 ω_{01}=51.2 rad/s，ω=157 rad/s，ρ=3 000 kg/m^3，k_0=0.1，L=20 m，E=6 GPa，由式(6-27)、式(6-28)、式(6-29)和式(6-42)可得

$$h_0 = 1.56\times10^{-12} P_{\max}^2 \tag{6-43}$$

当ω取不同值时，h_0~$P_{\max}$之间的关系式亦不同。h_0~$P_{\max}$的典型曲线如图 6-11 所示。岩体内任一点的动应力为 $\sigma = \rho c_0 \times v_0$。由此，可以推导出临界安全厚度 h_0 与质点振动速度之间的关系；再根据萨道夫斯基公式，还可进一步确定临界安全厚度 h_0 与爆破药量 Q 之间的关系。

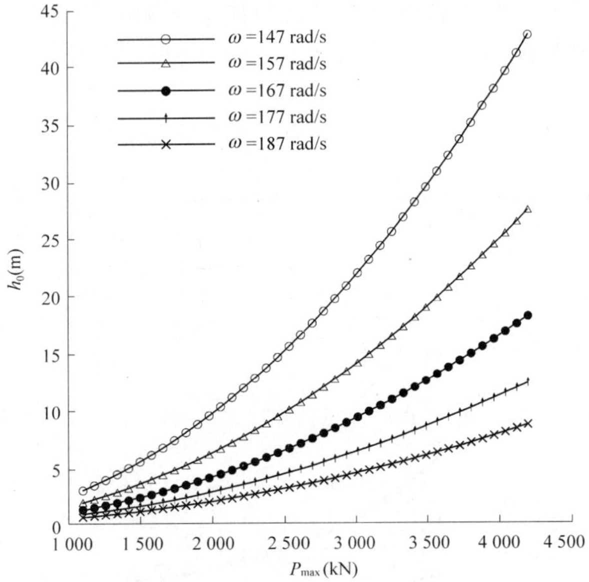

图 6-11　h_0~$P_{\max}$ 的关系曲线

根据图 6-11，可以得到如下几点认识：

(1) 随着爆破震动幅值 $P_{\max}$ 的增大，地下硐室顶板的临界安全厚度 h_0 逐渐增大，而且呈现出非线性陡增趋势。因此，地下硐室顶板的临界安全厚度 h_0 对爆破震动幅值 $P_{\max}$ 的变化比较敏感。露天爆破作业规模越大，震动强度越大，越容易诱发地下硐室顶板产生动力失稳破坏。

(2) 当爆破震动幅值 P_{max} 一定时，随着爆破震动频率 ω 的减小，地下硐室顶板的临界安全厚度 h_0 逐渐增大，说明爆破震动频率 ω 也会影响地下硐室顶板的稳定性。爆破震动频率越低，破坏效应越强，地下硐室顶板发生失稳破坏的可能性越大。当爆破震动频率 ω 接近或等于地下硐室顶板的自振频率 ω_{01} 时，则系统发生“共振效应”，此时地下硐室顶板的临界安全厚度 h_0 趋向无穷大，也就是说，地下硐室顶板已经发生失稳破坏，丧失了承载能力。现场测试结果和爆破震动效应的最新研究成果也证明了这一点。

6.4.5.2　围岩特性的影响

围岩特性(主要是岩体强度和完整性)对地下硐室顶板的稳定和失稳影响很大。实践证明，节理裂隙发育、强度低的围岩容易发生失稳破坏。而岩体的弹性模量 E 是反映强度和完整性的重要指标。围岩强度越大，完整性越好，弹性模量就越大，反之越小。由式(6-42)可见，弹性模量 E 与临界安全厚度 h_0 存在定量关系。随着弹性模量 E 的增加，临界安全厚度 h_0 逐渐减小。这说明围岩强度越大，完整性越好，地下硐室顶板越稳定，反之越容易发生失稳破坏。根据前面几章的论述可知，爆破应力波会对岩体造成一定的损伤破坏，使岩体的强度和完整性降低，从而降低岩体弹性模量，增加了岩体失稳的概率。对于重复爆破作业，例如矿山采掘和隧道掘进，还存在累积损伤效应。在爆破应力波的反复作用下，随着岩体损伤非线性累积增长，岩体弹性模量不断降低。当岩体弹性模量降低至一定程度时，地下硐室顶板厚度达到临界安全厚度，再进行爆破作业，爆破应力波的扰动作用就会使地下硐室顶板发生失稳破坏。临界安全厚度与岩体弹性模量的典型曲线，如图 6-12 所示。

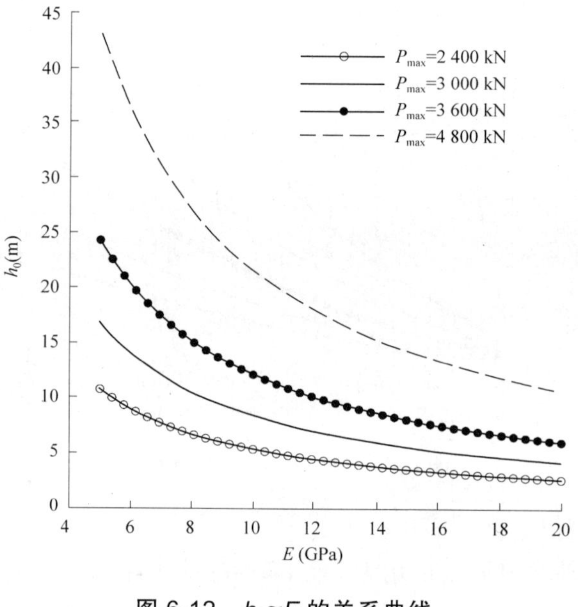

图 6-12　h_0~E 的关系曲线

从图 6-12 可以看出，岩体弹性模量越大，临界安全厚度越小，地下硐室顶板越安全；相反，岩体弹性模量越小，临界安全厚度越大，地下硐室顶板越容易发生失稳破坏。另外，当岩体弹性模量一定时，爆破动载荷越大，临界安全厚度越大，地下硐室顶板也越容易发生失稳破坏。

6.4.6　算例分析

厂坝铅锌矿是我国特大型铅锌矿床之一。由于长期疯狂的群采破坏，留下许多未处理的群采空区。这些采空区相互贯通形成了很大跨度的暗空场，对露天转地下生产形成巨大的安全隐患。若在暗空场上面布置采场，进行露天爆破采掘作业，就需要预留合理的地下采空区顶板厚度，否则会酿成生产事故。例如，1995 年至 1997 年间曾连续发生三次塌陷事故。将地下采空区的顶板简化为如图 6–6 所示的力学模型，根据建立的突变模型和地下硐室顶板的临界安全厚度计算公式，可以确定地下采空区顶板的临界安全厚度。

计算所需的有关参数均由现场观测或室内试验确定，具体参数见表 6-1。将表 6-1 中的数据代入式(6-27)、式(6-39)、式(6-40)和式(6-42)，可以计算得到地下采空区的临界安全厚度 h_0 为 19.82 m。

表 6-1　计算所用参数

ρ (kg/m^3)	E(GPa)	ω_{01}(rad/s)	ω(rad/s)	L(m)	k_0
2920	12.35	351.68	35.42	18	0.10

现场观测得到的安全厚度均大于 20 m，而发生失稳破坏的顶柱厚度 80%以上小于 18 m。现场观测表明，本书确定的临界安全厚度 h_0 的值是合理的。当地下采空区顶板的厚度小于这个值时，就有发生失稳破坏的危险。由于计算中假定梁的宽度为单位宽度，因此计算结果是偏于保守的。

6.5　邻近爆破对矩形矿柱稳定性影响的突变理论分析

在房柱法等地下开采方式中，一般需要预留各种型式的矿柱，其中矩形矿柱就是常用的矿柱布置型式之一。预留的各式矿柱，可以有效地维持采场和采空区顶板及围岩的稳定性。实践表明，矿柱失稳往往会导致地下采场或采空区的整体破坏，甚至造成“多米诺骨牌”效应式的关联失稳，损失和破坏程度更为严重[103]。矿柱完好程度是判断地下采场和采空区稳定性的重要标志[269]。地下采场或采空区稳定性主要取决于顶板与矿柱，对矿柱稳定性进行研究具有重要的意义。国内外学者对矿柱稳定性问题关注颇多，分别从现场调查与测试[269]、数值计算[270,271]以及可靠性[272]等方面入手，取得了丰硕的研究成果。然而，总的来说，已有研究成果往往只考虑静载荷的作用和影响。事实上，由于爆破药量较大，井下生产爆破对邻近矿柱稳定性的影响是不可忽视的。在矿柱优化设计时，考虑爆破动载荷的影响，更符合生产实际，更安全可靠。

矿柱失稳是一个非连续、非线性现象，应用突变理论方法进行分析是可行的。李江腾等[162]、郭建军[163]等运用尖点突变原理，基于势能原理，分析了矿柱失稳的机制，但是并没有涉及爆破动载荷对矿柱稳定性的影响。由于爆破损伤作用的复杂性，爆破动载荷对矿柱稳定性的影响，既与爆破规模、爆破方法等因素有关，又与矿柱本身的物理力学性质有关。因此，爆破动载荷对矿柱稳定性影响的研究方法以实测或模型试验等手段为主[273]。应用突变理论方法，分析爆破动载荷作用诱发矿柱失稳机制的研究成果尚未见诸报道。

6.5.1 邻近爆破扰动诱发矩形矿柱失稳的非线性动力学模型

以两面临空的矩形矿柱为研究对象，作用在矩形矿柱上的竖向力为上覆岩层自重载荷、采动应力，而将邻近的爆破动载荷作用视为横向动载荷，作用在垂直于矩形矿柱长度方向(z 方向)的一侧，如图 6-13(a)所示。设矩形矿柱的长度为 a，厚度为 h，高度为 l，如图 6-13(b)所示。由于矩形矿柱的长度 a 远大于厚度 h，为了分析的方便，忽略矩形矿柱在 z 方向上的变形，假定矩形矿柱的挠度发生在 y 方向，且仅是 x 和时间 t 的函数。取 z 方向上的单位长度进行矩形矿柱稳定性分析，即令 a=1。矩形矿柱的边界条件为：在 x=0 处，l 边为可移简支梁且作用有竖向压力 $P(0\leqslant P\leqslant P_{cr}$，$P_{cr}$ 为临界载荷)，在 z=0 处，a 边为不可移简支处。

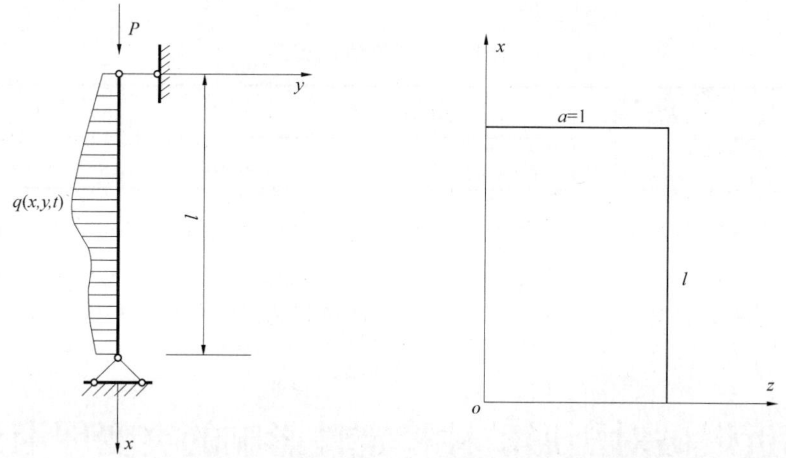

(a)矩形矿柱受力示意图 (b)矩形矿柱结构示意图

图 6-13 条形矿柱的力学模型

考虑矿柱失稳破坏的时间效应，可以借鉴黏弹性矩形板的非线性振动理论研究矿柱在爆破应力波扰动作用下的失稳问题。根据弹性动力学理论，各向同性 Voigt 黏弹性矩形板的非线性动力方程为[274, 275]

$$D\left(1+\varepsilon\frac{\partial}{\partial t}\right)\nabla^4 f+\varepsilon_0\frac{\partial f}{\partial t}+\rho h\frac{\partial^2 f}{\partial t^2}=L(f,\phi)+q(x,y,t) \tag{6-44}$$

$$\nabla^4\phi=-\frac{E_0 h\left(1+\varepsilon\frac{\partial}{\partial t}\right)}{2}L(f,f) \tag{6-45}$$

其中
$$\nabla^4=\frac{\partial^4}{\partial x^4}+\frac{\partial^4}{\partial x^2\partial y^2}+\frac{\partial^4}{\partial y^4}$$

$$L(\quad)=\frac{\partial^2}{\partial x^2}\frac{\partial^2}{\partial y^2}-2\frac{\partial^2}{\partial x\partial y}\frac{\partial^2}{\partial x\partial y}+\frac{\partial^2}{\partial y^2}\frac{\partial^2}{\partial x^2}$$

式中，$D=\dfrac{E_0h^3}{12(1-\mu^2)}$为弯曲刚度，$E_0$为弹性模量，$\mu$为泊松比；$h$ 为板厚(即矿柱的厚度)；ρ为密度；$\varepsilon=\eta/E_0$，且η为黏性系数；ε_0为外阻尼系数；f为板的横向振动位移；ϕ为应力函数；$q(x,y,t)$为外扰力；其他符号意义同前。

根据上述边界条件可知，矩形矿柱在 z 方向单位伸长为 0。

假设式(6-44)的解及爆破扰动力为[274,275]

$$f(x,y,t)=\sum_{m=1}^{\infty}\sum_{n=1}^{\infty}T_{mn}(t)\sin\frac{m\pi x}{l}\sin\frac{n\pi y}{a}\tag{6-46}$$

$$q(x,y,t)=q_0\cos\omega_0 t\sin\frac{m\pi x}{l}\sin\frac{n\pi y}{a}\tag{6-47}$$

利用 Galerkin 原理，且无量纲化后，可得到

$$\frac{\mathrm{d}^2\varphi}{\mathrm{d}\tau^2}-\varphi+\varphi^3=\varepsilon\left[f\cos\Omega\tau-(v_0+v_1)\frac{\mathrm{d}\varphi}{\mathrm{d}\tau}-v_2\varphi^2\frac{\mathrm{d}\varphi}{\mathrm{d}\tau}\right]\tag{6-48}$$

其中
$$f=\frac{\beta^{\frac{1}{2}}q_0}{\varepsilon\rho br\alpha^{\frac{3}{2}}},\quad v_0=\frac{\varepsilon_0}{\varepsilon\rho br\alpha^{\frac{1}{2}}},\quad v_1=\frac{\varepsilon\pi^4E_0r^2\left(m^2\lambda^2+n^2\right)^2}{12\varepsilon\rho\left(1-\mu^2\right)l^2\alpha^{\frac{1}{2}}}$$

$$v_2=\frac{3\varepsilon\pi^4E_0\left(m^4\lambda^4+3n^4\right)\alpha^{\frac{1}{2}}}{16\varepsilon\rho\beta l^4}$$

$$\alpha=\frac{\pi^2(m^2\lambda^2+\mu m^2)P}{\rho rh^3}-\frac{\pi^4E_0r^2\left(m^2\lambda^2+n^2\right)^2}{12\left(1-\mu^2\right)\rho b^2},\quad \beta=\frac{\pi^4E_0\left(m^4\lambda^4+3n^4\right)}{16\rho b^4}$$

$$\lambda=\frac{a}{l},\quad r=\frac{h}{a},\quad T_{mn}=\varphi\sqrt{\frac{\alpha}{\beta}},\quad t=\frac{\tau}{\sqrt{\alpha}},\quad \Omega=\frac{\omega_0}{\sqrt{\alpha}}$$

根据上述各关系式，可将方程(6-48)的解设为以下形式

$$\varphi=H_1\sqrt{\frac{\beta}{\alpha}}\cos\left(\Omega\tau-\phi_1\right)=H\cos(\Omega\tau-\phi_1)\tag{6-49}$$

式中，H_1是矩形矿柱的振幅；ϕ_1是由于阻尼引起的响应滞后，物理意义同上。

将 H 视为时间不变量，再将式(6-49)代入式(6-48)中，略去谐波的高次项，并根据 $\sin\Omega\tau$ 和 $\cos\Omega\tau$ 项前的系数在等式两边分别相等，可得

$$H\left(\frac{3}{4}H^2-1-\Omega\right)\cos\phi_1+H\left[\varepsilon\Omega\left(v_0+v_1\right)+\frac{1}{2}v_2\varepsilon\Omega H^2\right]\sin\phi_1=\varepsilon f\tag{6-50}$$

$$H\left(\frac{3}{4}H^2-1-\Omega\right)\sin\phi_1-H\left[\varepsilon\Omega\left(v_0+v_1\right)+\frac{1}{2}v_2\varepsilon\Omega H^2\right]\cos\phi_1=0\tag{6-51}$$

由式(6-50)和式(6-51)可得

$$H^2\left(\frac{3}{4}H^2-1-\Omega\right)^2+H^2\left[\varepsilon\Omega\left(v_0+v_1\right)+\frac{1}{2}v_2\varepsilon\Omega H^2\right]^2=\varepsilon^2 f^2 \tag{6-52}$$

对上式作微分同胚变换[132]，消去式(6-52)中关于 H^2 的二次项得到

$$x^3+ux+v=0 \tag{6-53}$$

其中

$$x=B+Q \tag{6-54}$$

$$u=\frac{1}{A_3}\left(3y_0{}^2A_3+2y_0A_2+A_1\right) \tag{6-55}$$

$$v=\frac{1}{A_3}\left(y_0{}^3A_3+y_0{}^2A_2+y_0A_1+A_0\right) \tag{6-56}$$

$$B=H^2,\quad Q=-y_0,\quad y_0=-\frac{A_2}{3A_3},\quad A_0=-\varepsilon^2 f^2$$

$$A_1=\left(1+\Omega^2\right)+\varepsilon^2\Omega^2\left(v_0+v_1\right)^2$$

$$A_2=v_2\varepsilon^2\Omega^2\left(v_0+v_1\right)-\frac{3}{2}\left(1+\Omega\right)$$

$$A_3=\frac{9}{16}+\frac{1}{4}v_2{}^2\varepsilon^2\Omega^2$$

式(6-53)即为标准的尖点突变的平衡曲面方程。由于状态变量 x 本身由两个变量组成，故式(6-53)实际上也是双尖点突变模型。由突变理论可知，爆破扰动作用下矩形矿柱失稳的必要条件为

$$u\leqslant 0 \tag{6-57}$$

爆破扰动作用下矩形矿柱失稳的充分条件为

$$4u^3+27v^2=0 \tag{6-58}$$

将式(6-55)、式(6-56)代入式(6-58)整理后可得

$$\frac{4}{A_3^3}\left(3y_0{}^2A_3+2y_0A_2+A_1\right)^3+\frac{27}{A_3^2}\left(y_0{}^3A_3+y_0{}^2A_2+y_0A_1+A_0\right)^2=0 \tag{6-59}$$

6.5.2 邻近爆破扰动诱发矩形矿柱失稳的突变理论分析

根据式(6-44)~式(6-59)及以上分析结果，难以直接看出各种参量变化对矩形矿柱失稳机理的影响。下面分析竖向压力 P、爆破扰动强度 q_0 以及爆破扰动频率 ω_0 对矩形矿柱失稳机理的影响。

6.5.2.1　爆破扰动强度 q_0 对矩形矿柱稳定性的影响

将矩形矿柱的有关参数取为：a=1 m，l=10 m，h=1 m，m=n=1，μ=0.4，ρ=2×10^3 kg/m^3，E_0=6.0×10^9 N/m^2，η=9.0×10^7 N·s/m^2，$\varepsilon=\eta/E_0$=1.5×10^{-2} s，ω_0=85 rad/s，ε_0=1.5×10^{-2}。将竖向压力取值分为两种情况：①P=6×10^6 N；②P=1.2×10^7 N。由式(6-57)~式(6-58)可知，u 和 $4u^3+27v^2$ 的取值可以反映矿柱的稳定程度和失稳与否。将以上参数代入有关各式，经计算可得 $4u^3+27v^2$ 值随爆破扰动强度 q_0 的变化规律，如图 6-14 所示。

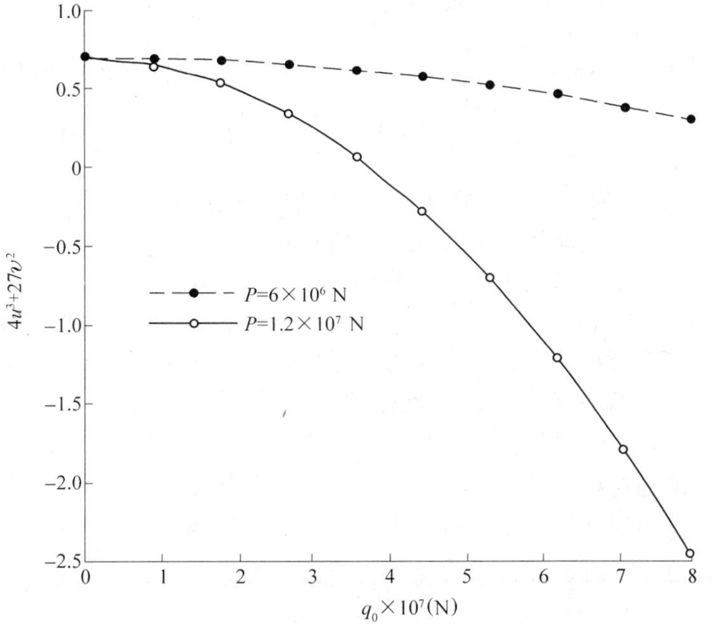

图 6-14　$4u^3+27v^2$ 随爆破扰动强度 q_0 的变化规律

从图 6-14 中可以看出，随爆破扰动强度 q_0 的增大，$4u^3+27v^2$ 值呈现降低趋势；当 P=1.2×10^{7}N 时，若爆破扰动强度 q_0 增至 3.35×10^{7}N，则 $4u^3+27v^2$ 值等于 0，此时满足矿柱失稳条件。同时可以发现，竖向压力 P 越大，$4u^3+27v^2$ 值越接近 0，即满足矿柱失稳条件对应的爆破扰动强度 q_0 越小。竖向压力 P 越大，在爆破动载荷扰动作用下，矩形矿柱越容易发生失稳破坏。

6.5.2.2　爆破扰动频率 ω_0 对矩形矿柱稳定性的影响

将矩形矿柱的有关参数取为：a=1 m，l=10 m，h=1 m，m=n=1，μ=0.4，ρ=2×10^3 kg/m^3，E_0=6.0×10^9 N/m^2，η=9.0×10^7 N·s/m^2，$\varepsilon=\eta/E_0$=1.5×10^{-2} s，q_0=3.5×10^7 N，ε_0=1.5×10^{-2}，P=6×10^6 N。由式(6-57)、式(6-58)可知，u 和 $4u^3+27v^2$ 的取值可以反映矿柱的稳定程度和失稳与否。将以上参数代入有关各式，经计算可得 u 值和 $4u^3+27v^2$ 值随爆破扰动频率 ω_0 的变化规律，如图 6-15 所示。

由上述分析可知，要使矩形矿柱发生动力扰动失稳破坏，必须满足必要条件即式(6-57)。从图 6-15(a)中可以看出，爆破扰动频率必须满足一定的范围，在某一区间

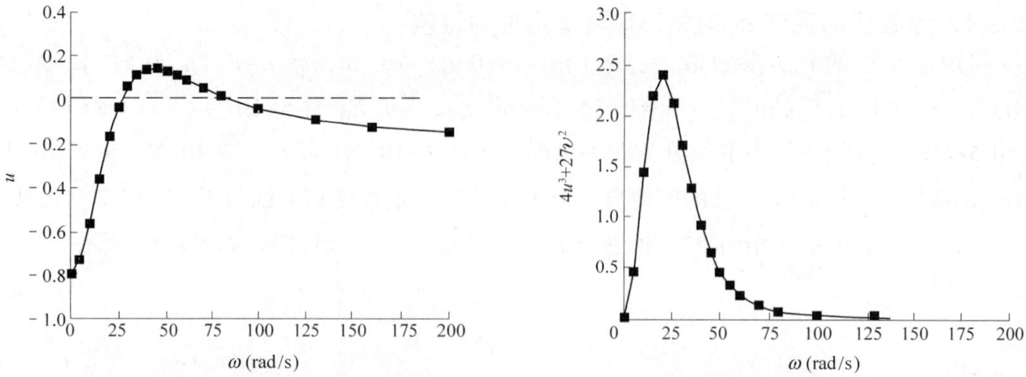

(a) u 随爆破扰动频率 ω_0 的变化规律　(b) $4u^3+27v^2$ 随爆破扰动频率 ω_0 的变化规律

图 6-15　u、$4u^3+27v^2$ 随爆破扰动频率 ω_0 的变化规律

$\omega_{01} \leqslant \omega_0 \leqslant \omega_{02}$ 内，u 值大于 0，在爆破扰动作用下矩形矿柱不会发生失稳破坏。从图 6-15(b)中可以看出，在竖向压力 P 作用下，爆破扰动频率必须大于某值 ω_{03} 时，式(6-58)才能满足，即矿柱发生失稳。根据上述分析，若增大竖向压力 P，爆破扰动作用下矩形矿柱发生失稳的可能性增大，而此时能够满足条件式(6-58)的爆破扰动频率 ω_{03} 必然减小。

总之，通过以上分析可见，竖向压力 P 对爆破扰动作用下矩形矿柱的稳定性有着重要影响，甚至在某些情况下起到决定性作用。本书参考文献[172]通过岩石动静组合载荷破坏实验发现，岩石承受的静载荷越大，越容易破坏。现场观测统计结果也表明，在邻近爆破作业规模相对稳定的情况下，上覆岩层的自重和采动应力越大，矩形矿柱发生失稳破坏的越多。根据弹性稳定理论，也可以得到类似的结论。当竖向压力 P 增大至条形矿柱的临界载荷 P_{cr} 时，即使没有爆破动载荷的影响，矿柱也会发生类似于压杆失稳现象的失稳破坏。

爆破动载荷对矿柱稳定性的影响，不仅体现在可以直接诱发矿柱发生整体失稳破坏方面。对于存在频繁爆破作业的情况，爆破累积损伤引起的邻近矿柱岩体完整程度和强度降低，也会逐渐削弱矿柱的稳定性。当矿柱爆破累积损伤达到一定程度时，本来不足以使矿柱发生失稳破坏的外界条件(竖向静载荷和横向爆破扰动等)也能诱发矿柱发生失稳破坏，这与实际情况是相符的。

6.6　小　结

本章针对地下岩体工程，基于非线性理论，系统分析了频繁爆破作业诱发地下工程岩体失稳的非线性机制；运用突变理论，研究了爆破动载荷作用下地下硐室顶板、矩形矿柱的动力稳定性问题，得到了以下主要结论：

(1) 在反复弱应力波加、卸载作用下，岩体动力损伤逐步累积。当损伤累积程度达到一定极限时，岩体将处于临界平衡状态，此时系统处于高度不稳定状态，任何微小的扰动都会被放大，微扰动在临界点附近会转变成巨扰动，此时爆破弱应力波作用便可诱发地下岩体工程失稳破坏。

(2) 当系统逐渐接近于临界平衡状态时，各扰动之间不再独立，相关程度剧烈增加，各扰动彼此关联起来。各次爆破扰动“协同”作用，出现“长程关联”效应，各次爆破扰动共同以剧烈的方式将系统从平衡状态推向失稳，此即频繁爆破作业诱发地下工程岩体失稳的本质所在。

(3) 在一定的爆破动载荷强度和频率范围内，地下硐室顶板和矩形矿柱的动力响应可以越过临界平衡位置，使得结构发生振幅(位移)突跳。爆破扰动作用诱发地下硐室顶板和矩形矿柱失稳破坏是一个不可逆的过程。地下硐室顶板对爆破动载荷的动力响应具有滞后特性，即爆破动载荷频率变化路径对结构的振动特性有重要的影响。

(4) 在考虑自重载荷的情况下，爆破震动是否会诱发地下硐室顶板和矩形矿柱产生失稳，不仅取决于爆破震动的强度、频率，而且与爆破扰动次数、结构自重载荷、上覆岩层载荷、采动应力、水平地应力、岩体物理力学性质以及结构的其他内部属性有关。

(5) 爆破震动强度、频率以及围岩特性对地下硐室顶板临界安全厚度有明显影响。临界安全厚度 h_0 对爆破震动幅值 $P_{\max}$ 的变化比较敏感，露天爆破作业规模越大，震动强度越大，越容易诱发地下硐室顶板产生动力失稳破坏。爆破震动频率越低，破坏效应越强，地下硐室顶板发生失稳破坏的可能性也越大。岩体弹性模量越大，临界安全厚度越小，地下硐室顶板越安全；相反，地下硐室顶板越容易发生失稳破坏。

(6) 竖向压力 P、爆破扰动强度 q_0 以及爆破扰动频率 ω_0 是矩形矿柱失稳破坏的三个重要影响因素。随爆破扰动强度 q_0 的增大，参数 $4u^3+27v^2$ 值呈现降低趋势，$4u^3+27v^2$ 越小，越容易满足失稳条件，矿柱越容易发生失稳破坏；竖向压力 P 越大，满足矿柱失稳条件所对应的爆破扰动强度 q_0 越小，矩形矿柱越容易发生失稳破坏。矿柱失稳破坏，爆破扰动频率必须满足一定条件；频繁爆破作业会逐渐削弱矿柱的稳定性，直至矿柱发生失稳破坏。

第 7 章 爆破作用下复杂采空区稳定性的 FLAC^{3D}分析

7.1 引 言

采空区是矿山工程中最常见的地下岩体硐室形式之一。在长期的采掘过程中，地下开采形成的大量未处理采空区，是影响矿山安全生产最主要的危害源之一，也是安全生产中的重大隐患之一[276]。如广西大厂矿区在不到 5 km^2 的范围内，已有 450 万 m^3 未充填采空区；甘肃白银厂坝铅锌矿矿区存在大量难以确定的民采空区。这些采空区错综复杂，互相交织构成地下暗空场，从而导致形成大量国家级或省级“特大事故隐患区”[277]。未处理采空区危害的表现形式多种多样，主要有大面积冒落和岩移引起的地表塌陷、垮塌衍生的冲击波危害、老窿积水引起的突(透)水隐患等。例如，1994 年 9 月至 1997 年 7 月，白银有色金属公司厂坝铅锌矿连续发生多次大面积塌陷事故，造成设备损坏和重大人员伤亡事故；2001 年，广西南丹县境内大厂矿区发生“7·17”特大透水事故，死亡 81 人，也是由于民窿盗采引起的。如何有效控制采空区的稳定性，减少生产事故和损失已成为矿山安全生产中的重要课题之一。

影响采空区稳定性的因素很多，其中开挖引起的应力重分布和爆破动应力作用不容忽视。开挖过程对采空区稳定性的影响属于静载荷作用范畴，学者们对此倾注了大量的心血，研究成果较多[191,278,282]；而爆破动载荷对采空区稳定性的影响属于动载荷作用范畴，其作用机理更为复杂。鉴于爆破动载荷作用的复杂性，采空区动力稳定性与失稳研究相对较少[12]。爆破动载荷对采空区等地下岩体硐室稳定性影响的研究方法主要以爆破地震测试和现场监测为主[23,51,283,284]，因而无法全面揭示爆破动载荷作用下采空区等地下岩体硐室的动力失稳机制。

由于当地大量民采对矿山的破坏，厂坝铅锌矿被迫提前实行露天转地下开采，而爆破地震波作用下大范围地下采空区发生动力失稳的趋势日益明显。为保障露天转地下过渡层的安全生产，揭示采空区动力失稳的内在机制，预防采空区塌陷事故，本章在厂坝铅锌矿采空区探测和爆破地震测试的基础上，借助 FLAC^{3D} 提供的动力分析功能，同时考虑开挖过程和爆破震动作用对采空区稳定性的影响，对采空区产生动力失稳的过程和机理进行了三维数值模拟。

7.2 FLAC^{3D}动力计算特性

FLAC^{3D}(Fast Lagrangian Analysis of Continua in 3 Dimensions，三维连续快速拉格朗日分析)是一种显式有限差分方法计算程序，由美国 Itasca Consulting Group Inc.开发

完成，目前已发展到 V3.0 版本。FLAC^{3D}是二维的有限差分程序 FLAC 的扩展，能够进行岩石、土质和其他材料在达到屈服极限后经历塑性变形的三维空间行为，为岩土工程领域解决三维数值计算问题提供了一种理想的分析工具[285]。FLAC^{3D} 在材料弹塑性分析、大变形分析以及模拟施工过程等方面具备独特的优势，已广泛应用于边坡稳定性分析、煤矿开采沉陷预测、水工地下硐室群稳定性分析、采矿地下硐室稳定性研究等领域[177-191]。另外，该软件提供的动力计算功能不但可以模拟具有一定持续时间的爆破震动与天然地震作用下岩土体的动力响应过程，而且可以设置黏性边界条件消除波在模型边界上的反射，比较真实地反映了爆破震动和天然地震对岩土工程安全性的影响。FLAC^{3D} 在岩土力学分析和求解动力问题方面独具的优势，使其可很好地解决非线性动力分析问题，已成功应用于爆破与地震动力分析等许多领域[192-200]。

7.2.1　FLAC^{3D} 动力分析的主要特性

考虑到材料力学性质和大变形影响，结构动力分析通常有非线性震动分析和等价线性分析等两种。等价线性方法根据试验和工程类比给定结构的阻尼比和剪切模量进而计算其动力响应。由于建模简单而被广泛用于地震工程中，模拟地震波在岩土体中传播以及岩土体与结构物之间的动力相互作用。非线性动力分析则考虑材料物理力学性质在空间和时间上的非线性，模型中各个单元不同的变形破坏阶段采用不同的阻尼比和剪切模量来计算动力响应。在 FLAC^{3D} 的动力计算中即采取非线性震动分析法。该方法具有如下主要特点：

(1) 遵循任何指定的非线性本构关系，阻尼比和割线模量内置于本构模型之中，若采用时间滞后型模型，适合任意时刻任意空间位置的地震动力条件；

(2) 采用非线性本构模型，可以进行不同频率地震波的干涉和叠加；

(3) 可以自动模拟不可恢复的变形和永久变形等其他变形量；

(4) 利用塑性屈服准则，将塑性应变增量与应力联系在一起；

(5) 更利于研究不同本构模型的适用性。

FLAC^{3D} 动力计算中的非线性动力分析方法尽管能够比较真实地模拟地质体的应力—应变关系，但计算结果对本构模型中所取的有关参数比较敏感[286]。FLAC^{3D}动力计算以显式有限差分为基础，引入节点周围单元重度所确定的集中节点质量，而静力分析采用的是摩擦质量。FLAC^{3D} 通过耦合单元模型模拟爆破地震或天然地震引起的岩土体动力响应，是解决地下岩体工程动力计算问题的有力工具。

7.2.1.1　阻尼设定

在动力分析时，必须确定阻尼形式和大小。FLAC^{3D} 动力计算中采用了两种形式的阻尼，即瑞雷阻尼和局部阻尼。局部阻尼是在静力计算中用来使结构达到最终平衡的，也可以用来进行动力分析，但是在这方面的经验还比较少，其可靠性还有待考证[193]。瑞雷阻尼是结构分析和弹性体系分析中用来抑制系统自振的，通常可以用以下矩阵形式来表示

$$C=\alpha M+\beta K \tag{7-1}$$

式中，C、M 和 K 分别是阻尼矩阵、质量矩阵和刚度矩阵；α 和 β 分别是质量阻尼常数

和刚度阻尼常数。

在 $FLAC^{3D}$ 动力计算中，设置瑞雷阻尼时必须选择中间频率 f_{mid}。对于地质体，阻尼一般是独立于频率的，中间频率 f_{mid} 选择数值模拟中频率范围的中间值(自振频率或者是输入频率的主频)[193]。设置瑞雷阻尼的命令为：Set Dynamic Damp Rayleigh ξ_{min} f_{mid}。这里 ξ_{min} 是与 α 和 β 有关的常数，其值常取 1。

7.2.1.2　边界条件设定

$FLAC^{3D}$ 动力计算求解时，提供了两种边界条件设置方法：远置人工边界(截断边界)和黏滞边界[193]。远置人工边界条件是在处理弹性波的能量逸散时，沿用静力条件下边界的设置，这样的边界对入射波起着完全反射的作用，即既不传播，也不吸收任何能量。在动力体系中，这样被限制的能量会导致结果的严重失真。因此，$FLAC^{3D}$ 动力分析时多采用黏滞边界条件。

由地震波在半无限弹性固体中的传播理论可知，当地震波遇到一个自由面时将产生符号相反的波并与频率相近的波互相干涉。黏滞边界可以有效地消除地震波在边界上的反射，比较真实地反映爆破地震或天然地震作用下岩土体的动力响应。在边界的法线方向和水平方向上设置独立的黏壶，以便吸收来自模型内部的入射波[193]。法向黏滞力 t_n 和剪切黏滞力 t_s 的计算公式为

$$t_n = -\rho C_p v_n \tag{7-2}$$

$$t_s = -\rho C_s v_s \tag{7-3}$$

式中，v_n、v_s 分别是边界上的法向和切向速度分量；ρ 为介质密度；C_p、C_s 分别是 P 波和 S 波的传播速度。

当波动入射角小于 60° 时，黏滞边界对于体波的吸收是有效的。对于大角度入射问题或者表面波而言，虽然也有一定的能量吸收，但是误差较大。这种方法易于在时域进行操作，在有限元和有限差分中的有效性已经被证明[287]。

7.2.1.3　动载荷输入

在 $FLAC^{3D}$ 动力计算中，动载荷输入可以采用加速度时程、速度时程、力时程和应力时程 4 种方式。若采用黏滞边界条件，则必须采用应力时程[193]。由于爆破地震测试数据为质点振动速度，因此必须将爆破震动速度时程曲线转换为应力时程，正应力 σ_n 和剪应力 σ_s 的转化方式如下

$$\sigma_n = -2(\rho C_p) v_n \tag{7-4}$$

$$\sigma_s = -2(\rho C_s) v_s \tag{7-5}$$

在 $FLAC^{3D}$ 的具体计算过程中，可以通过 Apply 或 Hist 命令施加动载荷，而输入的时程曲线可由如下两种方式定义：①数据表 Table；②Fish 函数。

7.2.1.4　模型中网格划分尺寸要求

根据本书参考文献[193]、[283]和[288]的研究，网格剖分的尺寸大小受震动输入的最短波长控制。若网格的最大尺寸为 Δl，震动输入的最短波长为 λ，要求 Δl 必须小于 (1/10~1/8) λ，否则会影响计算精度。

7.2.2　FLAC3D 动力计算的主要步骤

FLAC3D 静力分析是动力分析的前提和基础。在运用 FLAC3D 进行边坡、地下硐室爆破地震动力响应等动力问题计算之前，必须首先进行边坡、地下硐室开挖过程的静力分析。在完成静力分析的基础上，才能施加动载荷进行动力分析。FLAC3D 动力分析大致可以分为以下几个步骤：

(1) 确定计算区域，并进行网格划分；

(2) 选择动力计算模式，定义材料本构模型以及计算所需的物理力学参数；

(3) 定义静力计算所需的边界条件和初始条件；

(4) 进行计算，获得初始平衡状态，即开挖前的原岩应力状态；

(5) 进行工程(边坡、地下采空区等)开挖计算分析，得到开挖后的静力计算结果；

(6) 检查静力计算结果，认为满意后，设置动力计算边界条件和所需的阻尼；

(7) 施加动载荷，进行动力计算，得到动力分析结果。

一般的计算流程，如图 7-1 所示。

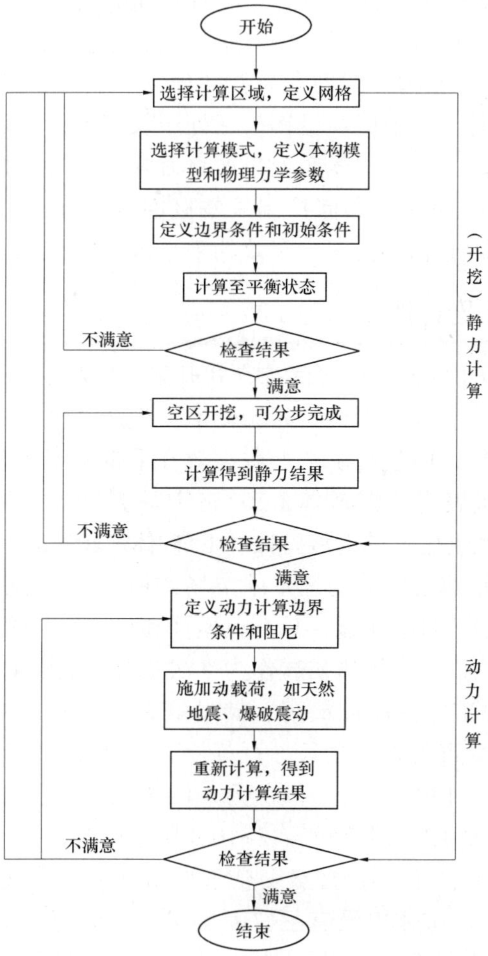

图 7-1　FLAC3D　动力分析流程图

7.3 厂坝铅锌矿采空区特点与计算区域选取

7.3.1 工程概况

厂坝铅锌矿位于甘肃省成县境内，是我国著名的西成矿田中的一个大型铅锌矿区，由厂坝矿床和李家沟矿床组成。1986 年厂坝铅锌矿开始建设，一期工程于 1989 年建成投产；二期工程从 1992 年开始建设，到 1997 年矿山基建基本完成。设计开采方式为露天开采，范围是 1 058 m 标高以上厂坝矿床的矿体，生产规模为 3 500 t/d，但厂坝二期尚未正式投产就因严重群采破坏，造成露天采场发生大面积塌陷，于1997年8月被迫停产。1998 年 4 月，国家发展计划委员会、国家经济贸易委员会和中国有色金属工业总公司，共同审查通过了白银有色金属公司提出的《厂坝铅锌矿群采破坏后安全复产与生产发展技术方案》，同意该矿由露天转入井下开采。由于厂坝露天矿已无法按原设计进行生产，为满足厂坝铅锌矿 3 500 t/d 选矿厂和白银有色金属公司西北铅锌冶炼厂的需求，根据矿区生产现状，重新进行了总体开采规划，本着“统一规划、分步实施、滚动发展”的思路，将厂坝–李家沟矿区划分为五部分，要求到 2005 年全矿区采矿生产能力达到 115.5 万 t/年。同时，由于厂坝铅锌矿区处于长江上游流域，是国家，也是甘肃省陇南地区水土保持重点矿山之一。要实现年产百万吨，同时保护矿区生态环境，保证矿山安全、可持续生产，必须研究如何控制采空区在开挖卸载与爆破扰动影响下的稳定性，在探测和稳定的基础上制定合理、有效的采空区危害控制与处理技术。

7.3.2 计算区域选择及其地质特征

自 1986 年以来，由于长时期的民间掠夺式开采，厂坝铅锌矿区存在大量的未处理群采空区。这些遗留的群采空区，不仅给露天转地下生产带来了巨大的安全隐患，诱发严重的地质灾害和环境污染，而且给矿产资源高效开采带来了未曾遇到过的技术难题。现场调查和采空区探测结果表明，Ⅱ#矿体 1 202 m 中段 7#、8#、9#三个采场是群采破坏最严重的部位，也是露天转地下生产的衔接阶段。Ⅱ#矿体 1 202 m 中段 7–1 线范围内的采空区之间互相重叠、贯通，形成了巨大的地下暗空场，稳定性较差，邻近频繁爆破生产作业诱发采空区失稳破坏的趋势日益明显，具有典型性和代表性。因此，选择Ⅱ#矿体 1 202 m 中段 7–1 线范围内的采空区及其周边矿岩作为本次三维数值模拟研究的计算区域。

Ⅱ#矿体是厂坝铅锌矿区内品位最高、储量最大、开采条件较好的主要生产矿体。该矿体位于厂坝矿区下盘石英岩与黑云母石英片岩接触部位，形态比较规整，矿体与围岩界线清晰。矿体倾向为 190°~210°，倾角为 40°~70°，从 1 213 m 标高向下延伸矿体倾角变缓，仅有 25°。矿石的普氏系数 f = 8~10，属于中等稳固。矿石主要技术参数是：平均品位 Pb = 2.1%，Zn = 10.1%；自然安息角为 40.5°~ 41°；松散系数为 1.72。根据现场节理裂隙调查得知，Ⅱ#矿体内没有主要断层穿过，节理裂隙不发育，水文地质条件简单，矿岩富水性差，对井下工程稳固性有利；但由于群采的严重破坏和构造成矿作用，局部工程稳固性较差。

7.3.3　群采空区的主要特征

作者参与了国家“十五”重点科技攻关项目中的专题“地下空区形态层位探测技术”(编号：2001BA609A-09-05)研究，运用 RAMAC/GPR 探地雷达和 SE2404EX 综合探测仪对厂坝铅锌矿Ⅱ#矿体内的群采空区进行了探测[289]。探测成果为采矿方案优化设计、采空区稳定性分析与处理奠定了基础。

群采以品位高、矿量大的厂坝Ⅰ#、Ⅱ#矿体为目标，从不同方位、不同标高开采设计规划范围内的主矿体，形成了上至露天盆底，下至深部 907 m 水平，垂直高度 360 余 m，全长 1 850 m(31~105 勘探线)范围内相互交错重叠、相互联系，大小不等、形态各异的不规则采空区数百个(其中初步查明 201 个，采空区总体积估计约 142 万 m^3)。这些采空区的主要特征是：

(1) 采空区形状极不规则，并且分布范围广，高差大；

(2) 在同一垂直面上采空区层层叠叠，上、下贯通，空区间的矿柱，厚的有 50~60 m，薄的只有几米；

(3) 采空区跨度大，从 10 m 至 80 m 不等，大多数在 40 m 左右，采空区高度从 4 m 至 40 m 不等，大多在 10~25 m；

(4) 采空区之间大多相互贯通，有的被废石充填，有的通道被人为崩落破坏，有的被水淹没。

计算区域所在Ⅱ#矿体范围内采空区形态，如图 7-2 所示。

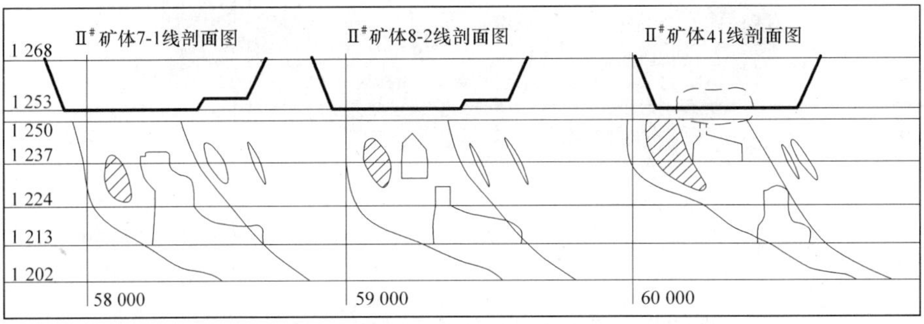

图 7-2　Ⅱ#矿体群采空区贯通、隔离的典型空间形态（单位：m）

7.4　FLAC^{3D} 数值计算模型

7.4.1　计算模型与计算参数

计算模型区域的大小对数值模拟结果有较大影响。计算区域定义的太小会影响计算结果的精度和可靠性；而定义的太大又使单元数量过多，浪费计算机资源，影响计算速度，甚至程序无法正常运行。因此，合理的计算区域，既能保证计算速度满足要求，又能保证计算结果具有较高的精度和可靠性。根据前期采空区探测成果可知，Ⅱ#矿体存在范围较大、互相贯通的采空区。因此，本次计算区域选择Ⅱ#矿体的某大型采空区及其周边围岩。考虑计算精度和计算机能力，定义计算区域尺寸为：长 120 m，宽 180 m，高 125 m。采空区位于该区域的中部，即 1202 分段至 1250 分段之间。贯通的采空区尺寸为：高 24 m，横断面下宽上窄，底宽 36 m，顶宽 11 m，沿矿体延伸 32 m。上边界取至地表，下边界距离采空区底板 70 m，计算区域的左右边界与采空区左右边界之间的距离分别为 90 m 和 60 m，沿矿体方向(Y 方向)取 88 m。根据圣维南原理，模型大小满足计算精度要求。采空区开挖后，模型的 $FLAC^{3D}$ 剖分网格如图 7-3 所示。该模型共有 70 200 个单元和 75 733 个节点。按岩体特性的不同，可将模型分为 3 个区域，即采空区、矿体和围岩。模型中的采空区的尺寸、形态和位置以前期探测结果为准。根据现场调查，模型范围内岩性比较简单，可分为围岩和矿石两大类，矿体上下盘围岩均为黑云母片岩，矿石为铅锌矿石。为便于计算，模型简化为准三维情况，即不考虑断面形状和尺寸在长度方向(Y 方向)上的变化。

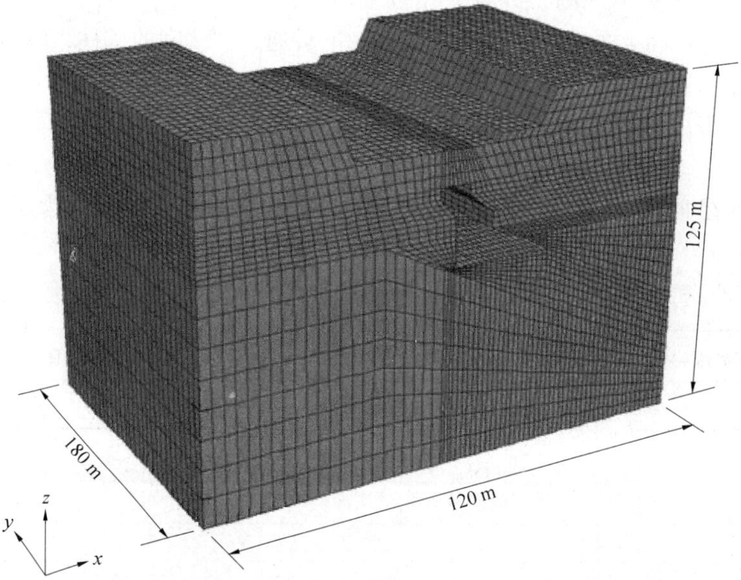

图 7-3 采空区开挖后的 $FLAC^{3D}$ 计算模型

本次计算模型中岩性较简单，仅分为铅锌矿石和黑云母片岩 2 种，计算所需的岩体物理力学参数是根据室内试验确定的岩石物理力学参数，根据第 5 章提出的 BDMRP 法计算得到的。根据表 5-3 可得本次计算所需的力学参数，列于表 7-1。在 $FLAC^{3D}$ 计算分析过程中，岩体变形参数采用的是体积模量(K)和剪切模量(G)。因此，必须将弹性模量(或变形模量)(E)和泊松比(μ)转化成体积模量(K)和剪切模量(G)，转化公式如下[286]

$$K = E / \left[3(1-2\mu)\right] \tag{7-6}$$

$$G = E / \left[2(1+\mu)\right] \tag{7-7}$$

表 7-1　计算所需的厂坝铅锌矿岩体物理力学参数

岩石种类	抗压强度 (MPa)	抗拉强度 (MPa)	变形模量 (GPa)	黏聚力 (MPa)	内摩擦角 (°)	泊松比	密度 (kg/m^3)
铅锌矿石	7.23	0.19	12.44	0.58	71.65	0.26	2 730
黑云母片岩	8.59	0.25	12.05	0.73	70.73	0.22	2 720

7.4.2　初始条件与边界条件

初始地应力场：由于采空区埋深较浅，且矿区构造应力不明显，因此未进行现场地应力测试，初始地应力场仅按自重应力场考虑。根据弹性力学原理可知，竖向应力和水平应力分别为 $\sigma_v=\gamma H$，$\sigma_h=K\sigma_v$。其中，H 为埋置深度；K 为侧压力系数，且 $K=\mu/(1-\mu)$；μ 为泊松比。

静力计算边界条件：采用位移边界条件，即模型的左右(X 方向)边界、前后(Y 方向)边界和底边界均施加位移约束条件，上边界为自由边界。

动力计算边界条件：为消除反射波的影响，动力计算时将计算区域的底边界、侧向边界和上边界均定义为黏滞边界条件。

7.4.3　计算方案设计

为研究采空区开挖形成的围岩应力重分布和产生的位移变化，找出爆破震动作用下采空区围岩应力发生二次重分布和位移的变化规律，确定不同爆破震动载荷以及爆破震动损伤累积作用(多次爆破震动作用叠加)对采空区稳定性的危害程度，运用 FLAC3D 对开挖和爆破震动作用下采空区的稳定性进行了较为系统的模拟分析。分析结果可为预防采空区失稳塌陷和减震、加固、治理提供参考。根据采空区稳定性的影响因素，设计了以下 4 种计算方案：

(1) 自重应力场中，采空区开挖过程的静力计算与分析；

(2) 采空区在中深孔爆破载荷作用下的动力计算与分析；

(3) 采空区在斜坡道掘进爆破载荷作用下的动力计算；

(4) 采空区在中深孔爆破载荷以及斜坡道掘进爆破载荷叠加作用下累积效应的动力计算与分析。

本次数值模拟分析中，静力计算与动力计算均采用 Mohr-Coulomb 准则，即弹塑性模型，并选取大应变计算模式。

7.4.4　爆破震动载荷的确定与模型输入

为获得第一手资料，作者和课题组成员对厂坝铅锌矿厂坝矿区进行了爆破震动现场测试研究。爆破地震测试分两个部分，一是中深孔爆破强制崩矿地震效应测试，二是斜坡道掘进爆破地震效应测试。有关研究和实践证明，爆破地震波的震动强度可用质点振动位移、速度、加速度 3 个物理量来表达。而振动速度既能反映震动能量大小，又与爆破产生的动应力成正比，而且测试方便可靠，因此观测物理量以质点振动速度为主。

测试所用仪器为成都中科动态仪器有限公司研制的 IDTS3850 二通道和三通道爆破

震动记录仪，SCD–Z 型垂直速度传感器和 SCD–P 型水平速度传感器。本次计算所选用的速度时程曲线共两条，一条来自中深孔爆破强制崩矿地震效应测试，作为动载荷(a)，如图 7-4 所示；另一条来自斜坡道掘进爆破地震效应测试，作为动载荷(b)，如图 7-5 所示。计算选用的两条爆破震动速度时程曲线的主要参数为：

(1) 动载荷(a)的主频为 5.64 Hz，振动持续时间为 1.07 s，最大振幅为 0.181 2 m/s；

(2) 动载荷(b)的主频为 12.28 Hz，振动持续时间为 5.15 s，最大振幅为 0.460 9 m/s。

由于测试数据为质点振动速度，必须将质点振动速度时程曲线按式(7-4)、式(7-5)转化为动应力形式。再将波动形式的爆破动应力输入计算模型，进行爆破动载荷作用下采空区动力响应计算。由于以上两条爆破震动速度时程曲线均来自采场或巷道的底板，因此将爆破震动载荷施加于采空区的底板，沿 Z 轴的负方向传播。

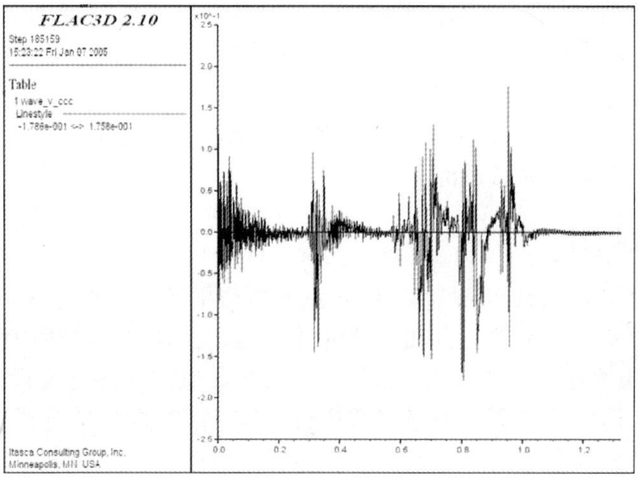

图 7-4　中深孔强制崩矿爆破震动速度时程曲线——动载荷(a)

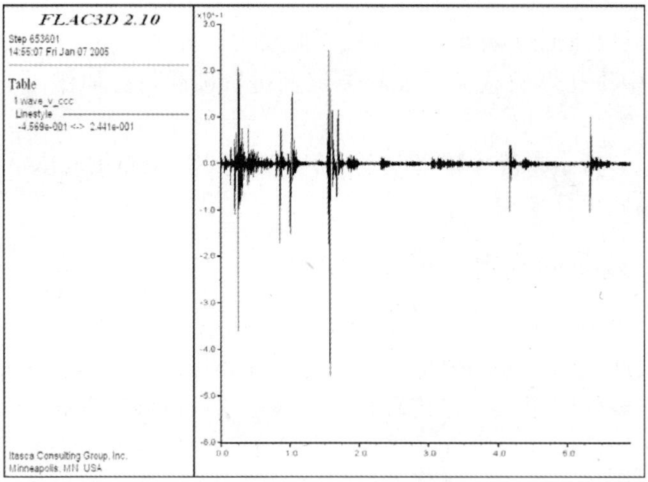

图 7-5　斜坡道掘进爆破震动速度时程曲线——动载荷(b)

7.4.5　计算过程中监测特征点的选取

开挖后，采空区边界上岩体的应力、位移重分布现象最明显；露天坑的边坡坡脚处岩体的应力、位移重分布也比较明显。爆破震动载荷作用后，岩体应力和位移将会发生再次重分布。为揭示开挖过程中和动载荷作用下岩体应力、位移的变化规律，反映采空区围岩和露天坑边坡的稳定性，在模型中的几个关键部位设置了监测特征点(见图 7-6)，以便跟踪监测计算过程中关键部位岩体应力和位移的变化规律，从而更有效地表征关键部位岩体的稳定程度。

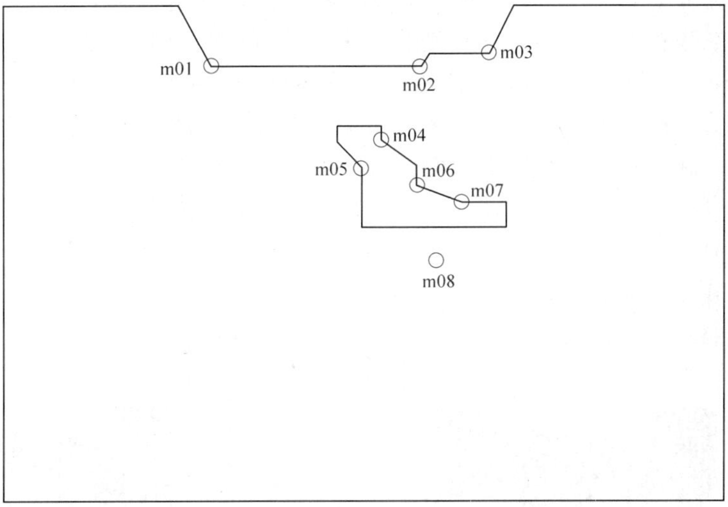

图 7-6　计算过程中监测特征点的设置

7.5　模拟结果分析与讨论

整个计算过程分为静力计算和动力计算。动力分析以静力计算为前提，即在完成静力计算的基础上，再施加动力时程进行计算。静力分析时，整个采空区分 8 个步骤开挖形成，即沿 Y 方向进行开挖，每一步开挖 4 m。每一步开挖后都计算至平衡状态，直到整个空区开挖完成为止。将两条速度时程曲线转化为应力时程曲线后通过表(Table)的形式施加于采空区底板，分别进行动力计算，得到动力分析结果。现将得到的结算结果分析如下。

7.5.1　应力变化特征

采空区开挖过程中，围岩中的原始应力平衡被打破，必然引起应力重分布和应力集中现象。爆破动载荷作用后，再次引起围岩应力重分布。由于围岩中静应力与动应力的叠加作用，应力分布更加复杂，部分关键部位岩体的应力集中更明显。由于岩体的抗拉强度远低于抗压和抗剪强度，当应力集中处的拉应力大于岩体抗拉强度时，局部岩体发生破坏；若大面积岩体拉应力大于岩体抗拉强度，则受拉屈服塑性区可能贯通，造成采空区整体失稳。因此，分析采空区开挖过程中以及爆破动载荷作用后岩体中应力分布变化规律，对于研究围岩稳定状态及其失稳破坏规律具有重要的现实意义。

图 7-7 为采空区开挖后和施加爆破动载荷后垂直应力分布图。可以看出，采空区开挖后垂直应力发生重分布，边界和拐角处出现较大应力集中，采空区右侧围岩和开挖掌子面附近出现较大的拉应力；围岩中最大拉应力为 3.92 MPa，大于岩体的抗拉强度 0.25 MPa。拉应力大于抗拉强度的围岩将发生拉裂屈服，出现受拉塑性区(见下述有关塑性区分析)。若塑性区大面积贯通，则岩体发生失稳破坏的可能性增大，右上方围岩将发生拉裂破坏。施加爆破动载荷后，采空区围岩受力状态仍以拉应力为主，应力集中最明显的区域仍然是采空区右侧围岩和靠近右侧的开挖掌子面；围岩中最大拉应力有所降低，为 3.45~3.47 MPa，仍大于岩体的抗拉强度。无论爆破动载荷作用与否，采空区围岩中均会出现大量的受拉塑性区，而且塑性区之间互相贯通，因此应采取有效的支护措施，预防采空区右墙、靠近右侧的开挖掌子面以及右上方围岩的失稳、塌陷。另外，爆破动载荷作用后，围岩应力发生了二次重分布。但是与开挖后的围岩应力重分布相比，其变化程度不大。从图 7-7 还可以看出，动载荷(a)、动载荷(b)以及二者的联合作用对垂直应力分布图的影响规律基本类似。

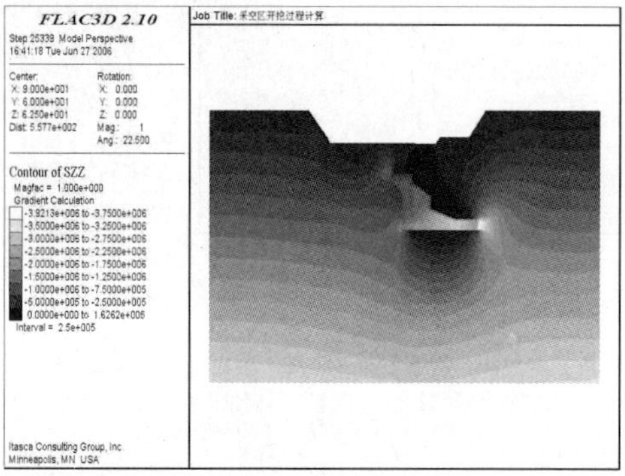

(a)采空区开挖后

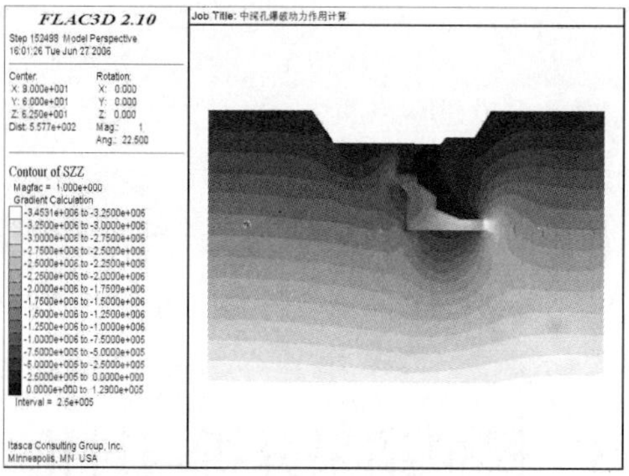

(b)动载荷(a)作用后

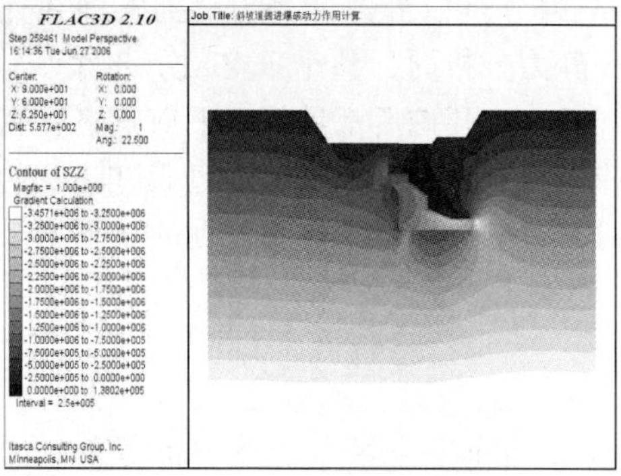

(c)动载荷(b)作用后

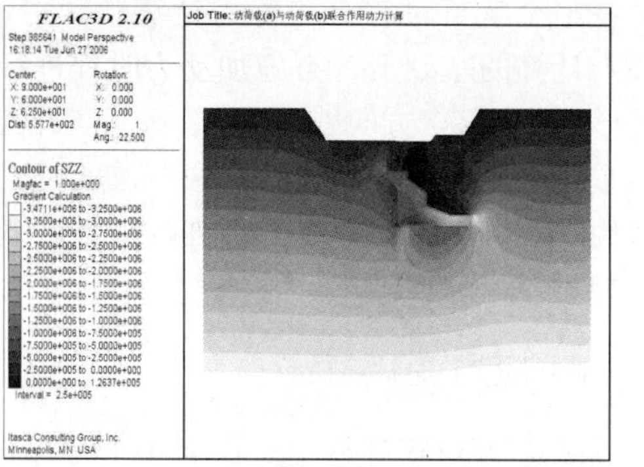

(d)动载荷(a)与动载荷(b)联合作用后

图 7-7　采空区围岩垂直(Z 方向)应力分布图

图 7-8 为采空区开挖后和施加爆破动载荷后水平应力分布图。不难发现，采空区开挖后水平应力亦发生重分布，受力状态仍以拉应力为主，应力集中最明显的区域出现在采空区右墙、开挖掌子面以及正上方的露天坑底。与垂直应力相比，最大水平拉应力较小，仅为 1.25 MPa 左右，但仍然大于岩体的抗拉强度 0.25 MPa。因此，无论是最大垂直拉应力还是最大水平拉应力均大于围岩中应力集中最明显区域岩体的抗拉强度，围岩将发生拉裂屈服，有必要对拉应力集中最明显区域的围岩进行有效支护。施加爆破动载荷后，采空区围岩受力状态仍以拉应力为主，应力集中最明显的区域仍然是采空区右墙、开挖掌子面以及正上方的露天坑底；然而，采空区右侧边墙处的拉应力集中强度有所减弱。与垂直应力分布变化规律类似，爆破动载荷作用后，围岩应力发生了二次重分布，但变化程度不大。从图 7-8 还可以看出，动载荷(a)、动载荷(b)以及二者的联合作用对水平应力分布图的影响规律基本类似。

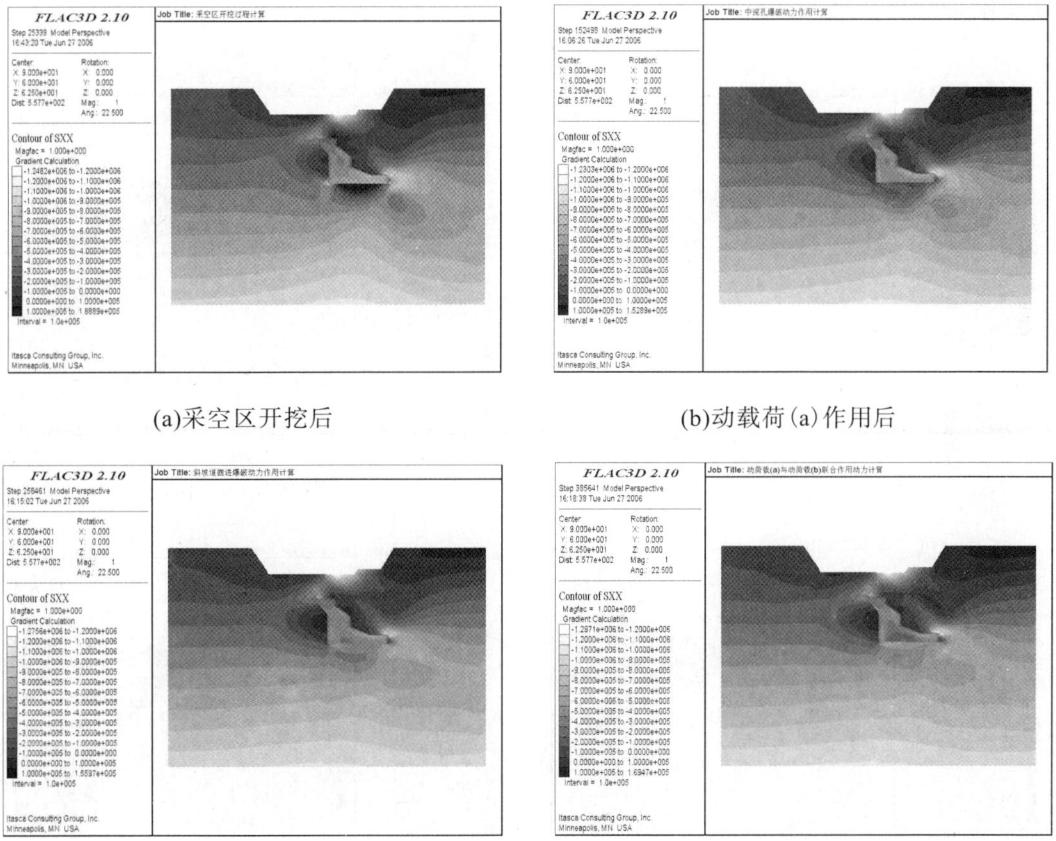

(a)采空区开挖后　　(b)动载荷(a)作用后

(c)动载荷(b)作用后　　(d)动载荷(a)与动载荷(b)联合作用后

图 7-8　采空区围岩水平(x 方向)应力分布图

7.5.2　位移变化特征

采空区开挖和爆破动载荷作用必然引起围岩变形和位移变化，而位移变化特征可以很好地描述围岩的稳定状态，甚至比应力变化特征更明显。图 7-9 给出了采空区开挖后以及爆破动载荷作用后的位移分布图。从图中可见围岩位移分布变化呈现如下特点：

(1) 采空区开挖后，最大位移出现在采空区右上方围岩边界处，该边界形状极不规则，且已基本形成“危岩”形势；同时采空区底板和包括右上方露天边坡在内的区域也出现了较大的位移量；采空区开挖后围岩最大位移量大约为 5.35 mm。

(2) 爆破动载荷(a)作用后，最大位移仍然发生在采空区右上方围岩边界处，而最大位移量增大至 6.26 mm；产生较大位移的区域分布有所变化，采空区底板处的位移量减小，分布范围也缩小。

(3) 爆破动载荷(b)作用后，最大位移所在区域与爆破动载荷(a)作用后相比不变，而最大位移量却再次上升，增大至 6.36 mm，原因是爆破动载荷(b)的强度大于爆破动载荷(a)，而作用位置与爆破动载荷(a)相同。采空区底板处的位移量和分布范围比爆破动载荷(a)作用后进一步缩小。

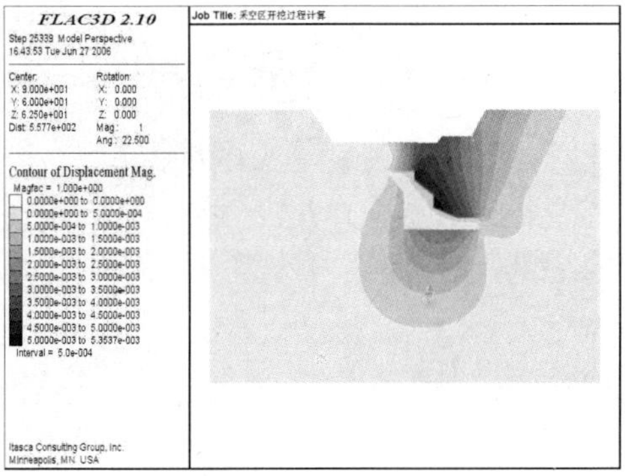

(a)采空区开挖后

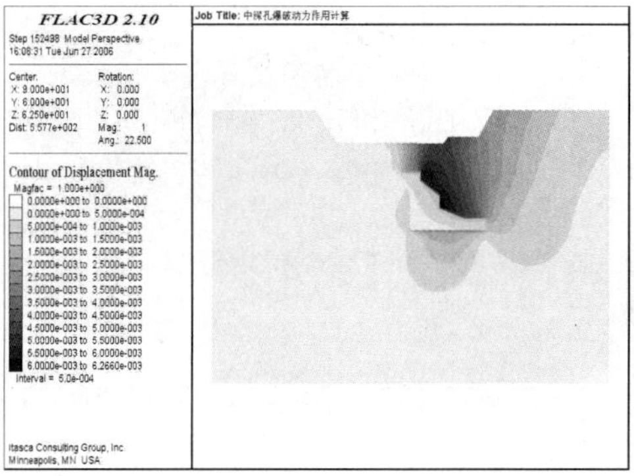

(b)动载荷(a)作用后

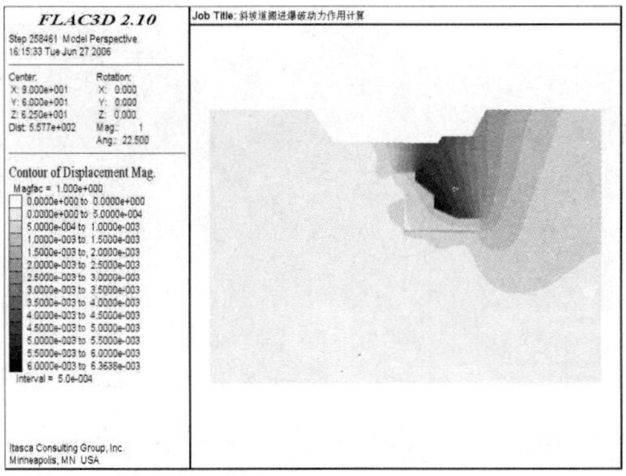

(c)动载荷(b)作用后

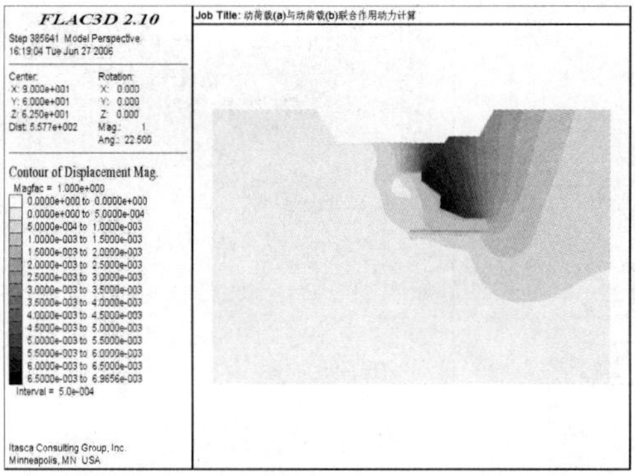

(d)动载荷(a)与动载荷(b)联合作用后

图 7-9　采空区围岩位移分布图

(4) 爆破动载荷 (a) 与 (b) 联合作用后，最大位移发生区域仍为采空区右上方围岩，而最大位移量却增大至 6.96 mm。采空区底板处的位移量和分布范围与爆破动载荷 (b) 作用后基本接近。

从图 7-9 中(a)~(d)的位移变化情况，可以总结得到如下规律：

(1) 爆破动载荷作用引起的围岩最大位移量比纯粹采空区开挖过程引起的围岩最大位移量大，因此将采空区围岩失稳机理归结为开挖和爆破联合作用更合理，更符合实际情况。

(2) 采空区围岩最大位移量与爆破震动强度成正比，爆破规模越大，爆破地震波强度越大，围岩最大位移量越大，这与实际情况也是符合的。

(3) 爆破动载荷(a)与(b)联合作用后，产生爆破累积损伤效应，围岩最大位移量大于任何一个爆破动载荷的单独作用。然而，爆破动载荷(a)与(b)联合作用后的围岩最大位移量不等于爆破动载荷(a)以及爆破动载荷(b)独立作用后的最大位移量之和(小于二者之和)，说明爆破累积损伤效应是非线性的，这与前面第 2 章中试验分析结果相同。

(4) 从另一个角度理解，爆破动载荷(a)与(b)联合作用相对爆破动载荷(b)独立作用而言，实际上是延长了爆破震动的持续时间，因此破坏程度比爆破动载荷(b)独立作用要大。这与爆破震动安全标准中有关爆破震动持续时间作用的研究成果是一致的。而爆破动载荷(a)与(b)联合作用相对爆破动载荷(a)独立作用而言，不仅延长了爆破震动持续时间，而且增大了爆破震动强度，因此破坏程度比爆破动载荷(a)独立作用更大。

7.5.3　塑性区变化特征

采空区开挖过程中各步开挖后以及爆破动载荷作用计算完成后，围岩塑性区分布情况如图 7-10 所示。从图中可以看出：

(1) 随着开挖过程的逐步推进，采空区围岩中的塑性区分布面积不断增大。整个开挖过程完成后，采空区右上方围岩中出现大面积互相贯通的塑性区，而且采空区底板和露天坑的右边坡脚处出现塑性区。

(2) 开挖过程中，最先出现的塑性区类型是受拉应力屈服和受剪应力屈服，而且开挖完成后整个塑性区分布中受拉应力塑性区和受剪应力塑性区占大多数，这与岩体抗拉强度和抗剪强度较低有关。

(3) 爆破动载荷作用后，围岩塑性区分布面积变化规律与围岩位移变化规律非常相似。由图 7-10(f)~(h)可见，爆破动载荷(a)作用后、爆破动载荷(b)作用后以及爆破动载荷(a)与(b)联合作用后，围岩塑性区分布面积依次增大。爆破动载荷(a)作用后，塑性区分布范围比单纯开挖后分布范围广，露天坑右边坡脚处塑性区与采空区右上方围岩中的塑性区开始贯通；爆破动载荷(b)作用后，采空区底板处塑性区分布面积进一步扩大，露天坑左、右边坡脚处均出现塑性区；爆破动载荷(a)与(b)联合作用后，露天坑左、右边坡脚处塑性区进一步扩大，开挖掌子面岩体中亦出现大面积塑性区。因此，围岩塑性区分布面积与爆破动载荷强度、爆破动载荷作用次数成正比。爆破动载荷强度越大，塑性区分布面积越大；由于爆破损伤累积效应，爆破动载荷作用次数越多，爆破震动持续时间越长，围岩塑性区分布面积也越大。

(4) 爆破动载荷作用后，整个塑性区分布中受拉应力塑性区和受剪应力塑性区仍然占大多数，说明爆破动载荷作用下，应力波对围岩的破坏作用是从降低其抗拉强度和抗剪强度开始的，这与岩体力学试验所得结论吻合[290]。

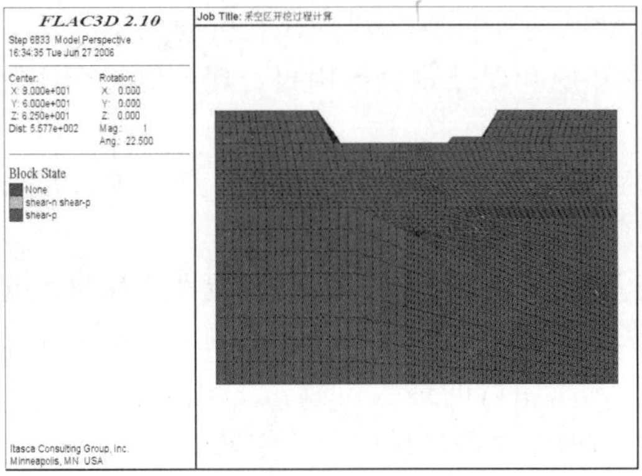

(a)第 1 步开挖后

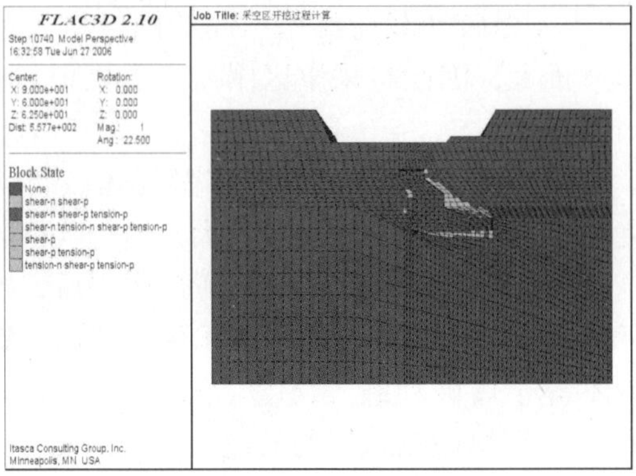

(b)第 3 步开挖后

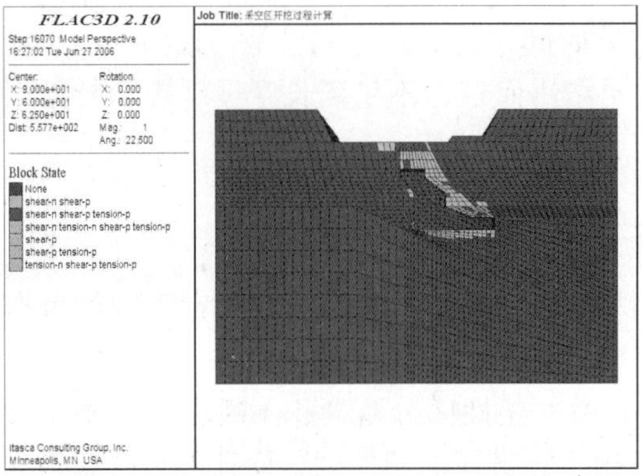

(c)第 5 步开挖后

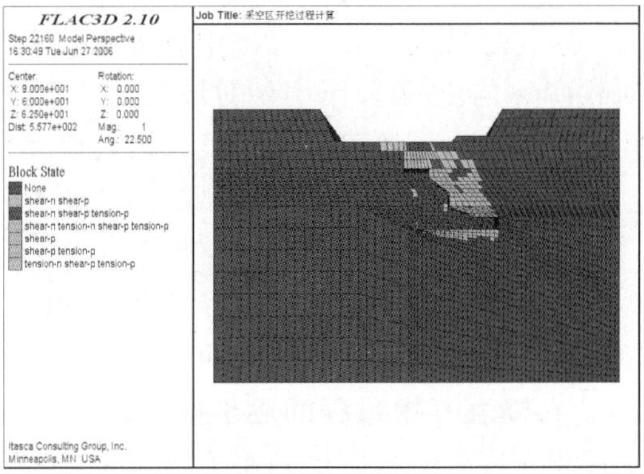

(d)第 7 步开挖后

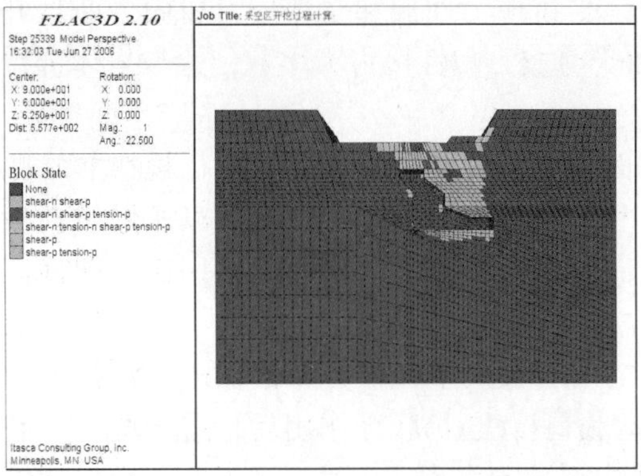

(e)开挖完成后

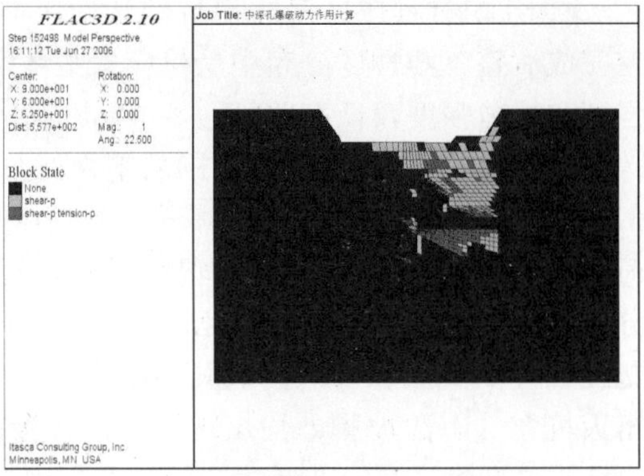

(f)动载荷(a)作用后

图 7-10　采空区围岩塑性区分布图

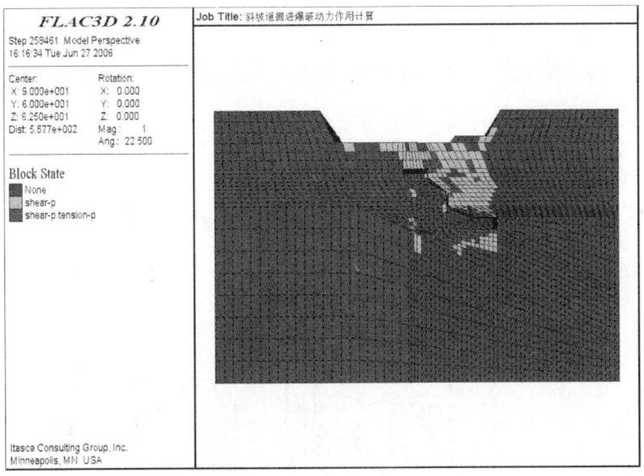

(g)动载荷(b)作用后

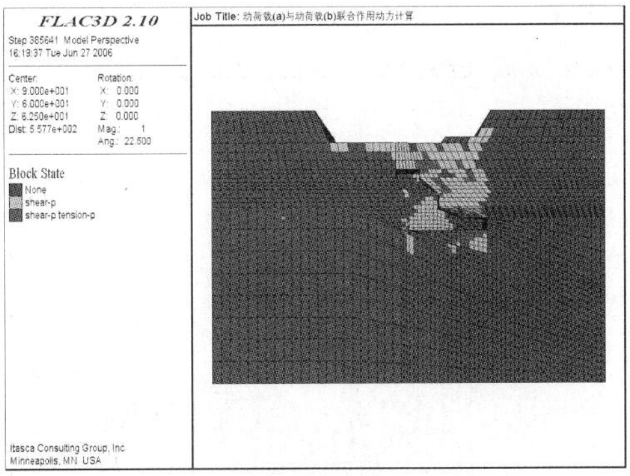

(h)动载荷(a)与动载荷(b)联合作用后

续图 7-10

7.5.4　最大不平衡力变化特征

采空区开挖过程中以及爆破动载荷施加于模型后，模型中原始平衡状态被打破，会出现较大的不平衡力。根据 FLAC^{3D} 基本原理可知，当经过若干计算循环后，才能重新达到新的平衡状态，计算停止。因此，模型中最大不平衡力反映了外界活动(开挖卸载、爆破加载等)对模型受力状态的影响。图 7-11 给出了 4 个计算方案的最大不平衡力变化曲线。从图中可以发现：

(1) 采空区开挖前自重应力引起的最大不平衡力较小；整个开挖过程共分 8 个步骤完成，每一步开挖后，由于卸载和应力重分布作用，模型中均出现较大的最大不平衡力；8 个开挖步骤引起的 8 次最大不平衡力陡增现象在图 7-11(a)中清晰可见。

(2) 爆破动载荷(a)、(b)独立作用后，在动力计算阶段，最大不平衡力曲线受爆破震动应力时程曲线的控制。由图 7-11(b)、(c)可见，最大不平衡力曲线形状与图 7-4 和图 7-5 中的爆破震动速度时程曲线的上半轴部分完全一致，说明爆破动载荷是动力计算阶段引起最大不平衡力的主要因素。

(3) 由图 7-11(d)可见，爆破动载荷(a)与(b)联合作用后，最大不平衡力曲线仍然是由爆破动载荷时程曲线控制的，其形状与爆破动载荷(a)与(b)串联曲线的形状基本一致。

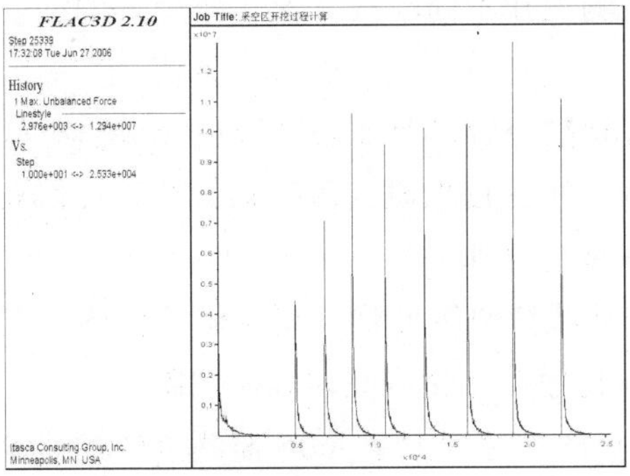

(a)采空区开挖后

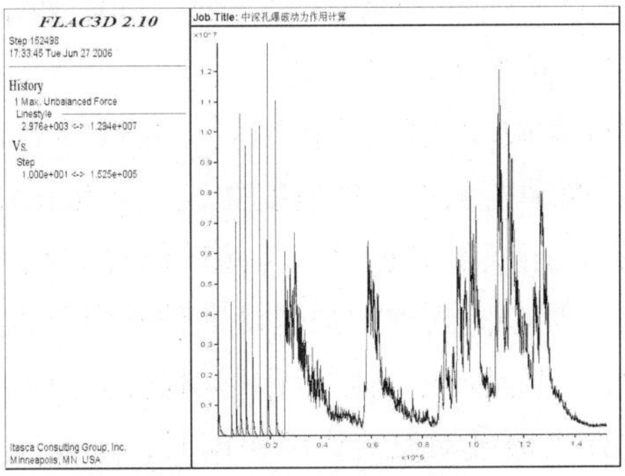

(b)动载荷(a)作用后

图 7-11　最大不平衡力曲线图

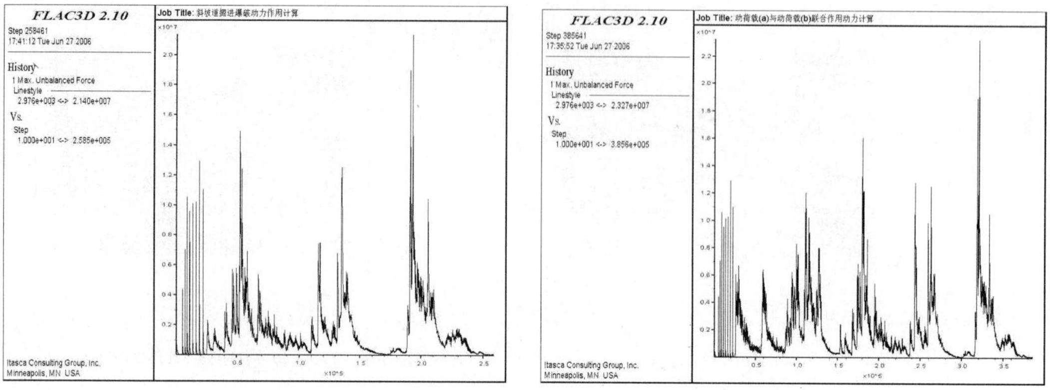

(c)动载荷(a)作用后　　(d)动载荷(a)与动载荷(b)联合作用后

续图 7-11

7.5.5　特征监测点加速度、速度和位移变化规律

在采空区周边围岩中设置特征监测点，可以很好地跟踪这些关键点在开挖以及动载荷作用下的位移、速度和加速度变化情况，准确地描述关键部位岩体的稳定状态。下面分析特征监测点加速度、速度以及位移变化规律。

7.5.5.1　监测点加速度变化规律

由于采空区开挖过程属于静力分析阶段，可以不考虑监测点加速度的变化情况。设置的 8 个特征监测点(m01~m08)基本上都是需要重点关注的岩体关键部位。根据位移分析结果可知，开挖和动载荷作用后最大位移出现在采空区右上方围岩的边界处，即 m06、m07 两个监测点的位移量最大。而且塑性区分布结果也表明，该处岩体塑性区出现最早，范围最大。因此，选择 m06、m07 两个监测点，分析其动载荷作用阶段加速度变化规律，具有代表性。同理，速度、位移变化特征分析亦选择 m06、m07 两个监测点。图 7-12 给出了 m06、m07 两个监测点在不同动载荷形式作用下的加速度时程曲线。从图中可以看出：

(1) 爆破动载荷(a)作用后、爆破动载荷(b)作用后以及爆破动载荷(a)与(b)联合作用后，两个监测点的加速度曲线振幅依次增大，加速度振幅与爆破动载荷强度以及爆破动载荷作用次数成正比，与前述位移和塑性区变化规律一致。

(2) 两个监测点的加速度曲线形状与爆破动载荷曲线形状极其相似，说明监测点的加速度主要是爆破动载荷作用引起的，而且变化规律亦受爆破动载荷控制。

(3) 当爆破动载荷作用相同时，m07 监测点的加速度大于 m06 监测点的加速度，说明 m07 监测点受爆破动载荷作用的影响更大，该点处所受的爆破动应力也更大。

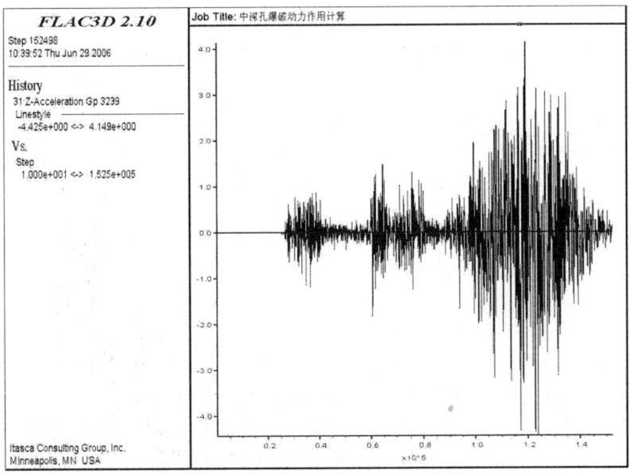

(a)动载荷(a)作用下 m06 加速度曲线

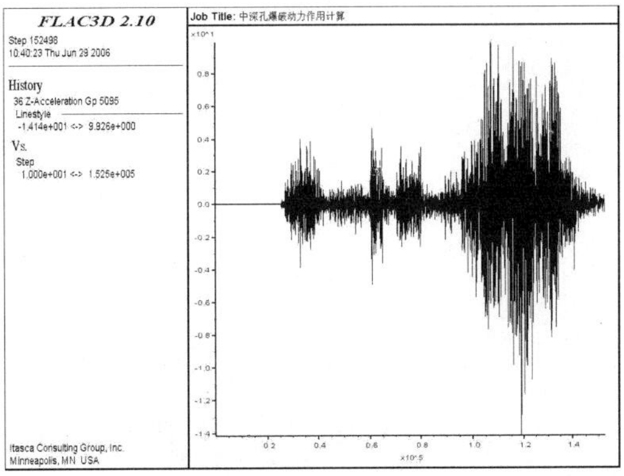

(b)动载荷(a)作用下 m07 加速度曲线

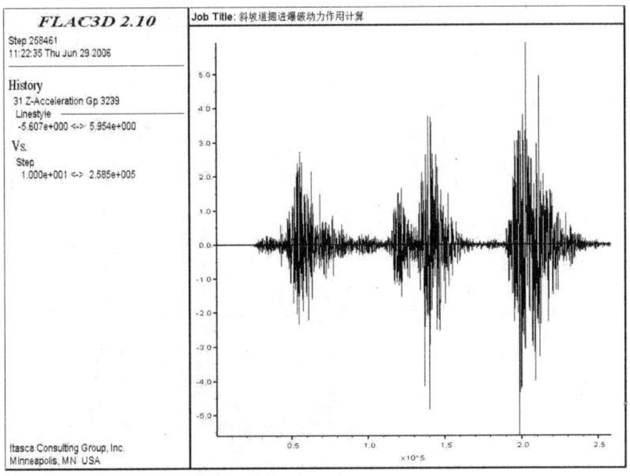

(c)动载荷(b)作用下 m06 加速度曲线

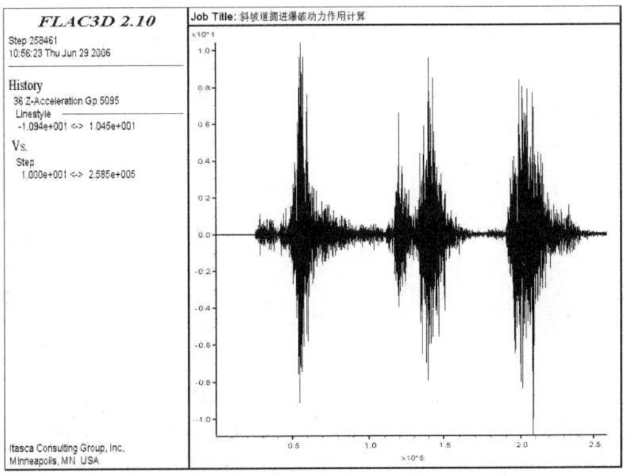

(d)动载荷(b)作用下 m07 加速度曲线

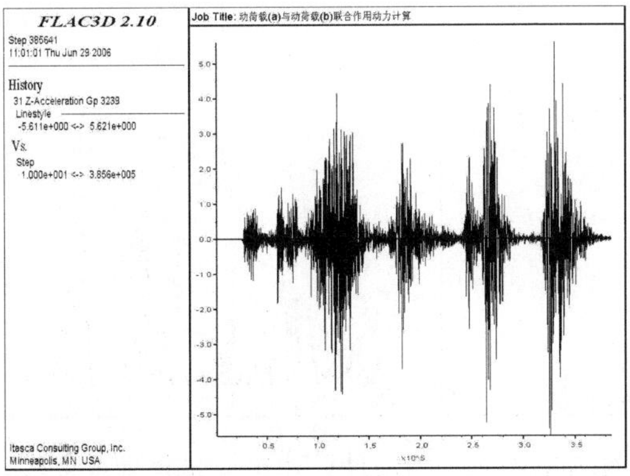

(e)动载荷(a)与(b)联合作用下 m06 加速度曲线

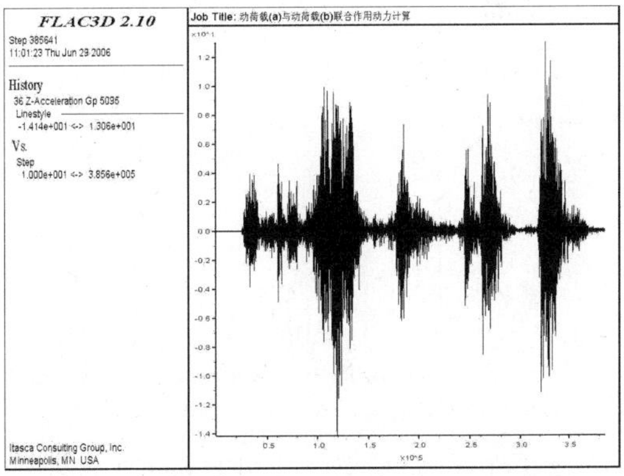

(f)动载荷(a)与(b)联合作用下 m07 加速度曲线

图 7-12　m06、m07 监测点加速度时程曲线

7.5.5.2　监测点速度变化规律

图 7-13 给出了 m06、m07 两个监测点在不同动载荷形式作用下的速度时程曲线。从图中可以看出：

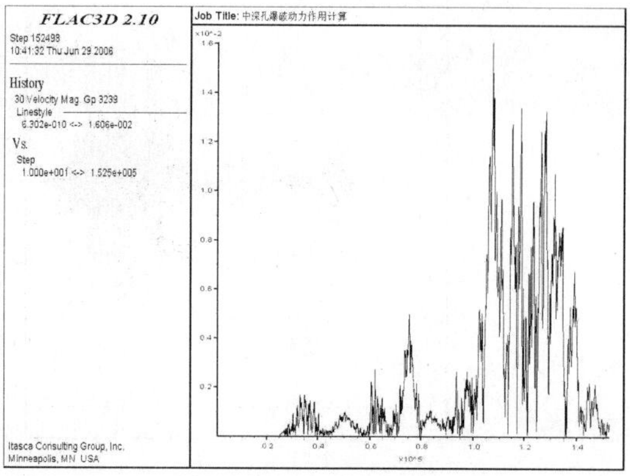

(a)动载荷(a)作用下 m06 速度曲线

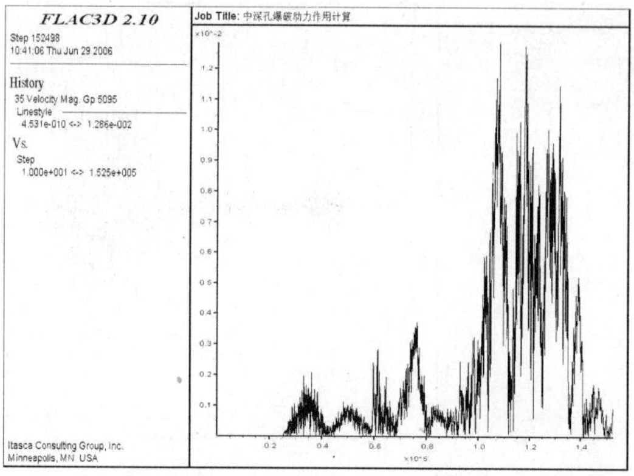

(b)动载荷(a)作用下 m07 速度曲线

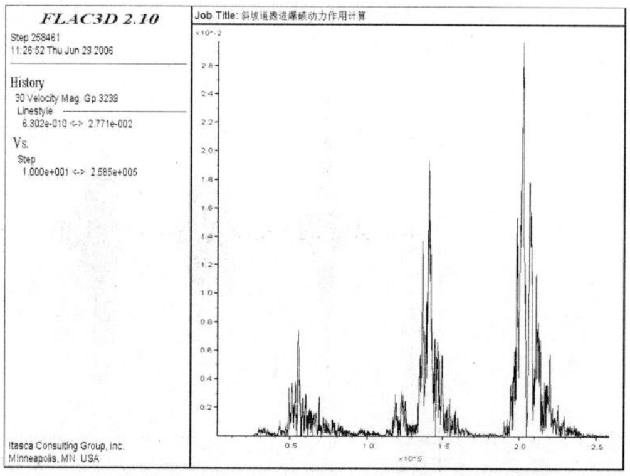

(c)动载荷(b)作用下 m06 速度曲线

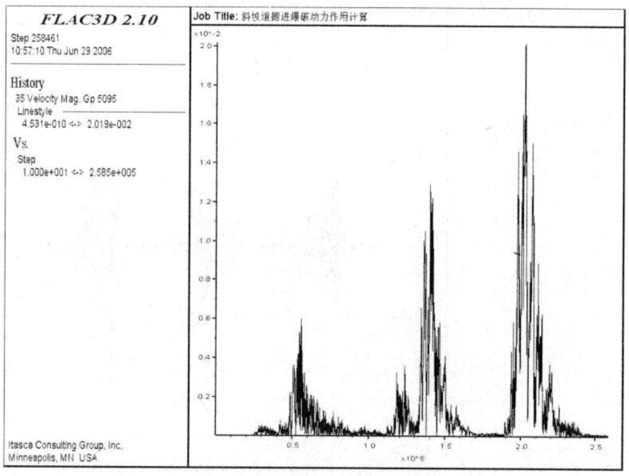

(d)动载荷(b)作用下 m07 速度曲线

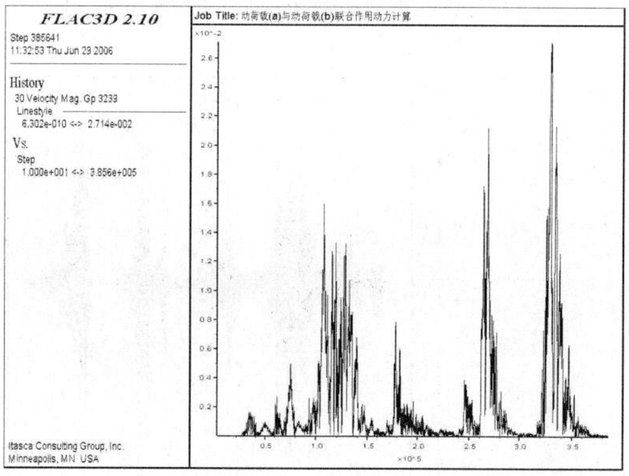

(e)动载荷(a)与(b)联合作用下 m06 速度曲线

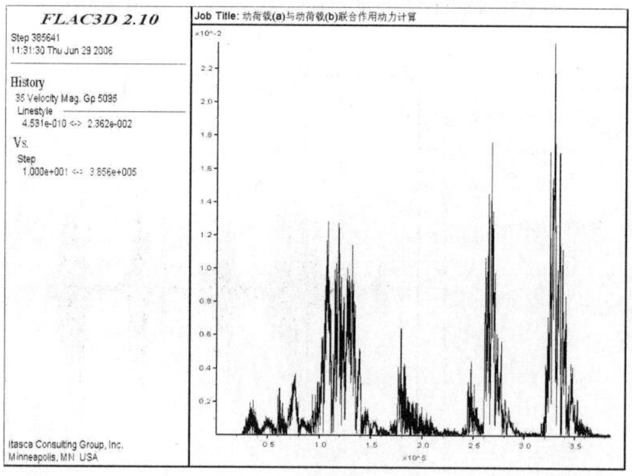

(f)动载荷(a)与(b)联合作用下 m07 速度曲线

图 7-13　m06、m07 监测点速度时程曲线

(1) 监测点速度全部为正值，与加速度曲线不同。原因是加速度与应力符号相同，监测点处岩体所受应力是拉、压交替作用。FLAC^{3D} 定义拉应力为负值，压应力为正值，因此加速度曲线有正负之分；而速度与位移符号相同，不区分正负，全部都是正值。

(2) 与加速度曲线变化规律相同，两个监测点速度曲线振幅与爆破动载荷强度以及爆破动载荷作用次数成正比，与前述位移和塑性区变化规律一致。同时，速度曲线形状与爆破动载荷曲线上半轴形状极其相似，说明监测点速度主要是爆破动载荷作用引起的，而且变化规律亦受爆破动载荷控制。

(3) 当爆破动载荷作用相同时，m06 监测点的速度大于 m07 监测点的速度，原因是监测点速度变化规律与位移变化规律相同。m06 监测点的位移大于 m07 监测点的位移(见图 7-14)。由于 m06 监测点的速度、位移大于 m07 监测点的速度、位移，而 m07 监测点的加速度、应力大于 m06 监测点的加速度、应力，因此 m06、m07 监测点附近岩体均需要采取有效的防护措施。

7.5.5.3　监测点位移变化规律

图 7-14 给出了 4 种计算方案条件下 8 个监测点的位移对比特征。从图中可以看出：

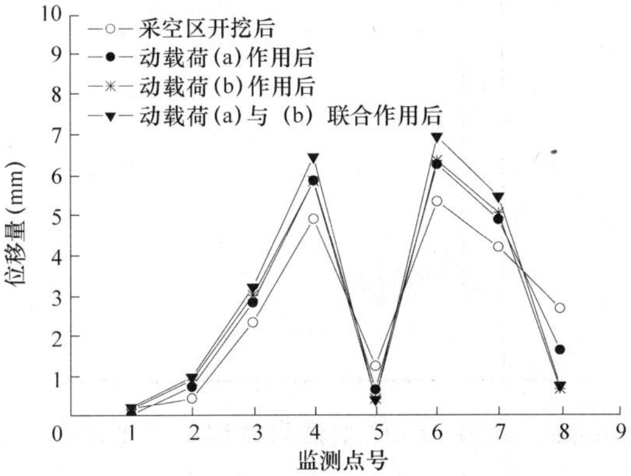

(图中监测点号 1~8 分别代表 m01~m08 特征监测点)

图 7-14　不同计算方案条件特征监测点的位移

(1) 4 种计算方案条件下，除 m05、m08 监测点外，就同一个监测点而言，由于采空区开挖引起的位移最小，而爆破动载荷(a)与(b)联合作用引起的位移最大。

(2) 8 个监测点中，当计算方案条件相同时，m04、m06 和 m07 三个监测点的位移最大，而 m01、m02 和 m05 三个监测点的位移最小，这说明 m04、m06 和 m07 三个监测点附近的岩体最容易发生失稳破坏，需要采取有力的支护措施。

(3) m03 监测点的位移居中，最大位移量为 3.2 mm。由于 m03 监测点所处的露天坑右边坡脚处岩体很早就出现塑性区，而且爆破动载荷作用后，该处塑性区与采空区右上方围岩中的塑性区互相贯通。为预防边坡滑动，露天坑右边坡脚处应设置观测点，并及时采取有效的处理措施。

图 7-15 给出了 m03、m06 和 m07 三个监测点位移随计算时步的变化。从图中可以看出：

(1) 随着计算时步的增加，三个监测点的位移不断增大。采空区开挖总计算时步为 25 339，爆破动载荷(a)独立作用后总计算时步增至 152 498，爆破动载荷(b)独立作用后总计算时步增至 258 461，而爆破动载荷(a)与(b)联合作用后总计算时步增至 385 641。

(2) 明显地，采空区开挖形成后以及爆破动载荷作用后，m06 监测点的位移最大，m03 监测点的位移最小，m07 监测点的位移居中。

(3) 三个监测点随计算时步的增长规律基本相同，采空区开挖完成后、爆破动载荷(a)独立作用后、爆破动载荷(b)独立作用后以及爆破动载荷(a)与(b)联合作用后 4 个阶段的位移增长比较明显。

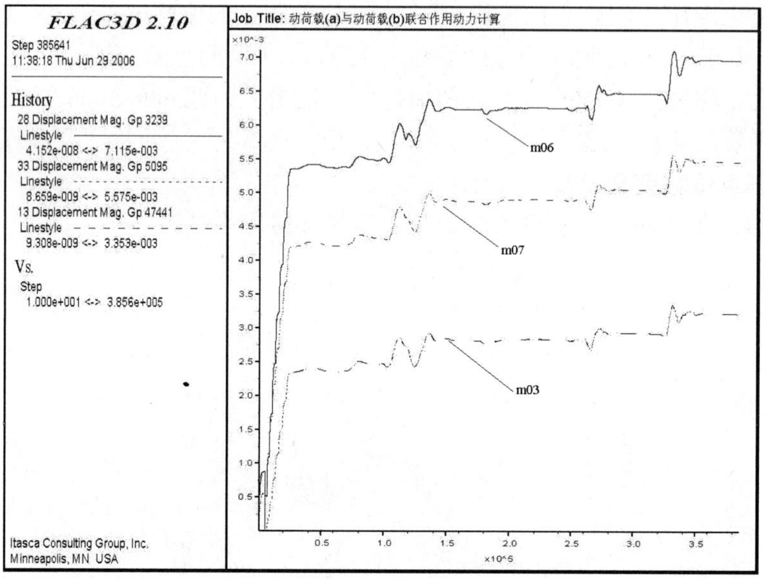

图 7-15　m03、m06、m07 监测点位移随计算时步的变化曲线

7.6 小　结

本章紧密结合国家“十五”科技攻关课题，以厂坝铅锌矿群采破坏诱发的灾害事故为背景，以地下采空区稳定性为研究对象，在现场采空区探测和爆破地震效应测试的基础上，借助 $FLAC^{3D}$ 提供的动力分析功能，同时考虑开挖过程和爆破震动作用对采空区稳定性的影响，对采空区产生动力失稳的过程和机制进行了三维数值模拟，揭示了采空区失稳破坏的动力学机制，为预防采空区塌陷等失稳破坏提供了有力的参考依据。取得的主要研究成果如下：

(1) 采空区开挖后应力发生重分布，由于采空区形状极不规则，边界和拐角处出现多处应力集中现象，采空区右侧围岩和开挖掌子面附近出现较大的拉应力；围岩中最大拉应力为 3.92 MPa，大于岩体的抗拉强度 0.25 MPa，部分围岩将发生拉裂屈服，出现受拉塑性区；施加爆破动载荷后，围岩应力发生了二次重分布，采空区围岩受力状态仍以拉应力为主，应力集中最明显的区域仍然是采空区右侧围岩和靠近右侧的开挖掌子面，最大拉应力有所降低，但仍大于岩体抗拉强度。因此，应采取有效的支护措施，预防采空区右墙、靠近右侧的开挖掌子面以及右上方围岩的失稳、塌陷。

(2) 采空区开挖后，最大位移出现在采空区右上方围岩边界处，最大位移量大约为 5.35 mm；爆破动载荷作用后，最大位移仍然发生在采空区右上方围岩边界处，最大位移量却增大至 6.96 mm。最大位移量与爆破震动强度、爆破动载作用次数成正比；爆破动载荷(a)与(b)联合作用后，围岩最大位移量大于任何一次爆破动载荷的单独作用，说明岩体爆破累积损伤效应以及爆破震动持续时间对采空区围岩稳定性具有显著影响。爆破动载荷作用引起的围岩最大位移量比纯粹采空区开挖过程引起的围岩最大位移量大，因此将采空区围岩失稳机理归结为开挖和爆破联合作用更合理，更符合实际情况。

(3) 随着开挖过程的逐步推进，采空区围岩中的塑性区面积不断增大；整个开挖过程完成后，采空区右上方围岩中出现大面积互相贯通的塑性区，而且采空区底板和露天坑的右边坡脚处出现塑性区。围岩塑性区分布面积与爆破动载荷强度、爆破动载荷作用次数成正比；整个塑性区分布中受拉应力塑性区和受剪应力塑性区所占比例较大，说明开挖和爆破动载荷作用对围岩的破坏作用是从降低其抗拉强度和抗剪强度开始的，这与岩体力学试验所得结论吻合。

(4) 特征监测点分析结果表明，采空区右上方围岩边界发生失稳破坏的可能性最大，露天坑的右边坡存在发生滑动的危险。因此，为预防采空区围岩塌陷及边坡滑动，应在采空区右上方围岩和露天坑右边坡脚处设置观测点，并及时采取喷射混凝土、锚杆、锚索、注浆等有效支护措施。

(5) 爆破动载荷作用增大了采空区围岩和露天坑边坡发生失稳破坏的可能性，尤其是多次重复爆破产生的累积损伤效应，对采空区稳定影响较大。因此，在生产过程中，应采取有效的减震措施，例如尽量减少最大段药量，并采用微差爆破等减震措施，减少爆破震动对采空区的扰动破坏作用。

第 8 章　结论与展望

8.1　全书结论

本文结合国家“十五”科技攻关项目“复杂多空区下强制与诱导耦合大规模落矿采矿综合技术研究”(2003BA612A-10-2)和中南大学博士学位论文创新工程项目“复杂关联空区动力失稳机制及预测预报模型研究”(040109)，在系统调研国内外相关文献资料的基础上，采用现场试验、理论推导与数值模拟相结合的方法，从细观和宏观两个层面出发，对爆破作用下岩体累积损伤效应及其稳定性问题进行了深入系统的应用基础研究。在此基础上，紧密结合以厂坝铅锌矿为背景的工程实践，进一步对复杂条件下群采空区动力失稳机制及其相关灾害预防技术进行了探索。这些不仅为研究爆破动载荷作用诱发的岩体累积损伤及其稳定性分析等应用理论问题开辟了新的途径，而且为预防爆破引起的岩体损伤与失稳破坏提供了科学指导。

通过上述系统研究工作，本书获得的主要结论与研究成果如下：

(1) 构建了基于现场声波测试技术的岩体爆破累积损伤效应研究方法，成功地运用该方法对多次爆破作用下岩体损伤累积增长规律进行了研究，获得了爆破动载荷作用下岩体累积损伤程度、岩体声波速度与爆破作用次数之间存在的统计规律，并建立了爆破累积损伤与爆心距之间的非线性递减关系。

研究表明：根据岩体声速测试结果，发现既有爆破开挖对巷道围岩的损伤影响深度为 0.9 ~ 1.6 m，因此在 3.8 ~ 4.8 m 深度范围内进行岩体爆破累积损伤效应研究的试验方案是可行的。随着爆破次数的不断增加，岩体声速逐渐降低，岩体爆破累积损伤呈现单调递增趋势。10 次模拟爆破后，岩体声速降低率、岩体爆破累积损伤与爆破次数之间是一种非线性递增关系，岩体爆破累积损伤效应的累积增长过程具有明显的非线性特征。

(2) 首次发现了多次爆破作用下，随爆破次数增加，岩体爆破累积损伤程度与声波测试信号波形、主频、能量等频谱参数变化规律之间的内在联系，进一步揭示了岩体爆破累积损伤增长规律及其失稳破坏机制。

探讨了岩体声波衰减机制，运用快速傅里叶变换(FFT)与小波(包)分析方法，找出了声波主频、能量及其频带分布随爆破次数增加的变化规律。研究表明：随爆破次数增加，岩体损伤不断累积，声波波形变得越来越不规则，声波波形相关系数随着爆破次数的增加整体上呈下降趋势，表现为非线性下降曲线。声波最大振幅随爆破次数的增加呈下降趋势，声波能量不断衰减。随爆破次数增加，主频和频域内最大振幅逐渐变小，能量逐渐被吸收。声波主频比和频域内最大振幅比均呈非线性降低趋势。2^{-4}、2^{-5} 和 2^{-6} 尺度下小波分量的幅值和功率谱密度远远大于其他尺度下小波分量的幅值和功率谱密度，对爆破损伤的敏感性较好，爆破前后其降低幅度较大。声波测试信号主要以小于 50 kHz

的成分为主，高频成分所占比例极小。爆破损伤作用导致声波信号能量集中区和最大能量分布百分比对应的频段(频率)向低频方向偏移。

(3) 基于现场试验研究结果，综合运用损伤力学与断裂力学理论，首次建立了岩体爆破疲劳损伤非线性累积预测模型和岩体爆破累积损伤扩展模型，从细观角度对多次爆破作用下中远区岩体因损伤累积、疲劳裂纹扩展而产生断裂破坏的机制，进行了富有理论和应用价值的探索。

研究表明：当爆破弱应力波已经衰减到不足以直接破碎岩体的程度时，对中远区岩体的破坏作用是潜在的、间接的，表现为爆破地震波作用。爆破地震波破坏效应可以分为损伤累积效应和扰动破坏效应两种。在爆破地震波反复作用下，中远区岩体的损伤断裂破坏机制可以归结为岩体物理力学性能劣化、裂纹尖端处应力集中和裂纹动态扩展三种作用。岩体爆破损伤疲劳裂纹扩展是一个逐步累积的复杂非线性过程。岩体疲劳裂纹扩展可以分为初始损伤变形，细观裂纹形成、扩展和宏观裂纹形成、扩展三个阶段。与混凝土类似，岩体疲劳裂纹扩展也遵循双 K 准则，其疲劳裂纹扩展曲线呈“倒 S”形。

(4) 基于爆破作业对岩体质量的损伤弱化效应，在前人研究的基础上，对 Hoek-Brown 公式做了进一步改进和完善，提出了爆破损伤作用下岩体力学参数研究方法——BDRMP (Blasting Damaged Rock Mechanical Parameters)法。BDRMP 法充分考虑开挖爆破对岩体的扰动弱化程度，建立了岩体爆破累积损伤、岩体完整程度与岩体力学参数劣化程度之间的定量关系，可以更好地确定介于破碎岩体和完整岩体之间的岩体力学参数。

BDRMP 法引入岩体完整性系数 K_v 或爆破损伤因子 D，定义爆破扰动影响系数 K_m、K_s 来表征岩体实际受扰动程度，既能充分考虑岩体实际受扰动程度的影响，又很方便获得修正系数 K_m、K_s，便于推广与应用，因此具有较高的工程实用价值。将 BDRMP 法与他人提出的 Hoek-Brown 改进公式进行了对比，验证了 BDRMP 法的正确性与合理性。在工程应用方面，将 BDRMP 法成功应用于厂坝铅锌矿岩体力学参数取值研究中，获得了考虑初始损伤和爆破损伤弱化效应的准确合理的岩体物理力学参数，为深入开展爆破作用下地下工程岩体失稳机理的突变理论分析和复杂采空区稳定性数值模拟研究奠定了有力的基础。

(5) 基于非线性动力学理论，首次系统分析了多次爆破作用诱发地下工程岩体失稳破坏的临界微扰机制，建立了爆破扰动作用下地下硐室顶板、矩形矿柱失稳的突变模型，分析了其失稳过程的非线性演化规律，导出了其失稳的充分和必要力学条件判据。确定了地下硐室顶板的临界安全厚度，分析了临界安全厚度及矩形矿柱动力失稳的主要影响因素。

当岩体爆破损伤累积程度达到一定极限时，岩体将处于临界平衡状态，微扰动在临界点附近会转变成巨扰动。此时，各扰动之间相关程度剧烈增加，彼此关联起来，各次爆破扰动“协同”作用，共同以剧烈的方式将系统从平衡状态推向失稳，此即频繁爆破震动诱发地下工程岩体失稳的本质所在。

研究表明：爆破动载荷是否会诱发地下硐室顶板和矩形矿柱产生失稳不仅取决于爆破动载荷强度、频率，而且与爆破次数、自重载荷、上覆岩层载荷、采动应力、地应力、岩体物理力学性质以及结构的其他内部属性有关。爆破动载荷强度、频率及围岩特性对地下硐室顶板临界安全厚度具有明显影响。爆破作业规模越大，爆破震动频率越低，岩体弹性模量越小，地下硐室顶板越容易发生失稳破坏；反之，地下硐室顶板越安全。竖向压力、爆破扰动强度及频率是矩形矿柱失稳破坏的三个重要影响因素。竖向压力越大，爆破扰动强度越大，矿柱越容易发生失稳破坏；矿柱失稳破坏，爆破扰动频率必须满足一定条件；频繁爆破作业会逐渐削弱矿柱的稳定性，直至矿柱发生失稳破坏。

(6) 复杂多空区条件下，同时考虑开挖(采)过程和爆破震动作用对采空区稳定性的影响，利用 $FLAC^{3D}$ 对复杂地下采空区稳定问题进行了系统的数值模拟研究。通过对比开挖过程、单次爆破震动作用和两次爆破震动联合作用三种情况对采空区稳定性的影响程度，揭示了爆破动载荷作用下复杂采空区失稳破坏机制以及爆破累积损伤效应对采空区稳定性的影响特征。

紧密结合国家“十五”科技攻关课题(2003BA612A-10-2)的主要任务，数值模拟研究揭示了开挖(采)过程和爆破震动作用对厂坝铅锌矿复杂采空区稳定性的影响，为预防爆破震动诱发的采空区失稳塌陷等灾害提供了科学的参考依据。研究表明：采空区开挖后，围岩应力发生重分布，边界和拐角处出现多处应力集中现象，采空区右侧围岩和开挖掌子面附近出现较大的拉应力；最大位移量为 5.35 mm。爆破动载荷作用后，围岩应力发生了二次重分布，围岩受力状态仍以拉应力为主；最大位移仍然发生在采空区右上方围岩边界处，最大位移量却增大至 6.96 mm；塑性区面积进一步扩大。围岩最大位移量、塑性区面积与爆破震动强度、爆破动载荷作用次数成正比。岩体爆破累积损伤效应以及爆破震动持续时间对采空区围岩稳定性具有显著影响。爆破动载荷作用引起的围岩最大位移量比纯粹采空区开挖过程引起的围岩最大位移量大，且两次爆破震动联合作用后围岩最大位移量大于任何一次爆破震动单独作用，因此将采空区围岩失稳机理归结为开挖和频繁爆破联合作用更合理，更符合实际情况。

8.2 进一步研究展望

爆破作用下岩体累积损伤效应及其稳定性问题涉及多学科交叉，是一个复杂的系统工程。本书虽然在岩体爆破累积损伤效应声波测试研究及其频谱特性分析、爆破开挖对岩体力学参数的弱化效应、爆破作用诱发地下工程岩体失稳的非线性动力学机制以及开挖和爆破作用对复杂采空区稳定性影响的数值模拟研究等方面，进行了一些有益的探索并取得了一些创新性的成果，形成了一个研究系统，然而任何有关这方面的研究成果都只是向全面而真实地揭示其本质的方向迈出了一小步，尚有许多研究工作需要进一步深入研究：

(1) 建立针对爆破累积损伤效应的岩体损伤与失稳多因素综合判据。

实践证明，频繁爆破条件下，爆破累积损伤导致的岩体失稳机理比单次爆破条件下岩体损伤失稳破坏机理更复杂，单一的声波波速降低率或质点振速等损伤破坏标准难以适用于频繁爆破作业产生的岩体累积损伤效应及其稳定程度的判定。同时，岩体爆破累积损伤及其失稳破坏不但受爆破动载荷强度和震动频率的影响，而且与爆破次数、岩体特性、地质构造等多种因素有关。因此，有必要建立针对爆破累积损伤效应的岩体损伤与失稳多因素综合判据。

(2) BDRMP 法的准确性和实用性仍需进一步验证和完善。

尽管本书提出了能够反映开挖、爆破损伤对岩体力学参数弱化程度的 BDRMP 法，可以更准确合理地确定介于扰动岩体和未扰动岩体之间的岩体力学参数。然而，该方法的准确性和实用性还有待现场大型原位试验结果与大量工程应用情况的验证，才能进一步完善和推广，更好地发挥其作用。

(3) 频繁爆破动载荷诱发的地下工程突水机制亟需进一步深入研究。

厂坝铅锌矿某些有压充水地下采空区存在的涌水危害以及大部分矿山曾经发生的大型透水事故很大程度上与爆破震动有关，频繁爆破作业诱发地下工程承压水突水灾害机理、危害程度判定及其灾害防治技术亟需深入研究。

参考文献

[1] 王思敬. 中国岩石力学与工程的世纪成就与历史使命[J]. 岩石力学与工程学报，2003，22(6)：867-871.

[2] 杨军，金乾坤，黄风雷. 岩石爆破理论模型及数值计算[M]. 北京：科学出版社，1999.

[3] 熊代余，顾毅成. 岩石爆破理论与技术新进展[M]. 北京：冶金工业出版社，2002.

[4] 徐颖，宗琦. 地下工程爆破理论及应用[M]. 徐州：中国矿业大学出版社，2001.

[5] 国家标准局. GB 6722—2003 爆破安全规程[S]. 北京：中国标准出版社，2003.

[6] 杨小林，王梦恕，王树仁. 爆破对岩体基本质量的影响及试验研究[J]. 岩土工程学报，2000，22(4)：461-464.

[7] 寇绍全. 从第四届岩石爆破国际会议看当前岩石爆破技术的发展趋势[J].力学进展，1994，24(1)：132-135.

[8] 张永哲，甄胜利. 漫湾电站开挖爆破对高边坡动力稳定影响的分析研究[J]. 工程爆破，1996，2(1)：1-11.

[9] 李廷春，沙小虎，邹强. 爆破作用下高边坡的地震效应及控爆减振方法研究[J]. 爆破，2005，22(1)：1-6.

[10] 刘慧. 邻近爆破对既有隧道影响的研究[D]. 北京：铁道科学研究院，1998.

[11] 谭忠盛，杨小林，王梦恕. 复线隧道施工爆破对既有隧道的影响分析[J]. 岩石力学与工程学报，2003，22(2)：281-285.

[12] 闫长斌，徐国元，李夕兵. 爆破震动对采空区稳定性影响的FLAC^{3D}分析[J]. 岩石力学与工程学报，2005，24(16)：2894-2899.

[13] 鞠杨，夏昌敬，谢和平，等. 爆炸载荷作用下煤岩巷道底板破坏的数值分析[J]. 岩石力学与工程学报，2004，23(21)：3664-3668.

[14] 李秀地，郑颖人，徐干成. 爆炸载荷作用下地下结构的震塌破坏模型研究[J]. 爆破，2006，23(1)：6-9.

[15] Schneider L C. A Survey of blasting vibration regulations [J]. Fragblast，2001，5(3)：133-156.

[16] 张继春. 三峡工程基岩爆破震动特性的试验研究[J]. 爆炸与冲击，2001，21(2)：131-137.

[17] Hao H，Wu C H，Zhou Y X. Numerical analysis of blast-induced stress waves in a rock mass with anisotropic continuum damage models. Part I：Equivalent material property approach [J]. Rock Mech. and Rock Eng.，2002，35(2)：79-94.

[18] 徐则民，黄润秋. 岩爆与爆破的关系[J]. 岩石力学与工程学报，2004，23(21)：414-419.

[19] 王鹰，陈强，魏有仪，等. 岩溶发育区深埋隧道水岩相互作用机理[J]. 中国铁道科学，2004，25(4)：55-58.

[20] 吴英，孟繁理，李守巨. 爆破作业引起井下瓦斯和煤尘爆破事故原因分析[J]. 爆破，1995，25(1)：39-41.

[21] 刘殿书. 岩石爆破破碎的数值模拟[D]. 北京：中国矿业大学(北京)，1992.

[22] Richards A B， Evens R，Moore A J. Blasting vibration and assessment techniques [C]. Proc.

4th open-pit conference，Perth，1994：209-215.

[23] Yang R T，Rocque P， Katsabanis P. Measurement and ananlysis of near-field blast vibration and damage [J]. Geotechnical and Geological Engineering，1994，12(3)：169-182.

[24] 张雪亮，黄树棠. 爆破地震效应[M]. 北京：地震出版社，1981.

[25] Charles H D. Monitoring and control of blast effect [J]. Mining Engineering，1990，42(7)：746-760.

[26] Фрейберг Э А. 确保地下水工建筑物在爆破时的完整性[J]. Ги- дротех .тр-во，1983(5)：30-32.

[27] Otuonye F O. Response of ground roof bolt to blasting loading [J]. International Journal of Rock Mechanics & Mining Sciences，1988，25(5)：345-349.

[28] Napier J A L，Peirce A P. The Use of a Multiple Expansion Techniques to Analyze Large Scale Fracture Process and Seismic Recurrence Effects in Deep Level Mines [J]. International Journal of Rock Mechanics & Mining Sciences，1997，34(3/4)：680-691.

[29] 汪旭光，熊代余. 第六届国际岩石爆破破碎(Fragblast 6)学术会议综述[J]. 爆破，2000，17(增刊)：1-5.

[30] 阳生权. 爆破地震累积效应理论和应用初步研究[D]. 长沙：中南大学，2002.

[31] 马建军. 软岩巷道在周边爆破作用下的稳定性研究[D]. 北京：北京理工大学，2004.

[32] 欧进萍，王光远. 结构随机振动[M]. 北京：高等教育出版社，1998.

[33] Grady D L，Kipp M L. Continuum modeling of explosive fracture in oil shale [J]. Int. J. Rock Mech. Min. Sci and Geomech. Abst，1980，17(2)：147-157.

[34] Taylor L M，Chen E P，Kuszmaul J S. Microcrack induced damage accumulation in brittle rock under dynamic loading [J]. Computer Method in App. Mech. & Engng. 1986，55：301-320.

[35] O'connell R J，Budiansky B. Elastic moduli of cracked solids [J]. Int.J.Solids Struct，1976，12:81-95.

[36] Kuszmaul J S. A new constitution model for fragmentation of rock under dynamic loading[C]//Proc. of 2nd Int. Symp. on Frag. by Blasting，Keystone，Canada，1987：412-423.

[37] Thorne B J，Hommert P J，Brown B. Experimental and computational investigation of the fundamental mechanisms of cratering[C]//Proc.of 3rd Int. Symp. on Frag. by Blasting，Brisbane，1990：117-124.

[38] 卢文波. 岩石爆破中应力波的传播及其效应研究[D]. 武汉：武汉大学水利水电工程学院，1994.

[39] Yang R，Brwden W F，Katsabanis P D. A new constitutive model for blast damage [J]. International Journal of Rock Mechanics & Mining Sciences，1996，33(3)：345-349.

[40] Liu Liqing， Katsabanis P D. Development of a Continuum Damage Model for Blasting Analysis [J]. International Journal of Rock Mechanics & Mining Sciences，1997，34(2)：217-231.

[41] Song J，Kim K. Micromechanical modeling of the dynamic fracture process during rock blasting [J]. International Journal of Rock Mechanics & Mining Sciences，1996，33(3)：387-394.

[42] 杨军，王树仁. 岩石爆破分形损伤模型研究[J]. 爆炸与冲击，1996，16 (1)：5-10.

[43] McKown A F. Perimeter controlled blasting for underground excavations in fractured and weathered rocks [J]. Bull. Assoc. Engg. Geol. XXIII (4)，1986：461-478.

[44] Ricketts T E. Estimating underground mine damage produced by blasting [C]// 4th Mini Symp. On Explosive and Blasting Res.，Soc. Explosive Engg，Anaheim，California，1988：1-156.

[45] Forsyth W W. A discussion on the blast induced over-break around underground excavations [J]. Fragblast，1993(4)：161-166.

[46] Persson P A，Holmberg R，Lee J. Rock Blasting and Explosive Engineering [M]. Tokyo：CRC Press 1996：265-285.

[47] Raina A K，Chakraborty A K，Ramulu M，et al. Rock mass damage from underground blasting，a literature review，and lab- and full scale tests to estimate crack depth by ultrasonic method [J]. Fragblast，2000(4)：103-125.

[48] Rustan A. Rock Blasting Terms and Symbols：49[M]. Rotterdam: A.A. Balkema，1998.

[49] 杨小林，员小有，吴忠，等. 爆破损伤岩石力学特性的试验研究[J]. 岩石力学与工程学报，2001，20(4)：436-439.

[50] 赫建明，柳崇伟，郭东明. 爆破对预留岩体力学特性影响的试验研究[J]. 矿冶工程，2003，23(6)：11-14.

[51] Singh P K，Roy M P. Responses of roof and pillars of underground coal mines to vibration induced by adjacent open-pit blasting [J]. Environmental Geology，2005，47(2)：205-214.

[52] Anders Ansell. In situ testing of young shotcrete subjected to vibrations from blasting [J]. Tunnelling and Underground Space Technology，2004，19(4)：587-596.

[53] 季月伦. 小浪底水电站隧洞开挖爆破振动观测[J]. 爆破，1996，13(4)：83-84.

[54] 彭德红. 边坡开挖爆破的声波测试技术[J]. 武汉理工大学学报，2004，26 (12)：38-41.

[55] 李俊如，李海波，高建光，等. 黄麦岭采场边坡爆破振动响应研究[J]. 岩石力学与工程学报，2004，23(17)：2954-2958.

[56] Seto M，Nag D K，Vutukuri V S. Evaluation of rock mass damage using acoustic emission technique[J]. FRAGBLAST，1996(4)：1359-1398.

[57] 蔡德所，张继春，刘浩吾，等. 圈定基岩爆破损伤范围的声波层析成像技术[J]. 岩土工程学报，1997，19(6)：11-15.

[58] Yu T R，Vongpaisal S. New blast damage criteria for underground blasting [J]. CIM Bull. 1996，89(998)：139-145.

[59] Chakraborty A K，Raina A K，Ramulu M，et al. Lake Tap at Koyna [J]. World Tunnel. Subsurface Exc. November，1998(b)：456-460.

[60] 李造鼎. 岩体测试技术[M]. 北京：冶金工业出版社，1993.

[61] 何发亮，李苍松，粟健，等. 声波探测技术的新发展及其应用[J]. 中国铁道科学，1999，20(4)：83-87.

[62] 赵明阶，徐蓉. 岩石声学特性研究现状及展望[J]. 重庆交通学院学报，2000，19(2)：79-86.

[63] 陈成宗. 工程岩体声波探测技术[M]. 北京：中国铁道出版社，1990.

[64] 陈庆发，张世雄，王官宝，等. 倾斜薄层岩体巷道围岩松动圈测试研究[J]. 矿山压力与顶板管理，2005(2)：61-63.

[65] 赵奎，万林海，饶运章，等. 基于声波测试的矿柱稳定性模糊推理系统及其应用[J]. 岩石力学与工程学报，2004，23(11)：1804-1809.

[66] Liu Zhuping，Wu Xiaowei，Chu Zehan. Laboratory study of acoustic parameters of rock [J]. Acta Geophysical Sciences，1994，37(5)：659-666.

[67] 许波涛，王煜霞. 动测法确定岩体动力参数的对比试验研究[J]. 岩石力学与工程学报，2004，23(2)：284-288.

[68] Insun Song，Mancheol Suh，Yong-Kyun Woo，et al. Determination of the elastic modulus set of foliated rocks from ultrasonic velocity measurements [J]. Engineering Geology，2004，72(3)：293-308.

[69] 胡运兵，宋劲，徐宏武. 声波透射法在桥桩安全检测中的应用[J]. 地下空间与工程学报，2005，1(5)：800-803.

[70] 赵明阶，吴德伦. 工程岩体的超声波分类及强度预测[J]. 岩石力学与工程学报，2000，19(1)：89-92.

[71] 黄仁东. 金属矿山隐患空区声波层析成像识别及其安全控制技术研究[D]. 长沙：中南大学资源与安全工程学院，2005.

[72] 张志沛，刘旭，徐汉民，等. 煤矿采空区注浆工程质量检测的试验研究[J]. 岩土工程学报，2005，27(5)：604-606.

[73] 徐鸣洁，钟锴，俞缙，等. 南京地铁工程勘察中声波测试与分析[J]. 岩石力学与工程学报，2005，24(6)：1018-1024.

[74] Meglis I L，Chow T M，Martin C D. Assessing in situ microcrack damage using ultrasonic velocity tomography [J]. International Journal of Rock Mechanics & Mining Sciences，2005，42(1)：25-34.

[75] Sayers C M，Kachanov M. Microcrack - induced elastic wave anisotropy of brittle rocks [J]. Journal of Geophysical Research，1995，100(B3)：4149-4156.

[76] Otto Schulze，Till Popp，Hartmut Kern. Development of damage and permeability in deforming rock salt [J]. Engineering Geology，2001，61(2)：163-180.

[77] Pusch R，Stanfors R. The zone of disturbance around blasted tunnels at depth t [J].International Journal of Rock Mechanics and Mining Sciences & Geomechanics Abstracts，1992，29(5)：447-456.

[78] Maxwell S C，Young R P. Seismic imaging of blast damage [J]. International Journal of Rock Mechanics & Mining Sciences，1993，30(7)：1435-1440.

[79] 朱传云，喻胜春. 爆破引起岩体损伤的判别方法研究[J]. 工程爆破，2001，7 (1)：12-16.

[80] 程爱宝. 爆破震动对地下结构顶板稳定性的影响研究[D]. 长沙：中南大学资源与安全工程学院，2004.

[81] Rubin A M，Ahrens T J. Dynamic tensile failure induced velocity deficits in rock [J]. Geophys. Res. Lett.，1991，18(2)：219-223.

[82] Krautkrammer J，Krautkrammer H. Ultrasonic Testing of Materials [M]. New Delhi: Narosa Publishing House，1993.

[83] He Hongliang，Athens T.J. Mechanical properties of shock-damaged rocks [J]. International Journal of Rock Mechanics & Mining Sciences，1994，31(5)：525 -533.

[84] 张志呈，蒲传金，史瑾瑾. 不同装药结构光面爆破对岩石的损伤研究[J].爆破，2006，23(1)：36-39.

[85] 胡建敏，付晖. 弹性波法检测大孔径爆破对基岩松弛层厚度影响的探讨[J]. 岩土力学，2003，24(增)：172-174.

[86] 曹孝君，吴青山，张继春，等. 顺层岩质边坡的爆破振动控制标准试验研究 [J]. 岩石力学与工程学报，2003，22(11)：1924-1928.

[87] 李建军，段祝平. 节理裂隙岩体爆破试验研究[J]. 爆破，2005，22(3)：12-16.

[88] Bauer A，Calder P N. Open pit and blast seminar course [M]. Ontario：Queens University，1978.

[89] 李锡润. 岩体声波衰减测量方法的研究[J]. 煤炭学报，1997，22(4)：385-388.

[90] Hovem J. Acoustic wave in finely layered media [J]. Geophysics，1995，60(4)：1217-1221.

[91] Couvreur J F，Thimus J F. Progressive failure of a porous limestone under cyclic loading revealed by ultrasonic attenuation[J]. International Journal of Rock Mechanics & Mining Sciences，1998，35(4/5)：454-455.

[92] 秦四清. 岩石中声波衰减的复合 Q 模型[J]. 东北工学院学报，1991，12(6)：578-582.

[93] Butt S D，Mukherjee C，Lebans G. Evaluation of acoustic attenuation as an indicator of roof stability in advancing headings [J]. International Journal of Rock Mechanics & Mining Sciences，2001，37(10)：1123-1131.

[94] Fitting D W，Adler L. Ultrasonic spectral analysis for nondestructive evaluation [M]. New York: Plenum Press，1983.

[95] 陈达力. 岩体声波频谱分析[J]. 应用声学，1989，9(4)：12-15.

[96] Valdeon L，De Freitas M H，King M S. Assessment of the quality of building stones using signal processing procedures [J]. Quarterly Journal of Geophysical Research，1996，29(4)：299-308.

[97] 刘彤，徐鸣洁，胡德昭，等. 风化花岗岩声谱特征分析[J]. 高校地质学报，2000，6(4)：588-594.

[98] 简文彬，吴振祥，邓鼎兴. 某地下工程围岩的声波频谱特性[J]. 岩土力学，2003，24(Suppl 1)：623-626.

[99] 赵明阶，吴德伦. 小波变换理论及其在岩石声学特性研究中的应用[J]. 岩土工程学报，1998，20(6)：47-51.

[100] 张三宗，徐义贤，杨昌斌. 小波技术在声波测试中的应用[J]. 工程地球物理学报，2004，1(2)：186-189.

[101] 刘照升，宋作忠. 小波分析在超声测试信号分析中的应用[J]. 哈尔滨师范大学自然科学学报，2000，16(4)：10-12.

[102] Hoek E. Practice Rock Engineering [M]. Rotterdam: A.A. Balkema，2000.

[103] 姚宝魁，刘竹华，李春元，等. 矿山地下开采稳定性研究[M]. 北京：中国科学技术出版社，1994.

[104] 陶振宇，潘别桐. 岩石力学原理与方法[M]. 武汉：中国地质大学出版社，1991.

[105] 中华人民共和国国家标准编写组. GB 50218—94 工程岩体分级标准[S]. 北京：中国计划出版社，1995.

[106] Bieniawski Z T. Geomechanics Classification of Rock Masses and Its Application in Tunneling [C]// Proc. 3rd Congr.Int Soc.Rock Mech. (ISRM). Denver，1974：27-32.

[107] Bieniawski Z T. Rock Mass Classification in Rock Engineering [C]// Proc. Symposium for Rock Engineerin. Johannesburg，1976：97-106.

[108] Barton N. Analysis of Rock Mass Quality and Support Practice in Tunneling and a Guide for Estimating Support Requirements [J]. Rock Mechanics，1974，6(4)：189-236

[109] Gergi M. On the Valuation of Strength and Resistence condition of the Rock in Natural Rock Masses [C]// Proceeding of the Second Congress of the international Society for Rock Mechanics. 1970：365-374.

[110] Helgstedt. An Assessment of the In-situ Shear Strength of Rock Masses and Discontinuities [J]. Trans. Instn. Min. Metall，1997，105:A37-47.

[111] Sheorey P R. Empirical Rock Failure Criteria [M]. Rotterdam: A.A. Balkema，1997.

[112] Karanagh K，Clough R W. Finite Element Application in the Characterization of Elastic Solids [J]. Int.J. Solids Structure，1971，7：11-13.

[113] Sakurai S. Determination of Initial Stress and Mechanical Properties of Viscoelastic Underground Medium[C]//In: Proc 3rd Congr.Int Soc.Rock Mech. (ISRM). Denver，1974，1：1169-1174.

[114] Kirstem H A. Determination of Rock Mass Elastic Moduli by Back Analysis of Deformation Measurements [C]// Exptoration for Rock Engineering. Balkema，1976，1：165-172.

[115] Gioda G，Maier G. Direct Search Solution of an Inverse Problem in Elastoplasticity: Identification of Cohesion，Friction Angle and In-situ Stress by Pressure Tunnel Tests [J]. Int. J. Num. Mech. Eng，1980，15：1822-1848.

[116] Sakurai S，Abe S. A Design Approch to Dimensioning Underground Openings [C]// 3rd Numerrical Methods in Geomechanics. chen，1979：649-661.

[117] Jeon Y S，Yang H S. Development of a back analysis algorithm using FLAC [J]. International Journal of Rock Mechanics & Mining Sciences，2004，41(2)：441-442.

[118] Deng J H，Lee C F. Displacement back analysis for a steep slope at the Three Gorges Project site [J]. International Journal of Rock Mechanics & Mining Sciences，2001，38(2)：258-259.

[119] Karmen，Borut. Displacement analysis of tunnel support in soft rock around a shallow highway tunnel at Golovec [J]. Engineering Geology，2004，75(1)：89-106.

[120] 杨志法，刘竹华. 位移反分析法在地下工程设计中的初步应用[J]. 地下工程，1981(2)：15-24.

[121] 高玮，郑颖人. 采用快速遗传算法进行岩土工程反分析[J]. 岩土工程学报，2001，23(1)：120-122.

[122] 邓建辉，李焯芬，葛修润. BP网络和遗传算法在岩石边坡位移反分析中的应用[J].岩石力学与工程学报，2001，20(1)：1-5.

[123] 赵洪波，冯夏庭. 位移反分析的进化支持向量机研究[J]. 岩石力学与工程学报，2003，22(10)：1618-1622.

[124] 徐建平，胡厚田，张安松，等. 边坡岩体物理力学参数的统计特征研究[J]. 岩石力学与工程学报，1999，18(4)：382-386.

[125] 王如路，陈乃明，刘宝琛. 用随机过程原理确定岩体力学参数[J]. 矿冶工程，1994，14(4)：16-19.

[126] 黄志全，王思敬，李华晔，等. 岩体力学参数取值的置信度及其可靠性[J]. 岩石力学与工程学报，1999，18(1)：33-35.

[127] 李胡生，熊文林. 岩石力学参数概率分布的随机模糊估计方法[J]. 固体力学学报，1993，14(4)：347-350.

[128] 原国红，陈剑平，马琳. 可拓评判方法在岩体质量分类中的应用[J]. 岩石力学与工程学报，2005，24(9)：1539-1544.
[129] 闫长斌，徐国元. 对 Hoek-Brown 公式的改进及其工程应用[J]. 岩石力学与工程学报，2005，24(22)：4030-4035.
[130] 郑颖人，刘兴华. 近代非线性科学与岩石力学问题[J]. 岩土工程学报，1996，18(1)：98-100.
[131] Saunsers P T. 突变理论入门[M]. 凌复华，译. 上海：上海科学技术文献出版社，1983.
[132] Zeeman E C. Catastrophy theory [J]. Scientific American，1976，234(4)：65-83.
[133] 黄润秋，许强. 工程地质广义系统科学分析原理及应用[M]. 北京：地质出版社，1997.
[134] Kuijper A，Florack L M. The application of catastrophy theory to medical image analysis[J]. UU-CS，2001(24)：1-9.
[135] Henley S. Catastrophe theory models in geology [J]. Mathematical Geology，1976，8(6)：649-655.
[136] Cubit John M，Shaw Brian. The geological implication of steady-state mechanisms in catastrophe theory [J]. Mathematical Geology，1976，8(6)：657- 662.
[137] 刘军. 突变理论在岩石力学中的应用及发展趋势[J]. 自然杂志，2000，22(5)：264-267.
[138] 蔡美峰，孔广亚，贾立宏. 岩体工程系统失稳的能量突变判断准则及其应用[J]. 北京科技大学学报，1997，19(4)：325-328.
[139] 唐春安. 岩石破裂过程中的灾变[M]. 北京：煤炭工业出版社，1993.
[140] 费鸿禄，唐春安，徐小荷. 突变理论研究单轴加载失稳与实验验证[J]. 中国有色金属学报，1995，5(4)：31-34.
[141] 潘岳. 岩石破坏过程的折迭突变模型[J]. 岩土工程学报，1999，21(3)：299-303.
[142] 秦四清，张倬元. 非线性工程地质学导引[M]. 成都：西南交通大学出版社，1993.
[143] Qin S，Jiao J J，Wang S. A Cusp Catastrophe Model of Instability of Slip-buckling Slope [J]. Rock Mechanics and Rock Engineering，2001，34(2)：119-134.
[144] 刘军，秦四清，张倬元. 缓倾角层状岩体失稳的尖点突变模型研制[J]. 岩土工程学报，2001，23(1)：42-44.
[145] 龙辉，秦四清，朱世平，等. 滑坡演化的非线性动力学与突变分析[J]. 工程地质学报，2001，9(3)：331-335.
[146] 康仲远. 岩体准静态运动失稳的 CUSP 型突变模型[J]. 地震学报，1984，6(3)：352-360.
[147] Germanovich L N，Cherepanov G P. On some general properties of strength criteria [J].International Journal of Fracture，1995，71(1)：37-56.
[148] 殷有泉，杜静. 地震过程的燕尾型突变模型[J]. 地震学报，1994，16(4)：416-422.
[149] 杨修信，殷有泉. 压扭性断层地震过程的 CUSP 型突变分析[J]. 中国科学(B 辑)，1994，24(6)：656-663.
[150] 秦四清，张倬元. 水库诱震机制新理论的探索——断层带弱化与岩体软化效应诱震理论[J]. 工程地质学报，1995，3(1)：35-44.
[151] 潘一山，章梦涛，李国臻. 洞室岩爆的尖角型突变模型[J]. 应用数学与力学，1994，15(10)：893-900.
[152] 费鸿禄，徐小荷，唐春安. 地下硐室岩爆的突变理论研究[J]. 煤炭学报，1995，20(1)：29-33.

[153] 徐曾和，徐小荷，唐春安．坚硬顶板下煤柱岩爆的尖点突变理论分析[J]．煤炭学报，1995，20(5)：485-491.
[154] 马少鹏，王来贵．围压振动诱发冲击地压机制[J]．矿山压力与顶板管理，1998(3)：77-79.
[155] 潘岳，刘英，顾善发．矿井断层冲击地压的折迭突变模型[J]．岩石力学与工程学报，2001，20(1)：43-48.
[156] 徐曾和，徐小荷．柱式开采岩爆发生条件与时间效应的尖点突变[J]．中国有色金属学报，1997，7(2)：17-23.
[157] 刘保县，鲜学福，姜德义．煤与瓦斯延期突出机理及其预测预报的研究[J]．岩石力学与工程学报，2002，21(5)：647-650.
[158] 王连国，宋扬，缪协兴．基于尖点突变模型的煤层底板突水预测研究[J]．岩石力学与工程学报，2003，22(4)：573-577.
[159] 白晨光，黎良杰，于学馥．承压水底板关键层失稳的尖点突变模型[J]．煤炭学报，1997，22(2)：149-154.
[160] 邵爱军，彭建萍，刘唐生．矿坑底板突水的突变模型研究[J]．岩土工程学报，2001，23(1)：38-41.
[161] 谢卫红，陆士良，张玉祥．挠曲褶皱性巷道底臌机理分析及防治对策研究[J]．岩石力学与工程学报，2001，20(1)：57-60.
[162] 李江腾，曹平．非对称开采时矿柱失稳的尖点突变模型[J]．应用数学和力学，2005，26(8)：1003-1008.
[163] 郭建军．夏甸金矿矿柱及围岩稳定性分析与应用[D]．泰安：山东科技大学，2005.
[164] 高波．隧道结构失稳及判据研究[D]．成都：西南交通大学，2002.
[165] 刘学增，朱保华，翟德元．深部隧道失稳的尖点灾变模型[J]．山东科技大学学报，2000，19(1)：38-40.
[166] 闫长斌，徐国元．基于突变理论深埋硬岩隧道的失稳分析[J]．工程地质学报，2006，14(4)：508-512.
[167] 李造鼎，宋纳新，贾立宏．岩土动态开挖的灰色突变建模[J]．岩石力学与工程学报，1997，16(3)：252-257.
[168] 周辉，冯夏庭，谭云亮，等．矿震系统的胞映射——突变预测模型[J]．中国有色金属学报，2002，12(1)：155-160.
[169] 潘岳，王志强．岩体动力失稳的功、能增量——突变理论研究方法[J]．岩石力学与工程学报，2004，23(9)：1433-1438.
[170] 许强，黄润秋，王来贵．外界扰动诱发地质灾害的机理分析[J]．岩石力学与工程学报，2002，21(2)：280-284.
[171] 许强，黄润秋．地震作用下结构非线性响应的突变分析[J]．岩土工程学报，1997，19(4):25-29.
[172] 左宇军．动静组合加载下的岩石破坏特性研究[D]．长沙:中南大学资源与安全工程学院，2005.
[173] Yan Changbin，Xu Guoyuan. The destabilization analysis of overlapping underground chambers induced by blasting vibration with catastrophe theory [J]. Transactions of Nonferrous Metals Society of China，2006，16(3)：735-740.

[174] Jing L，Hudson J A. Numerical methods in rock mechanics [J]. International Journal of Rock Mechanics & Mining Sciences，2002，39(3)：409-427.
[175] Itasca Consulting Group Inc. FLAC (Fast Lagrangian Analysis of Continua) Users manual，Version5.0[CP] Minneapolis，Minnesota: Itasca Consulting Group Inc，2005.
[176] 刘波，韩彦辉. FLAC 原理、实例与应用指南[M]. 北京：人民交通出版社，2005.
[177] Dawson E M，Roth W H. Slope stability analysis with FLAC[C]// Proceedings of the International FLAC Symposium on Numerical Modeling in Geomechanics. Rotterdam:A. A.Balkema，1999.
[178] 寇晓东，周维垣，杨若琼，等. 应用三维快速拉格朗日法进行三峡船闸高边坡锚固稳定与机理研究[J]. 土木工程学报，2002，35(1)：68-74.
[179] 乔国文，王运生，房冬恒. 西南某电站右岸开挖边坡稳定性的 FLAC^{3D} 分析[J]. 工程地质学报，2004，12(3)：280-284.
[180] 杨为民，陈卫忠，李术才，等. 快速拉格朗日法分析巨型地下洞室群稳定性[J]. 岩土工程学报，2005，27(2)：230-234.
[181] 陈帅宇，周维垣，杨强，等. 三维快速拉格朗日法进行水布垭地下厂房的稳定分析[J]. 岩石力学与工程学报，2003，22(7)：1047-1053.
[182] 朱维申，李晓静，郭彦双，等. 地下大型洞室群稳定性的系统性研究[J]. 岩石力学与工程学报，2004，23(10)：1689-1693.
[183] Carranza-Torres C，Fairhurst C. The Elasto-Plastic Response of Underground Excavations in Rock Masses that Satisfy the Hoek-Brown Failure Criterion [J]. International Journal Rock Mechanics & Mining Sciences，1999，36(4)：777-809.
[184] Asef M R，Reddish D J，Lloyd P W. Rock–support interaction analysis based on numerical modeling [J]. Geotechnical & Geotechnical Engineering，2000，18(1)：23-37.
[185] Bonini M，Barla M.，Barla G. FLAC Applications to the Analysis of Swelling Behavior in Tunnels [C]// Billaux D，et al. Eds. Proceedings of the 2nd International FLAC Conference，Lisse: Swets amp; Zeitlinger，2001.
[186] 杨新安，黄宏伟，丁全录. FLAC 程序及其在隧道工程中的应用[J]. 上海铁道大学学报，1996，17(4)：39-44.
[187] 谢和平，周宏伟，王金安，等. FLAC 在煤矿开采沉陷预测中的应用及对比分析[J]. 岩石力学与工程学报，1999，18(4)：397-401.
[188] 宋卫东，王金安，匡忠祥. 程潮铁矿淹井前后采场溜井稳定性数值分析[J]. 北京科技大学学报，2000，22(4)：292-295.
[189] 陆士良，汤雷. 巷道锚注支护机理的研究[J]. 中国矿业大学学报，1996，25 (2)：1-6.
[190] Singh R，Sheorey P R，Singh D P. Stability of the parting between coal pillar workings in level contiguous seams [J]. International Journal of Rock Mechanics & Mining Sciences，2002，39(1)：9-39.
[191] Yasitli N E，Unver B. 3D numerical modeling of longwall mining with top-coal caving [J]. International Journal of Rock Mechanics & Mining Sciences，2005，42(2)：219-235.
[192] 祁生文. 边坡动力响应研究及应用[D]. 北京：中国科学院地质与地球物理研究所，2002.

[193] 刘春玲，祁生文，童立强，等. 利用 FLAC^{3D} 分析某边坡的稳定性[J]. 岩石力学与工程学报，2004，23(16)：2730-2733.

[194] 陈占军，朱传云，周小恒. 爆破载荷作用下岩石边坡动态响应的 FLAC^{3D} 模拟研究[J]. 爆破，2005，22(4)：8-13.

[195] 张友葩，高永涛，王杰林，等. 动载荷下边坡的失稳分析[J]. 北京科技大学学报，2003，25(2)：110-116.

[196] Kirzhner F，Rosenhouse G . Numerical Analysis of Tunnel Dynamic Response to Earth Motions [J]. Tunnelling and Underground Space Technology，2000，15(3)：249-258.

[197] 李海波，马行东，李俊如，等. 地震载荷作用下地下岩体洞室位移特征的影响因素分析[J]. 岩土工程学报，2006，28(3)：358-362.

[198] 闫长斌，徐国元. 动载荷对竖向排列地下洞室群稳定性影响分析[J]. 中国铁道科学，2006，27(3)：27-33.

[199] 国胜兵，高培正，潘越峰. 爆炸波在准饱和砂土中的传播规律[J]. 岩土力学，2004，25(12)：1897-1902.

[200] 姜耀东，赵毅鑫，宋彦琦，等. 放炮震动诱发煤矿巷道动力失稳机理分析[J]. 岩石力学与工程学报，2005，24(17)：3131-3136.

[201] Innaurato N，Mancini R，Cardu M. On the Influence of Rock Mass Quality of Blasting Work in Tunnel Driving [J]. Tunneling and Underground Space Technology，1998，13(1)：81-89.

[202] 李海波，蒋会军，赵坚，等. 动载荷作用下岩体工程安全的几个问题[J]. 岩石力学与工程学报，2003，22(11)：1887-1891.

[203] Liu Cangli，Ahren T J. Stress Wave Attenuation in Shock-Damaged Rock [J]. J. Geophys. Res，1997，102(B2)：5243-5250.

[204] 林大能，陈寿如，刘优平. 岩石循环冲击损伤围压效应的实验研究[J]. 矿冶工程，2005，25(4)：12-15.

[205] 张敏霞. 循环载荷作用下水泥土的疲劳特性及其损伤行为研究[D]. 福州大学，2004.

[206] 张杰，李瑾，张琦涛，等. 非金属声波测试简明用户手册(内部交流)[R]. 中国科学院武汉岩土力学研究所智能仪器室，2001.

[207] 尹贤刚，李庶林，唐海燕，等. 厂坝铅锌矿岩石物理力学性质测试研究[J]. 矿业研究与开发，2003，23(5)：12-14.

[208] 陈达力. 岩石超声谱测试技术[J]. 岩石力学与工程学报，1993，13(1)：59-68.

[209] 王让甲. 声波岩石分级和岩石动弹性力学参数的分析研究[M]. 北京：地质出版社，1997.

[210] 陈枫，孙宗颀，徐纪成. 岩石压剪断裂过程中的超声波波谱特性研究[J]. 工程地质学报，2000，81(2)：164-168.

[211] Best A I，Mechan C，Sothcott J. The Relationships between the Velocities，Attenuations and Petrochemical Properties of Reservoir Sedimentary Rocks [J]. Geophysical Prospecting，1994，42(2)：151-178.

[212] 楚译涵. 声波测井原理[M]. 北京：地震出版社，1987.

[213] Molina J. Crack Field Characterition by Ultrasonic Attennution-Preliminary Study on Rocks [J]. International Journal of Rock Mechanics and Mining Sciences & Geomechanics Abstracts, 1982, 19(2)：267-278.

[214] 王宝善，孙道远，李生杰，等. 岩石非均匀性对超声衰减的影响及其修正[J]. 中国地震，2001，7(1)：1-7.

[215] 赫建明，赵学亮，柳崇伟. 爆炸冲击作用导致岩体损伤的模型试验研究[J]. 西安科技学院学报，2004，24(1):49-52.

[216] Morlet J，Arens G，Fourgeau E. Wave Propagation and Sampling Theory [J]. Geophys，1982，47(2)：203-236.

[217] Grossman A，Morlet J. Decomposition of Hardy Functions into Square Integrable Wavelets of Constant Shape [J]. SIAM J Math Anal，1984，1(5)：723 -736.

[218] Daubechies I. Orthonormal Bases of Compactly Supported Wavelets [J]. Communications on Pure and Applied Mathematics，1988，41(7)：909-996.

[219] Mallat S G. A Theory for Multidimension Signal Ecomposition: The Wavelet Models [J]. IEEE Transactions on attern Analysis and Machine Intelligence，1989，11：674-693.

[220] 胡昌华，张军波，夏军，等. 基于 MATLAB 的系统分析与设计——小波分析[M]. 西安：西安电子科技大学出版社，2000.

[221] Wickerhauser M V. Large-rank approximate principal component analysis with wavelets for signal feature discrimination and the inversion of complicated maps [J]. Journal of Chemical Information and Computer Science，1994，34(5)：1036-1046.

[222] Nyquist H. Certain topics in telegraph transmission theory [J]. Trans. AIEE，1928，47(1)：617-644.

[223] Shannon C E. Communications in the presence of noise [J]. Proc. IRE，1949，37(1)：10-21.

[224] Bazant Z P，Prat P C. Fracture Characteristics and Micromechnical thoery of Rock as a Quasibrittlr Material: Appercu of Recent Advances [C]//5nd Int.Sympom Rock Fragment by blasting. Blakema，1996：3-12.

[225] Chong K P，Borest A P. Strain Rate Dependent Mechnical Properities of New Albany Referrence [J]. Int J. Rock Mech. Min. Sci，1990，27(3)：199-205.

[226] Paine A S，Please C P. An Improved Model of Fracture Propagatio by Gas during Rock Blasting-Some Analytical Resuits [J]. Int.J. Rock Mech. Min. Sci.，1994，31(6)：669-706.

[227] 吴从师，徐泽沛，陈昕. 爆破地震作用下重力式挡土墙的稳定分析[J]. 岩石力学与工程学报，2003，22(11)：1939-1942.

[228] 杨小林. 岩石爆破损伤细观机理及力学特性研究[D]. 北京：中国矿业大学，1992.

[229] 纽强. 岩石爆破机理[M]. 沈阳：东北工学院出版社，1990.

[230] Kachanov L M. Introduction to Continuum Damage Mechanics [M]. Maritinus Nijhoff Publishers，1986.

[231] Krajcinovic D，Fonseka G U. The Continous Damage Theory of Brittle Materials [J]. J. Applied Mechanics Trans. of ASME，1981，48(4)：809-824.

[232] Drogen A，Mroz Z. A Continuum Model for Plastic-Brittle Behaviour of Rock and Concrete [J]. Int. J. Engineering Sciences，1979，19：121-137.

[233] 盖秉政. 弹性波在平面多连通域中的绕射与动应力集中[J]. 应用数学和力学，1986，7(1)：25-36.
[234] 鲍亦兴，毛昭宙. 弹性波的衍射与动应力集中[M]. 刘殿魁，苏先樾，译. 北京：科学出版社，1993.
[235] 于骁中，谯常忻，周群力. 岩石和混凝土断裂力学[M]. 长沙：中南工业大学出版社，1991.
[236] Sternberg E. On the Integration of the Equation of Motion in the Classical Theory of Elasticity [J]. Arch. Rat. Mech. Anal，1960：34-50.
[237] MEL VIN F KANNINEN，CARL H POPELAR. 高等断裂力学[M]. 洪其麟，郑光华，郑祺选，等译. 北京：北京航空学院出版社，1987.
[238] Freumd L B. Dynamic Fracture Mechanics [M]. Cambridge: Cambridge Press，1990.
[239] RAVI-Chandar K. Dynamic Fracture [M]. Amsterdam: Elsevier，2004.
[240] 孙玉科，牟会宠，姚宝魁. 边坡岩体稳定性分析[M]. 北京：科学出版社，1988.
[241] Frost N E. The Growth of Fatigue Cracks [C]// Proceedings of the First International Conference on Fracture. Sendai: The Japan Society for Strength and Fracture of Materials，1966：1433-1459.
[242] Paris P C，Endrogan F. A Critcal Analysis of Crack Propogation Laws [J]. J. of Basic Engineering，Transaction of the ASME，1963，85(3)：528-534.
[243] 徐世烺. 混凝土断裂机理[D]. 大连：大连理工大学，1988.
[244] 黄达海，宋玉普，赵国藩. 具有宏观裂纹混凝土结构的起裂特性研究[J]. 土木工程学报，2000，33(4)：63-66.
[245] 李朝阳，宋玉普，车轶. 混凝土的单轴抗压疲劳损伤累积性能研究[J]. 土木工程学报，2002，35(2)：38-40.
[246] 葛修润，任建喜，蒲毅彬，等. 岩土损伤力学宏细观试验研究[M]. 北京：科学出版社，2004.
[247] Li X B，Lok T S，Zhao J. Dynamic Characteristics of Granite Subjected to Intermediate Loading Rate [J]. Rock Mechanics and Rock Engineering，2005，38(1)：21-39.
[248] 朱劲松，宋玉普. 混凝土双轴抗压疲劳损伤特性的超声波速法研究[J]. 岩石力学与工程学报，2004，23(13)：2230-2234.
[249] 蔡美峰，何满潮，刘东燕. 岩石力学与工程[M]. 北京：科学出版社，2002.
[250] 巫德斌. 层状岩体边坡工程力学参数研究[D]. 南京：河海大学，2004.
[251] 高云河，刘琳芳. 经验参数m，s对岩体强度的影响[J]. 贵州工业大学学报，2004，33(3)：81-84.
[252] 宋建波，于远忠. 岩体经验强度准则及其强度参数 m，s 的确定方法[J]. 西南工学院学报，2001，16(1)：26-29.
[253] Hoek E，Kaiser P K，Brown W F. Support of Underground of Excavation in Hard Rock Tunnel [M]. Rotterdam: Balkema，1995.
[254] 张建海，何江达，范景伟. 小湾工程岩体力学参数研究[J]. 云南水力发电，2000，16(2)：26-27.
[255] Sonmez H，Ulusay R. Modifications to the Geological Strength Index (GSI) and Their Applicablity to Stability of Slopes [J]. International Journal of Rock Mechanics & Mining Sciences，1999，36(5)：743-760.
[256] Kendorski F S，Cumming R A. Rock Mass Classication for Block Caving Mine Drift Support [C]// Proc. 5th Int. Rock Mech. ISRM.，1983：B51-B63.

[257] Hoek E，Brown E T. The Hoek-Brown Failure Criterion：A 1988 Update [C]// Proc.15th Canadian Rock Mech Symp[C].Toronto: University of Toronto Press，1988：31-38.
[258] Bieniawski Z T. Determining Rock Mass Degformability: Experiences from Case Histories [J]. International Journal of Rock Mechanics & Mining Sciences & Geomechanics Abstract，1978，15(5)：237-247.
[259] Serafim J L，Pereira J P. Construction of the Geomechanics Classification of Bieniawski [C]// Proc. Int. Symp Eng. Geo & Underground Construction. Lisbon，Portugal，1983，1(1)：33-44.
[260] Hoek Evert，Carlos Carranza-Torres，Brent Corkum. Hoek-Brown Failure Criterion-2002 Edition [C]// Pro. of 5th North American Rock Mechanics Society Meeting. Rotterdam：A. A. Balkema，2002，6：267-271.
[261] 罗一忠，叶粤文. 大厂 91 号矿体岩石力学参数工程处理[J]. 江西有色金属，1998，12(3)：9-12.
[262] 沈茂山，魏德敏. 弹性拱振动失稳的突变模型[J]. 应用数学和力学，1990，11(12)：1099-1102.
[263] 孙豁然，肖海军，王运森，等. 爆破动载荷下平硐稳定性的研究[J]. 金属矿山，2001(12)：15-19.
[264] 刁虎. 爆破震动对废石运输平硐稳定性的影响与综合治理[J]. 矿业快报，2001(6)：11-13.
[265] 李云. 非线性动力系统的现代数学方法及其应用[M]. 北京：高等教育出版社，1997.
[266] 龙永红. 概率论与数理统计[M]. 北京：高等教育出版社，2001.
[267] 赵达纲，朱迎善. 应用随机过程[M]. 北京：机械工业出版社，1993.
[268] 杨桂通，张善元. 弹性动力学[M]. 北京：中国铁道出版社，1988.
[269] 刘沐宇，徐长佑. 地下采空区矿柱稳定性分析[J]. 矿冶工程，2003，20(1)：19-22.
[270] Kripakov N P，Sun M C，Donato D A. ADNIA applied toward simulation of progressive failure in underground mine structutes[J]. Computer & Structures，1995，56(2/3)：329-344.
[271] Deng J, Yue Z Q, Tham L G. Pillar design by combining finite element methods, neural networks and reliability: a case study of the Feng Huangshan copper mine, China [J]. International Journal of Rock Mechanics & Mining Sciences, 2003, 40：585-599.
[272] 刘学增，翟德元. 矿柱可靠度设计[J]. 岩石力学与工程学报，2000，19(1)：85-88.
[273] 杨伟忠，王勋业. 控制矿柱破坏程度的爆破技术措施研究[J]. 金属矿山，1994，3：15-19.
[274] 吴晓. 屈曲黏弹性矩形板的非线性振动分岔[J]. 力学与实践，2001，23(1)：41-43.
[275] 彭凡，傅衣铭. 黏弹性板的非线性动力稳定特性分析[J]. 固体力学学报，2004，25(1)：115- 118.
[276] 国家安全生产监督管理局. 国家安全生产科技发展规划(2004—2010) [R]. 北京：国家安全生产监督管理局，2004.
[277] 颜荣贵，曹阳，方建勤，等. 矿山系统地压研究——重大地压灾害的创新研究策略[J]. 矿冶工程，2003，23(6)：7-10.
[278] 来兴平. 基于非线性动力学的采空区稳定性集成监测分析与预报系统研究及应用[D]. 北京：北京科技大学，2002.
[279] 王恩元，贾慧霖，李忠辉，等. 用电磁辐射法监测预报矿山采空区顶板稳定性[J]. 煤炭学报，2006，31(1)：16-19.
[280] Kaiser P K, Yazici S, Malone S. Mining-induced stress change and consequences of stress path on excavation stability — a case study [J]. International Journal of Rock Mechanics & Mining

Sciences, 2001, 38(1): 167-180.

[281] Swift G M, Reddish D J. Underground excavations in rock salt [J]. Geotechnical and Geological Engineering, 2005, 23(1): 17-42.

[282] Coulthard M A. Applications of numerical modeling in underground mining and construction [J]. Geotechnical and Geological Engineering, 1999, 17(3): 373-385.

[283] Singh P K. Blast vibration damage to underground coal mines from adjacent open-pit blasting [J]. International Journal of Rock Mechanics & Mining Sciences, 2002, 39 (8): 959-973.

[284] 张世雄，胡建华，阳生权，等. 地下工程爆破振动监测与分析[J]. 爆破，2001，18(2)：49-52.

[285] Itasca Consulting Group Inc. FLAC^{3D} (Fast Lagrangian Analysis of Continua in 3 Dimensions), Version2.10, Users manual[CP]. USA: Itasca Consulting Group Inc, 2002.

[286] Cundall P A. “Explicit Finite Difference Methods in Geomechanics” in Numerical Methods in Engineering[C]// Proceedings of the EF Conference on Numerical Methods in Geomechanics, Blacksburg, Virginia, 1976: 132-150.

[287] Kunar R R, Beresford P J, Cundall P A. A tested soil-structure model for surface interaction[R]. India: Rookee Univ, 1977.

[288] Kuhlemeyer R L, Lysmer J. Finite element method accuracy for wave propagation problems [J]. J. Soil Mech & Foundation Div. ASCE, 1973, 99(5): 421-427.

[289] 徐国元，刘敦文，闫长斌，等. 地下空区形态层位探测技术研究[R]. 长沙：中南大学，2004.

[290] 徐国元，古德生. 爆破破岩机理的试验研究[J]. 中南工业大学学报，1997，26(12)：61-63.

主持或参与科研课题及发表的主要学术论文

1　发表的主要学术论文

[1] 闫长斌，徐国元. 探地雷达技术在隧道工程质量验收中的应用[J]. 现代隧道技术，2003，24(5)：24-27.

[2] 闫长斌，徐国元，刘俊. 喀拉通克铜镍矿选矿车间管理信息子系统的设计与实现[J]. 金属矿山，2004，36(2)：47-50.

[3] 闫长斌，徐国元. 探地雷达在城市固体废弃物填埋场中的应用[J]. 岩土力学，2005，26(10)：1689-1691(EI、CSA 收录).

[4] 闫长斌，徐国元，李夕兵. 爆破震动对采空区稳定性影响的 $FLAC^{3D}$ 分析[J]. 岩石力学与工程学报，2005，25(16)：2894-2899(EI、CSA 收录).

[5] 闫长斌，徐国元. 对 HOEK-BROWN 公式的改进及其工程应用[J]. 岩石力学与工程学报，2005，25(22)：4030-4035(EI、CSA 收录).

[6] 闫长斌，徐国元. 综合物探方法及其在复杂群采空区探测中的应用[J]. 湖南科技大学学报(自然科学版)，2005，20(3)：10-14(EI 收录).

[7] 闫长斌，徐国元，江文武. 动荷载对竖向排列地下洞室群稳定性影响分析[J]. 中国铁道科学，2006，27(3)：27-33 (EI 收录).

[8] Yan Changbin, Xu Guoyuan.The destabilization analysis of overlapping underground chambers induced by blasting vibration with catastrophe theory [J]. Transactions of Nonferrous Metals Society of China, 2006,16(3): 735-740 (SCI、EI 收录).

[9] 闫长斌，徐国元. 基于突变理论深埋硬岩隧道的失稳分析[J]. 工程地质学报，2006，14(4)：508-512.

[10] Xu Guoyuan, Yan Changbin. Numerical simulation analysis for influence of excavation and blasting vibration on stability of mined-out area [J]. Journal of Central South University of Technology, 2006,13(5):577-583(SCI、EI 收录).

[11] 闫长斌，徐国元. 爆破动荷载作用下围岩累积损伤效应声波测试研究[J]. 岩土工程学报，2007，29(1)：88-93(EI 收录).

[12] 闫长斌，徐国元. 动荷载诱发上下交叠硐室间顶柱失稳的突变理论分析[J]. 工程力学，2007，24(4)：46-51(EI 收录).

[13] Yan Changbin. Blasting cumulative damage effects of underground engineering rock massbased on sonic wave measurement [J]. Journal of Central South University of Technology, 2007,14(2):230-235(SCI、EI 收录).

[14] 闫长斌，徐国元. 竖向排列地下硐室群动力稳定性的数值模拟分析[J]. 中南大学学报(自然科学版)，2006，37(3)：593-599(EI 收录).

[15] 闫长斌，王贵军，张辉，等. 岩体爆破累积损伤效应的声波形态变化特征[J]. 合肥工业大学学报(自然科学版)，2009，32(10)：1481-1484.

[16] 闫长斌，王贵军，石守亮，等. 岩体爆破损伤声波测试信号频谱特征的小波(包)分析[J]. 岩石力

学与工程学报，2010，29(7)：1496-1502(EI 收录).
[17] 闫长斌. 基于声速变化的岩体爆破累积损伤效应[J]. 岩土力学，2010，31(增刊 1)：187-192 (EI 收录).
[18] 闫长斌，王泉伟，李国权，等. 邻近爆破对矩形矿柱稳定性影响的突变理论分析[J]. 爆炸与冲击，2010，30(5).

2 主编或参编的著作

[1] 副主编，光荣与梦想——中南大学研究生风采录[M]. 中南大学出版社，2002.

3 参加的科研工作

[1] 中南大学博士研究生教育创新工程项目(040109)“复杂关联空区动力失稳机制及预测预报模型研究”，项目负责人；
[2] 黄河勘测规划设计有限公司自主研发项目(2009-ky01)“古贤工程近水平复杂岩体质量分级研究”，项目负责人；
[3] 黄河勘测规划设计有限公司自主研发项目(2009-ky34(2))“古贤水利枢纽工程泥化夹层专题研究”，项目负责人；
[4] 国家自然科学基金重大项目第 2 专题(50490272)“深部岩体力学特性及其工程响应”，参加人员；
[5] 国家“十五”科技攻关计划子课题(2001BA609A-09-05)“地下空区形态层位探测技术”，参加人员；
[6] 国家“十五”科技攻关计划滚动项目(2003BA612A-10-2)“复杂多空区下强制与诱导耦合大规模落矿采矿综合技术研究”，主要研究人员；
[7] 国家“十一五”科技支撑计划(2006BAB04A06)子课题“南水北调西线长隧洞 TBM 施工关键技术问题研究”，参加人员；
[8] 国家自然科学基金资助项目(50204012)“金属矿空区雷达探测信号解释系统研究”，参加人员；
[9] 重点横向科研课题“新疆自治区喀拉通克铜镍矿管理信息系统开发与应用研究”，主要研究人员。

4 主要获奖情况

[1] 2002.07 荣获中南大学“优秀班导师”荣誉称号；
[2] 2002.09 荣获“湖南省学联优秀研究生干部”荣誉称号；
[3] 2003.02 荣获“湖南省开拓奖学金”；
[4] 2003.05 被评为“中南大学十佳大学生”荣誉称号；
[5] 2004.11 荣获中南大学“优秀博士研究生”荣誉称号；
[6] 2004.11 荣获中南大学“优秀研究生”奖学金(特等奖)；
[7] 2005.11 荣获中南大学“优秀研究生”奖学金(一等奖)；
[8] 2005.11 荣获中南大学“SME 教育奖励基金”；
[9] 2005.11 荣获中南大学“优秀研究生干部”荣誉称号；
[10] 2006.06 荣获中南大学 2005 年度“米塔尔优秀学生奖”；
[11] 2006.11 荣获中南大学 2006 年度“求是研究生奖学金”；
[12] 2009.04 荣获黄河勘测规划设计公司“宣传先进个人”；
[13] 2010.07 荣获黄河勘测规划设计公司 2010 年度优秀成果奖(一等奖)。